U0826570

新编普通高等学校土木工程专业本科系列教材

应用弹塑性力学

李同林　编著

中国地质大学出版社

内容提要

本书系统地阐述了弹塑性力学的基本概念和基本理论。在内容的叙述与编排上，力求由浅入深，简明易懂。书中采用了张量表述力学理论。

全书内容共分九章：绪论、应力理论、变形几何理论、弹性变形·塑性变形·本构方程、弹性与塑性力学的基本解法、平面问题直角坐标解答、平面问题极坐标解答、空间轴对称问题以及能量原理·变分解法。用张量理论表述弹塑性力学理论和弹塑性力学习题解答，是本课程本科教学的难点。为此，书末编入了附录Ⅰ：张量的概念·下标记号法·求和约定。书中有针对性地增加了例题和精选了各章习题，并以附录Ⅱ的形式，给出了习题解答提示与参考答案。

本书可作为高等学校土木工程、机械工程、地质工程等工科专业本科生教材，亦可供有关工程技术人员参考。

图书在版编目(CIP)数据

应用弹塑性力学/李同林编著．—武汉：中国地质大学出版社，2002.9(2021.9 重印)
ISBN 978-7-5625-1686-6

Ⅰ.应…
Ⅱ.李…
Ⅲ.①弹性力学②塑性力学
Ⅳ.034

中国版本图书馆 CIP 数据核字(2007)第 148834 号

应用弹塑性力学	李同林　编著
责任编辑：方　菊	责任校对：张咏梅
出版发行：中国地质大学出版社(武汉市洪山区鲁磨路 31 号)	邮编：430074
电话：(027)87483101　传真：87481537	E-mail：cbo @ cug. edu. cn
经　销：全国新华书店	
开本：787 毫米×1092 毫米 1/16	字数：300 千字　印张：11.625
版次：2002 年 9 月第 1 版	印次：2021 年 9 月第 6 次印刷
印刷：武汉乐生印务有限公司	印数：7501—8500 册
ISBN 978-7-5625-1686-6	定价：23.00 元

如有印装质量问题请与印刷厂联系调换

序　言

本书是根据土木工程、机械工程和地质工程类等本科专业开设弹塑性力学课程（50～60学时）的教学需求，为适应缩减课程教学学时扩大教学信息量的教学改革而编写的。教材经四届本科教学实践，教学效果良好。在此基础上编者对教材又进行了修编与充实。在教材的编写过程中，编者主要考虑了以下几点：

1. 弹塑性力学是固体力学的一个重要分支，是研究弹性和弹塑性物体变形规律的一门科学。弹性阶段与弹塑性阶段是可变形固体整个变形阶段中不同的两个变形阶段，而弹塑性力学就是研究这两个密切相连的变形阶段力学问题的一门科学。无疑，直接开设弹塑性力学课程，要比分设弹性力学与塑性力学节省学时，并且扩大了教学信息量，更重要的是使学生对固体材料变形的全过程能有一个较完整地认识，同时也有利于对固体力学各分支学科都相关的重要基本概念和基础理论的理解和掌握。

2. 本书采用从一般到特殊的编写体系，目的是使读者在学时数较紧的情况下，仍能对弹塑性力学的基础理论和基本方法有比较完整地了解。经过教学实践，按此体系组织教学，学生易于接受，且教学效果良好。

3. 教材内容的撰写侧重于弹塑性力学基本概念和基础理论的阐明和分析解决问题的基本思路与方法的交代。教材内容的表述力求做到深入浅出，简明易懂，语言流畅，图文并茂，以利于自学。

4. 本教材注意到了所涉及专业前后课程知识的衔接。为适应土木工程、地质工程类专业的教学需求，教材在介绍金属材料弹塑性本构关系的基础上，适当地介绍了岩土材料的较复杂的力学模型和强度准则。

5. 本教材应用张量符号表示力学理论，既适应了力学发展的趋势，也为学生以后能顺利阅读相关的科技文献和进一步深入学习力学理论建立了必要的基础。

6. 为解决弹塑性力学内容的繁杂数学推导及解题困难这一教学难点。教材加强了例题的选讲和习题训练，并在书末给出了习题解答提示和参考答案。此外，建议教师在教学中，使用有效的教学设备和手段，以便让学生从力学理论繁杂的数学推导中解脱出来，明晰弹塑性力学分析解决问题的基本思路和方法，调动学习兴趣，提高教学质量。书中部分带“*”号章节的内容，供教师根据教学的需要进行取舍。

本书的编写得到了中国地质大学殷绥域教授、唐辉明教授、梁杏教授和华中科技大学何锃教授、武汉大学徐昭光教授的指导与支持。殷绥域、何锃和徐昭光几位老师详细审阅了全文，并提出了许多宝贵的修改意见。石奎老师参加了教材部分内容的编写和校对工作。出版社的同志们对教材的及时出版和教材质量的提高也做了大量的工作。编者在此一并深表谢意。

限于编者的水平，书中仍难免存有不妥之处，恳请使用本教材的师生与读者批评指正。

李同林

2002年4月于中国地质大学

目　录

主要字符表

（以字符出现的先后顺序编排）

字符	意　义	字符	意　义
p	全应力或载荷	ε_3	最小主应变
σ	正应力(法向应力)	I'_i	应变不变量($i=1,2,3$)
τ	剪应力(切向应力)	I'_1	第一应变不变量
A	面积	I'_2	第二应变不变量
σ_{ij}	应力张量(i、$j=x,y,z$)	I'_3	第三应变不变量
$\overline{F}_i$	面力分量($i=x,y,z$)	$\varepsilon_{\max}$	最大线应变
F_i	体力分量($i=x,y,z$)	$\varepsilon_{\min}$	最小线应变
l_i	方向余弦($i=1,2,3$)	γ_1、γ_2、γ_3	主剪应变
l_{ij}	方向余弦(i、$j=1,2,3$)	$\gamma_{\max}$	最大剪应变
δ_{ij}	克罗尼克尔(Kronecker)符号	$\gamma_{\min}$	最小剪应变
I_i	应力不变量($i=1,2,3$)	θ	体积应变或角度
I_1	第一应力不变量	V	体积
I_2	第二应力不变量	ε_m	平均应变
I_3	第三应力不变量	$\varepsilon_m\delta_{ij}$	球形应变张量
$\sigma_{\max}$	最大正应力	e_{ij}	应变偏张量
$\sigma_{\min}$	最小正应力	J'_i	应变偏量不变量($i=1,2,3$)
σ_1	最大主应力	J'_1	第一应变偏量不变量
σ_2	中间主应力	J'_2	第二应变偏量不变量
σ_3	最小主应力	J'_3	第三应变偏量不变量
$\tau_{\max}$	最大剪应力	ε_8	八面体正应变
$\tau_{\min}$	最小剪应力	γ_8	八面体剪应变
τ_{12}、τ_{23}、τ_{31}	主剪应力	$\bar{\varepsilon}$	等效应变
σ_m	平均应力	$\dot{\varepsilon}_{ij}$	应变速度(应变速率、应变率)(i、$j=x,y,z$)
$\sigma_m\delta_{ij}$	球形应力张量(i、$j=x,y,z$)		
S_{ij}	偏斜应力张量(应力偏量)	$\dot{\varepsilon}_x$、$\dot{\varepsilon}_y$、$\dot{\varepsilon}_z$	线应变速度
	(i、$j=x,y,z$)	$\dot{\gamma}_{xy}$、$\dot{\gamma}_{yz}$、$\dot{\gamma}_{zx}$	剪应变速度
S_1	最大主偏应力	$d\varepsilon_{ij}$	应变增量
S_2	中间主偏应力	$d\varepsilon_m\delta_{ij}$	球形应变增量
S_3	最小主偏应力	de_{ij}	偏应变增量
J_1	第一应力偏量不变量	J_2	第二应力偏量不变量
ε_1	最大主应变	J_3	第三应力偏量不变量
ε_2	中间主应变	σ_8	等倾面上的正应力(八面体正应力)

续表

字符	意　义	字符	意　义
τ_8	等倾面上的剪应力（八面体剪应力）	E	拉压弹性模量（杨氏模量）
$\bar{\sigma}$	等效应力（有效应力、应力强度）	σ_p	比例极限
ρ	材料的密度	σ_e	弹性极限
t	时间	σ_s	屈服极限
u_i	位移分量（$i=x,y,z$）	σ_b	强度极限
u、v、w	沿 x,y,z 方向上的位移分量	U	弹性应变能（弹性变形能、弹性势能）
α、β、γ	角度	W_e	外力功或外力势能
ε	线应变（正应变）	W_i	内力功
γ	剪应变（角应变）或材料的容重	δA	内力功增量
ε_{ij}	应变张量（i、$j=x,y,z$）	U_0	应变能密度（应变比能）
μ	泊松比（横向变形系数）	G	剪切弹性模量
λ	拉梅常数	P	载荷
Θ	三个正应力之和，即 $\sigma_x+\sigma_y+\sigma_z$	ε_{ij}^p	塑性应变
K	体积弹性模量	$d\varepsilon_{ij}^p$	塑性应变增量
$\sigma_{0.2}$	名义屈服极限	∇^2	拉普拉斯算子
U_{0d}	形状改变应变能密度（形状改变应	w	z 轴方向位移分量或沉陷量或挠度
	变比能）	δw	外力的总虚功或外力功一阶变分
U_{0V}	体积改变应变能密度（体积改变应	δU	总虚应变能或应变能一阶变分
	变比能）	$\delta\varepsilon_{ij}$	虚应变或应变张量一阶变分
B	剩余强度系数	δU_i	虚位移或位移分量一阶变分
C	粘聚力	S	物体表面面积
φ	内摩擦角	S_F	已知面力边界面积
τ_n	极限剪应力	S_u	已知位移边界面积
σ_{bc}	抗压强度极限	Π	系统总势能
σ_{bt}	抗拉强度极限	$\delta\Pi$	系统总势能一阶变分
ε_{ij}^e	弹性应变	$\sum$	求和符号

第一章　绪　论

§1-1　弹塑性力学的研究对象、方法和基本任务

一切工程结构物皆由一定的固体材料按某种形式组合而成。在结构的使用过程中，其中每一物体（构件）都将受到外力的作用或外界因素（如温度的变化等）的影响。例如，矿山的硐室、巷道和建筑物的基础等地下结构，由岩石和混凝土的砌衬组成，它们受到地压或其他物体的作用，等等。毫无疑问，它们在外力作用下将会产生变形，且在其体内产生应力。工程建设的实践表明，掌握结构中各部分的应力分布和变形规律，具有极为重要的意义。这不仅涉及到结构物的安全可靠性，而且影响到经济性问题。

弹塑性力学就是研究可变形固体（以下简称固体）受到外力作用或温度变化的影响而产生的应力、应变和位移及其分布变化规律的一门科学。它是固体力学的一个分支学科。

在长期的生产斗争和科学实验中，人们认识到几乎所有的变形固体材料都在不同程度上具有弹性和塑性的性能。固体受外力作用时，一定会产生变形。当外力小于某一数值时，卸去外载后，变形可完全消失，固体恢复原状。我们就将固体能自动恢复变形的性能称为**弹性**，能自动恢复的变形称为**弹性变形**，只产生弹性变形的阶段称为**弹性变形阶段**。若当固体所受外力的大小达到并超过某一限度后，即使卸去外载，固体除能自动恢复一部分弹性变形外，大部分的变形却被永久地遗留下来。我们就将固体材料能够产生永久变形的性能称为**塑性**，遗留下来不能恢复的变形称为**塑性变形**，而这一变形阶段则称为**塑性变形阶段**。可变形固体在受载过程中产生的弹性变形阶段和塑性变形阶段是整个变形过程中的不同而又连续的两个阶段。弹塑性力学则是研究这两个密切相连变形阶段的力学问题的一门科学。

弹塑性力学作为固体力学的一个独立分支学科已有一百多年的历史，它有一套较完善的经典理论和方法，推理严谨，计算结果准确，是分析和解决许多工程技术问题的基础和依据，在工程技术的许多领域中都得到了广泛应用。目前随着现代科学技术的进一步发展和现代工程技术的需要，弹塑性力学仍然是一门富有生命力的学科。

弹塑性力学在研究对象和研究方法上同材料力学和结构力学是有区别的。一般来说，弹塑性力学的研究对象尽管也是可变形固体，但它不受几何尺寸和形状的限制，能适应各种工程技术问题的需求。弹塑性力学与材料力学、结构力学同属固体力学的范畴，就其求解问题的根本思路基本上是相同的，但为什么弹塑性力学的研究对象比材料力学和结构力学更为广泛呢？其根本原因就在于它们的基本研究方法的不同。在材料力学和结构力学中主要是采用简化的初等理论可以描述的数学模型。而在弹塑性力学中，则将采用较精确的数学模型。例如，材料力学是以平面截面假设为前提，经简化计算得出工程杆件产生几种基本变形或组合变形时的实用但较为近似的解答。弹塑性力学则是从各种受力固体内一点处的单元体（无限小微分体）的应力状态和应变状态入手，通过分析建立起普遍适用的基本方程和理论，并考虑和满足具体问

题的不同边界条件，从而求得反映固体的应力和应变分布规律的更精确的解答。此外，有些工程问题（例如，非圆形截面柱体的扭转、孔边应力集中、深梁应力分析、危险截面的传统许用应力设计观点的局限等问题）用材料力学和结构力学的理论无法求解，或无法给出精确可靠的结论及本身理论的误差，或不能充分发挥材料的潜在能力，提高经济效益。而上述问题在弹塑性力学中则可以得到较完善的解决和评价。综上所述，弹塑性力学的基本任务归纳为以下几点：

(1)确定一般工程结构物在外力作用下的弹塑性变形与内力的分布规律；

(2)建立并给出初等理论无法求解的问题的理论和方法，以及初等理论可靠性与精确度的度量；

(3)确定一般工程结构物的承载能力，充分提高经济效益；

(4)为进一步研究工程结构物的强度、振动、稳定性、断裂等力学问题奠定必要的理论基础。

§1-2 弹塑性力学的基本假设

固体材料一般分为晶体和非晶体两大类，绝大部分固体都是由晶体集合而成的。从微观结构看，晶体是由许多微粒（原子、分子或离子）有规则地周期性地排列成一定的结晶格子（晶格）构成的。因此，晶体具有远程有序性，是**各向异性材料**，也就是说晶体的物理性质（包括力学性质）具有一定的方向性。例如，岩盐、冰洲石、石英、金属等。但是，从宏观尺度上看，许多固体材料都是由众多晶粒方位杂乱地组合起来的，这时整个固体材料的物理力学性质宏观上表现为各向同性，因此可视为**各向同性材料**。例如，钢材、铝材、闪长岩、砂岩块等。有些固体材料即便是从宏观尺度上看也具有明显的各向异性，例如，木材、煤岩、砂岩岩层等，这时应考虑材料物性的方向性。此外，关于固体组成材料分布的均匀性，以及固体中常存在的一些缺陷（如孔洞、微裂纹等）等问题，固体力学也主要是从宏观尺度去加以分析和处理的。因此，在固体力学中，对于固体物性的方向性、组成材料的均匀性以及结构上的连续性等问题，是根据具体研究对象的性质，并联系求解问题的范围，慎重地加以分析和研究，尽量忽略那些次要的局部的对所研究问题的实质影响不大的因素，使问题得以简化。

在本教材中，就弹塑性力学所涉及问题的范围和研究内容的深度而言，我们对固体材料做如下基本假设：

1　假设固体材料是连续介质

这是固体力学的一条最基本假设。在固体力学的发展初期，并不认为这是一条假说，当时认为物质的连续性是固体材料的当然本质。但从现代物质结构的理论来看，这种认识显然是与物质是由不连续的粒子所组成的观点相矛盾。事实上，连续性假设与现代物质结构理论的矛盾可以采用统计平均的概念统一起来。从统计学的观点来看，只要所研究物体的尺寸足够大，物体的性质就与体积的大小无关。通常工程上的结构构件的尺寸，与基本粒子的大小相比，其数量级相差非常悬殊。在力学分析中，从物体中任一点处截取出的一微小单元体，在数学上是一个无限小量，但它却包含有大量的基本粒子，粒子间的间隙和晶体缺陷等与微小单元体相比，或与物体整体尺寸相比是非常小的量，当固体力学从宏观的尺度去研究力学问题时，假设物质结构具有连续性实际上是合理的。

根据连续性假设，物体内的一些物理量（如表征物体变形和内力分布的量）就可以利用数学分析这个强有力的工具，用坐标的连续函数去表示它们。

2　假设物体是均匀的和各向同性的

就是认为构成物体的材料在其内部每一点处，都具有完全相同的力学性质，且各点各方向上的性质也相同。基于这一假设，通过实验所测定的材料的物性参数不随坐标的位置和方向而产生变化。显然，这一假设具有重要的实际意义，但是必须注意，这一假设应视具体的研究情况而做取舍。

3　小变形条件

所谓小变形是指物体在外力作用下，所产生的变形量远小于该物体变形前的原始尺寸的情况。这样，我们在讨论物体的平衡和运动问题时，就可以不考虑因变形而引起的尺寸变化，而用物体变形前原始尺寸进行分析和计算。在推导有关公式的过程中，高阶微量就可以略去不计，从而使问题大为简化。

以上基本假设和小变形条件是本教程讨论问题的基础和前提。还有一些针对具体问题所做的假设，将在以后相关章节中分别给出。

§1－3　弹塑性力学的发展概况

可以认为，关于弹塑性力学的研究是由英国科学家虎克(R. Hooke)于1678年提出的固体材料的弹性变形和所受外力成正比的虎克定律开始的。

19世纪20年代，法国科学家纳维叶(C. L. M. H. Navier)、柯西(A. L. Cauchy)和圣文南(A. J. C. B. Saint Venant)等建立了数学弹性理论，他们正确地给出了应变、应变分量和应力、应力分量的概念，建立了变形体的平衡微分方程、几何变形方程、变形协调方程以及各向同性材料和各向异性材料的弹性应力应变关系(即广义虎克定律)，从而奠定了弹性力学的理论基础。

关于固体材料塑性变形的研究是从法国科学家库伦(C. A. Coulomb)于1773年研究土力学中土壤的剪断裂，提出了最大剪应力理论开始的。屈雷斯卡(H. Tresca)又把最大剪应力理论引用到了金属的塑性变形研究中，并于1864年提出了最大剪应力屈服条件。但塑性力学的理论基础则是由圣文南和莱维(M. Levy)在一个多世纪前所奠定的。圣文南认为在材料的塑性变形中，最大剪应力和最大剪应变增量方向应当一致。基于这一认识，莱维于1871年将塑性应力应变关系由二维推广到了三维情况。波兰力学家胡勃(M. T. Huber)在1904年提出了材料的形状改变比能理论，米塞斯(R. Von Mises)于1913年进一步提出了应变能屈服条件，并独立地提出了和莱维相同的塑性应变增量与应力关系的表达式。此后，普朗特(L. Prandtl，1924)和罗伊斯(A. Reuss，1930)提出了包括弹性应变增量部分的三维塑性应变增量和应力关系的表达式。这就是塑性力学中的增量理论。尤其值得重视的是在这个时期内进行了复杂应力状态下塑性变形规律的第一批系统的实验研究，此外，塑性力学也开始有成效地应用到工程技术中去了。在此同时，亨奇(H. Hencky)、纳戴(A. L. Nadai)和伊留申(A. A. Идьюшин)等建立和发展了塑性力学应力应变关系的形变理论，即全量理论。至此，弹塑性力学的基本理论框架得以确立，并被广泛地应用于解决工程实际问题，在实际应用的过程中，弹塑性力学在理论方面建立了许多重要的概念、法则和原理，给出了求解问题的方法，并得到了进一步的发展。

第二章　应力理论

§2-1　应力的概念及其符号

若一物体受到外力 P_1、P_2、…、P_n 的作用，它必然产生变形，也即其形状或尺寸会发生变化，同时物体内各部分之间将产生相互平衡的内力(附加内力)。现假想用一个平面 K，将物体截开分成两部分，如图 2-1 所示。显然，这两部分将通过 K 截面有分布内力的相互作用。

一般情况下，物体通过不同截面所传递的内力是不同的，即使在同一截面(如 K 截面)上，各点处所传递的内力也是不相同的。换句话说，就是在同一截面上各点处的分布内力有强弱之分和方向之别。

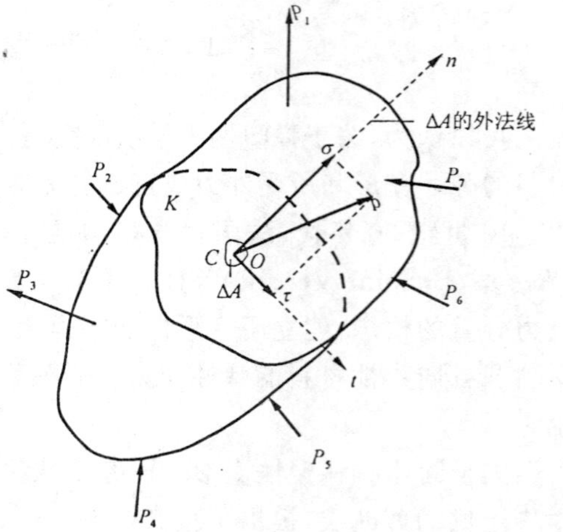

图 2-1

现考察位于 K 截面上的一点 C，由于已假定物体内部的每一处都为材料所充满，故可在 C 点处周围附近取一微小面积 ΔA，并以 ΔF 表示通过 ΔA 面积传递的内力合力，则内力在 ΔA 面积上的平均集度为 $\Delta F/\Delta A$，如令 ΔA 无限缩小而趋于零，则得：

$$\lim_{\Delta A \to 0} \frac{\Delta F}{\Delta A} = \frac{\mathrm{d}F}{\mathrm{d}A} = p \tag{2-1}$$

这个极限矢量 p 就是物体在 K 截面上 C 点处的应力。它反映了物体 K 截面上分布内力在 C 点处的集中程度。由于 ΔA 为标量，故 p 的方向与 ΔF 的极限方向一致。

应力 p 通常称为受力物体某截面上某点处的**全应力**(也称**合应力**)。应力的产生同物体的变形密切相关，为了将应力同物体的变形和材料的强度直接相关，我们总是将全应力 p 在该点该截面上分解为一个与截面外法线相平行的法向分量和一个与截面相切的切向分量。我们将指向与外法线相平行的应力分量称为**正应力**，用希腊字母 σ 来表示；将指向与截面相平行的应力分量称为**剪应力**，用希腊字母 τ 来表示。若将 K 截面上 C 点处微小面积 ΔA 的内力合力 ΔF 分解为法向分量 ΔF_n 和切向分量 ΔF_t(为了图件的清晰，在图 2-1 中未注明)，则同样道理我们可将 K 截面上 C 点处的正应力分量 σ 和剪应力分量 τ 分别表示为：

$$\left.\begin{aligned} \sigma &= \lim_{\Delta A \to 0} \frac{\Delta F_n}{\Delta A} = \frac{\mathrm{d}F_n}{\mathrm{d}A} = \sigma_n \\ \tau &= \lim_{\Delta A \to 0} \frac{\Delta F_t}{\Delta A} = \frac{\mathrm{d}F_t}{\mathrm{d}A} = \tau_{nt} \end{aligned}\right\} \tag{2-2}$$

综上所述可知，当我们谈及一个应力时，不仅要说明该应力分量是受力物体内哪一点处的应力，而且还要表明该应力是作用在该点的哪一个截面上，其指向又同那个方向平行。为了表明以上情况，我们给应力分量符号两个下脚标字母记号，第一个字母表示该应力作用截面的外法线方向同那一个坐标轴相平行，第二字母表示该应力的指向同那个坐标轴相平行。由于表示正应力分量符号的两个下脚标字母总是相同的，故缩记为一个字母表示这两层含意。如在图 2-1 和式(2-2)中的 σ_n 和 τ_{nt}，就分别表示受力物体内 C 点处外法线为 n 的 K 截面上的，且指向与外法线 n 相平行的正应力分量和指向与 t 方向相平行的剪应力分量。

在上述讨论中，过 C 点的 K 平截面是任选的。显然，过 C 点我们还可以截取无穷多个不同方位的这样的 K 平面，或者说过 C 点有无穷多个连续变化的 n 方向。过受力物体内同一点处不同截面上的应力是不同的，但它们都表征的是同一点处的受力状态。我们定义：**受力物体内某点处所取无穷多截面上的应力情况的总和，就显示和表明了该点的应力状态。**

此外，应力及其分量的量纲为〔力〕〔长度〕$^{-2}$，当采用国际单位制(SI 制)时，其单位为牛(顿)/平方米(N/m^2)，称为帕(斯卡)(Pascal)，简称为帕(Pa)。工程上常用兆帕(MPa)和吉帕(GPa)表示应力的大小。

§2-2　一点的应力状态·应力分量转换方程

2-2-1　一点的应力状态

为了表示和研究受力物体内任一点 P 处的应力状态，我们建立 $Oxyz$ 坐标系，在 P 点处参照 x、y、z 轴截取一微小的正交平行六面体，其六个截面的外法线方向分别平行于 x、y、z 轴，由于该六面体各棱边长分别取为无限小量 dx、dy、dz，因此该六面体单元(也称单元体)就反映和代表了 P 点。只要 dx、dy、dz 尺寸取得足够小，就可近似地认为单元体各截面上的应力是均匀分布的，且相互平行的两截面上的应力相同，于是各面上的应力便可用作用在各截面中心的一个应力矢量来表示。而每个面上的应力矢量又可参照 x、y、z 轴方向分解为一个正应力分量和两个剪应力分量，如图 2-2 所示。例如 P 点单元体的与 y 轴垂直的右端平面上有应力分量 σ_y、τ_{yx}、τ_{yz} 。

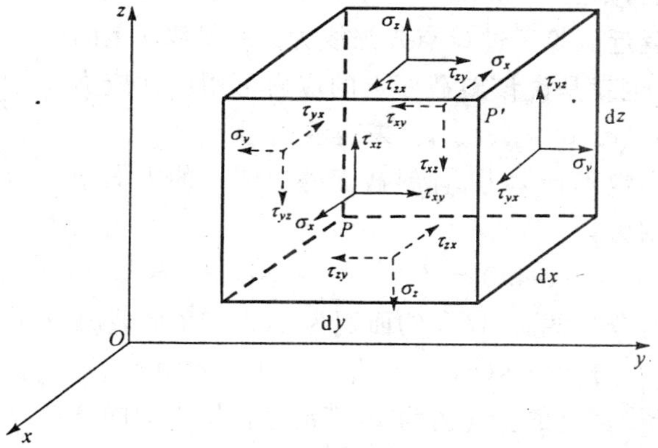

图 2-2

为了以后研究方便，对应力分量的正负号特做如下规定：单元体截面外法线的指向与坐标轴正方向一致的面为正截面，与坐标轴负向一致的面为负截面。正截面上应力分量指向同坐标轴正方向一致者为正，反之为负；负截面上应力分量指向同坐标轴负方向一致者为正，反之为负。按此规定，图 2-2 中单元体所有各截面上所标明的应力分量都为正。

由图 2-2 可知，表明 P 点的应力状态只需一组应力分量，即三个正应力 σ_x、σ_y、σ_z 和六个剪应力 τ_{xy}、τ_{yx}、τ_{yz}、τ_{zy}、τ_{zx}、τ_{xz}(根据剪应力互等定理知：$\tau_{xy}=\tau_{yx}$，$\tau_{yz}=\tau_{zy}$，$\tau_{zx}=\tau_{xz}$)，共计六个

独立的应力分量。但若再参照另一坐标系 $Ox'y'z'$ 围绕 P 点截取另一微小六面体单元表示该点，则该点的应力状态也可用另一组六个独立应力分量来表示，即 $\sigma_{x'}$、$\sigma_{y'}$、$\sigma_{z'}$、$\tau_{x'y'}=\tau_{y'x'}$、$\tau_{y'z'}=\tau_{z'y'}$、$\tau_{z'x'}=\tau_{x'z'}$。因此，我们认识到，物体内任一点的应力状态，可用一组九个应力分量来表示，在给定受力情况下，各应力分量的大小与坐标轴方位的选择有关，但它们作为一组应力分量这样一个整体，用来表示一点的应力状态这一物理量，则与坐标的选择无关。数学上，在坐标变换时，服从一定坐标变换式的九个数所定义的量，叫做二阶张量。根据这一定义，物体内一点处的应力状态可用二阶张量的形式来表示，并称为应力张量，而各应力分量即为应力张量的元素，且由剪应力互等定理已知，应力张量是一个二阶对称张量。应力张量通常表示为 σ_{ij} 或 $\sigma_{i'j'}$，即：

$$\sigma_{ij}=\begin{bmatrix}\sigma_x & \tau_{xy} & \tau_{xz}\\ \tau_{yx} & \sigma_y & \tau_{yz}\\ \tau_{zx} & \tau_{zy} & \sigma_z\end{bmatrix} \quad 或 \quad \sigma_{i'j'}=\begin{bmatrix}\sigma_{x'} & \tau_{x'y'} & \tau_{x'z'}\\ \tau_{y'x'} & \sigma_{y'} & \tau_{y'z'}\\ \tau_{z'x'} & \tau_{z'y'} & \sigma_{z'}\end{bmatrix} \tag{2-3}$$

式(2-3)中有 $i、j=x,y,z$ 和 $i'、j'=x',y',z'$。显然，应力张量 σ_{ij} 和 $\sigma_{i'j'}$ 表征的是同一点的同一应力状态，所以，σ_{ij} 和 $\sigma_{i'j'}$ 之间必然存在有一种客观内在的联系。一旦这一关系确定了，我们就可以利用这一关系由已知的一组应力分量 σ_{ij} 去求出另一组应力分量 $\sigma_{i'j'}$。因此，我们可以毫不夸张地说，当已知一点的六个独立的应力分量(σ_{ij})时，该点的应力状态就完全确定了。

2-2-2 应力分量转换方程

设 O 为受力物体内任意一点，且已知该点的一组六个独立应力分量 σ_x、σ_y、σ_z、τ_{xy}、τ_{yz}、τ_{zx}。为了求过 O 点外法线为 n 的任一斜截面上的应力，我们在 O 点处截取一个微小的四面体单元，如图 2-3 所示。其中 OAB、OBC、OCA 三截面的外法线分别与 z、x、y 轴相平行。而 ABC 斜截面是与外法线为 n 的斜截面相平行，且与 O 点间距无限小的平面，则当 ABC 面趋近于 O 点时，ABC 面上的应力就近似等于过 O 点外法线为 n 的斜截面上的应力，也就是说该斜截面上的应力可用已知应力分量 σ_x、σ_y、σ_z、τ_{xy}、τ_{yz}、τ_{zx} 来表示。

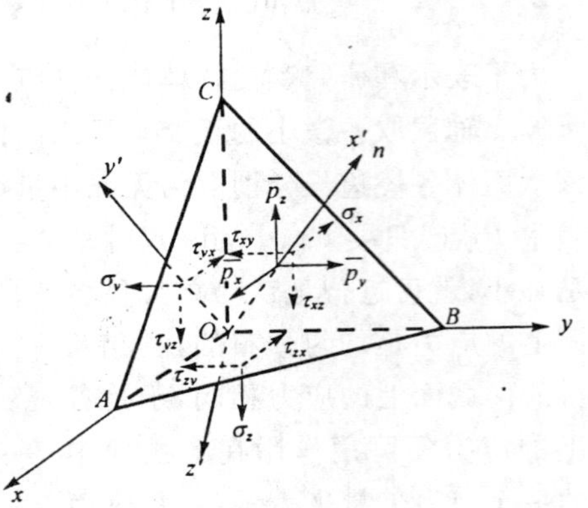

图 2-3

假定不计体力，且斜截面外法线 n 的方向余弦分别为：

$$\cos(n,x)=l_1 \quad ; \quad \cos(n,y)=l_2 \quad ; \quad \cos(n,z)=l_3 \tag{a}$$

若令斜截面 ABC 的面积为 1，则三角形截面 OBC、OAC、OAB 的面积分别为：

$$1\times\cos(n,x)=l_1 \quad ; \quad 1\times\cos(n,y)=l_2 \quad ; \quad 1\times\cos(n,z)=l_3 \tag{b}$$

如 ABC 面上的全应力为 p，其沿坐标轴方向的分量分别用 p_x、p_y、p_z 表示。于是由微小四面体单元的平衡条件 $\sum F_x=0$，$\sum F_y=0$，$\sum F_z=0$ 得：

$$\left.\begin{aligned} p_x &= \sigma_x l_1+\tau_{xy}l_2+\tau_{xz}l_3\\ p_y &= \tau_{yx}l_1+\sigma_y l_2+\tau_{yz}l_3\\ p_z &= \tau_{zx}l_1+\tau_{zy}l_2+\sigma_z l_3 \end{aligned}\right\} \tag{2-4}$$

上式如按下标记号法和求和约定(详见附录 I)可缩记为：

$$p_i=\sigma_{ij}l_j \qquad (i、j=x,y,z) \tag{2-5}$$

式中 l_j 为截斜面 ABC 的外法线 n 与 j 轴间夹角的方向余弦 $\cos(n,j)$，则有 $l_x=l_1$，$l_y=l_2$，$l_z=$

l_3。

从式(2－5)可见，张量符号与下标记号法和求和约定，使冗长的弹塑性力学公式变得简明。这种表示方法在科技文献中已被广泛采用，因此我们应当熟悉这种标记法。

根据式(2－4)的关系，可分别求得该微斜截面 ABC 上的正应力 σ_n 和剪应力 τ_n 为：

$$\sigma_n = p_x l_1 + p_y l_2 + p_z l_3 \tag{2-6}$$

$$\tau_n = (p^2 - \sigma_n^2)^{\frac{1}{2}} = (p_x^2 + p_y^2 + p_z^2 - \sigma_n^2)^{\frac{1}{2}} \tag{2-7}$$

而式(2－7)中的：

$$p^2 = p_x^2 + p_y^2 + p_z^2 \tag{2-8}$$

为了求出该任意斜截面上的正应力和剪应力，我们还必须另设立一个新的坐标系 $Ox'y'z'$，如图 2－3 所示。其中 x' 轴与外法线 n 相平行，y'、z' 轴与 n 轴相垂直，并用以下符号表示三根新坐标轴对原坐标轴的方向余弦，见表 2－1。

表 2－1

坐标轴	x	y	z
x'	$l_{11}=\cos(x',x)$	$l_{12}=\cos(x',y)$	$l_{13}=\cos(x',z)$
y'	$l_{21}=\cos(y',x)$	$l_{22}=\cos(y',y)$	$l_{23}=\cos(y',z)$
z'	$l_{31}=\cos(z',x)$	$l_{32}=\cos(z',y)$	$l_{33}=\cos(z',z)$

把式(2－4)或式(2－5)中的 $p_i(i=x,y,z)$ 再分别沿 x'，y'，z' 轴分解，并根据该四面体单元的平衡条件 $\sum F_x=0$，$\sum F_y=0$，$\sum F_z=0$ 和剪应力互等定理，得斜截面 ABC 上的正应力 $\sigma_{x'}$ 和剪应力 $\tau_{x'y'}$ 和 $\tau_{x'z'}$ 分别为：

$$\begin{aligned}\sigma_{x'} &= p_x l_{11} + p_y l_{12} + p_z l_{13}\\ &= \sigma_x l_{11} l_{11} + \tau_{xy} l_{11} l_{12} + \tau_{xz} l_{11} l_{13} + \tau_{yx} l_{12} l_{11} + \sigma_y l_{12} l_{12} + \tau_{yz} l_{12} l_{13} + \tau_{zx} l_{13} l_{11}\\ &\quad + \tau_{zy} l_{13} l_{12} + \sigma_z l_{13} l_{13}\\ &= \sigma_x l_{11}^2 + \sigma_y l_{12}^2 + \sigma_z l_{13}^2 + 2\tau_{xy} l_{11} l_{12} + 2\tau_{yz} l_{12} l_{13} + 2\tau_{zx} l_{13} l_{11}\end{aligned} \tag{c}$$

$$\begin{aligned}\tau_{x'y'} &= p_x l_{21} + p_y l_{22} + p_z l_{23}\\ &= \sigma_x l_{11} l_{21} + \tau_{xy} l_{11} l_{22} + \tau_{xz} l_{11} l_{23} + \tau_{yx} l_{12} l_{21} + \sigma_y l_{12} l_{22} + \tau_{yz} l_{12} l_{23} + \tau_{zx} l_{13} l_{21}\\ &\quad + \tau_{zy} l_{13} l_{22} + \sigma_z l_{13} l_{23}\\ &= \sigma_x l_{11} l_{21} + \sigma_y l_{12} l_{22} + \sigma_z l_{13} l_{23} + \tau_{xy}(l_{11} l_{22} + l_{12} l_{21}) + \tau_{yz}(l_{12} l_{23} + l_{13} l_{22})\\ &\quad + \tau_{zx}(l_{13} l_{21} + l_{11} l_{23})\end{aligned} \tag{d}$$

$$\begin{aligned}\tau_{x'z'} &= p_x l_{31} + p_y l_{32} + p_z l_{33}\\ &= \sigma_x l_{11} l_{31} + \sigma_y l_{12} l_{32} + \sigma_z l_{13} l_{33} + \tau_{xy}(l_{11} l_{32} + l_{12} l_{31}) + \tau_{yz}(l_{12} l_{33} + l_{13} l_{32})\\ &\quad + \tau_{zx}(l_{13} l_{31} + l_{11} l_{33})\end{aligned} \tag{e}$$

用同样的方法，不难求得当任一斜截面外法线 n 与 y' 和 z' 轴相重合时的应力分量，也就是已知受力物体内某点的一组应力分量 σ_x、σ_y、σ_z、τ_{xy}、τ_{yz}、τ_{zx}，就可以通过一组方程求得该点的另一组应力分量 $\sigma_{x'}$、$\sigma_{y'}$、$\sigma_{z'}$、$\tau_{x'y'}$、$\tau_{y'z'}$、$\tau_{z'x'}$，将这组应力分量转换方程写出即为：

$$
\left.\begin{aligned}
\sigma_{x'} &= \sigma_x l_{11}^2 + \sigma_y l_{12}^2 + \sigma_z l_{13}^2 + 2\tau_{xy} l_{11} l_{12} + 2\tau_{yz} l_{12} l_{13} + 2\tau_{zx} l_{13} l_{11} \\
\sigma_{y'} &= \sigma_x l_{21}^2 + \sigma_y l_{22}^2 + \sigma_z l_{23}^2 + 2\tau_{xy} l_{21} l_{22} + 2\tau_{yz} l_{22} l_{23} + 2\tau_{zx} l_{23} l_{21} \\
\sigma_{z'} &= \sigma_x l_{31}^2 + \sigma_y l_{32}^2 + \sigma_z l_{33}^2 + 2\tau_{xy} l_{31} l_{32} + 2\tau_{yz} l_{32} l_{33} + 2\tau_{zx} l_{33} l_{31} \\
\tau_{x'y'} &= \sigma_x l_{11} l_{21} + \sigma_y l_{12} l_{22} + \sigma_z l_{13} l_{23} + \tau_{xy}(l_{11} l_{22} + l_{12} l_{21}) \\
&\quad + \tau_{yz}(l_{12} l_{23} + l_{13} l_{22}) + \tau_{zx}(l_{13} l_{21} + l_{11} l_{23}) \\
\tau_{y'z'} &= \sigma_x l_{21} l_{31} + \sigma_y l_{22} l_{32} + \sigma_z l_{23} l_{33} + \tau_{xy}(l_{21} l_{32} + l_{22} l_{31}) \\
&\quad + \tau_{yz}(l_{22} l_{33} + l_{23} l_{32}) + \tau_{zx}(l_{23} l_{31} + l_{21} l_{33}) \\
\tau_{z'x'} &= \sigma_x l_{31} l_{11} + \sigma_y l_{32} l_{12} + \sigma_z l_{33} l_{13} + \tau_{xy}(l_{31} l_{12} + l_{32} l_{11}) \\
&\quad + \tau_{yz}(l_{32} l_{13} + l_{33} l_{12}) + \tau_{zx}(l_{33} l_{11} + l_{31} l_{13})
\end{aligned}\right\} \quad (2-9)
$$

若采用张量符号，并按下标记号法和求和约定，式(2－9)可缩写为：

$$
\sigma_{i'j'} = \sigma_{ij} l_{i'i} l_{j'j} \quad (2-10)
$$

显然式(2－10)所表明的法则，同样也适用于其他的二阶张量。

当受力物体内某点 A 处于平面应力状态(若应力作用线均位于 xOy 坐标平面内，则该点的已知的六个独立应力分量分别为 $\sigma_x \neq 0$、$\sigma_y \neq 0$、$\sigma_z = 0$、$\tau_{xy} \neq 0$、$\tau_{yz} = 0$、$\tau_{zx} = 0$)时，我们来讨论同 z 轴平行的一系列斜截面上的应力分量的求解。

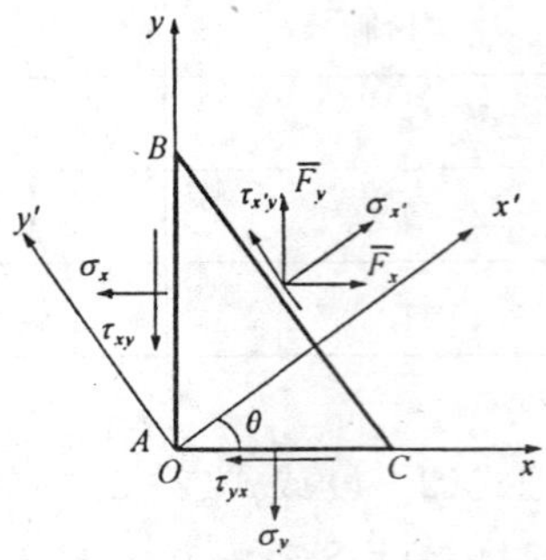

图 2－4

设过 A 点的任一斜截面 BC(BC 截面无限趋近于 A 点)的外法线与 x' 轴方向重合，如图 2－4 所示，且 z' 轴与 z 轴重合，则坐标轴 x'、y'、z' 分别相对于原坐标轴 x、y、z 的夹角的方向余弦如表 2－2 所示。则由公式(2－9)或式(2－10)得该斜截面上的应力分量分别为：

表 2－2

坐标轴	x	y	z
x'	$l_{11} = \cos\theta$	$l_{12} = \sin\theta$	$l_{13} = 0$
y'	$l_{21} = -\sin\theta$	$l_{22} = \cos\theta$	$l_{23} = 0$
z'	$l_{31} = 0$	$l_{32} = 0$	$l_{33} = \cos 0° = 1$

$$
\left.\begin{aligned}
\sigma_\theta &= \sigma_{x'} = \sigma_x \cos^2\theta + \sigma_y \sin^2\theta + 2\tau_{xy}\sin\theta\cos\theta \\
&= \frac{\sigma_x + \sigma_y}{2} + \frac{\sigma_x - \sigma_y}{2}\cos 2\theta + \tau_{xy}\sin 2\theta \\
\tau_\theta &= \tau_{x'y'} = \tau_{xy}(\cos^2\theta - \sin^2\theta) + (\sigma_y - \sigma_x)\sin\theta\cos\theta \\
&= -\frac{\sigma_x - \sigma_y}{2}\sin 2\theta + \tau_{xy}\cos 2\theta \\
\tau_{x'z'} &= 0
\end{aligned}\right\} \quad (2-11)
$$

式(2－11)中的 θ 角以 x 轴正方向为起始线，逆时针取为正，顺时针取为负。式(2－11)就是平面应力状态的应力分量转换方程。将式(2－11)同材料力学中关于平面应力分析中推导的结果进行对比时，应注意两者关于剪应力正负号规则的差异。

§2-3 三维应力状态下的主应力和主方向·应力张量不变量

若受力物体内某点处于三维空间应力状态，由式(2-9)可看出，当已知该点的六个独立应力分量时，则过该点任意一斜截面上的应力分量，是该截面外法线的方向余弦的函数。现在可以证明，在过该点的所有截面中，存在着三个互相垂直的特殊截面，在这些截面上没有剪应力，也即，这些面上的全应力总是与该面的法线方向平行。这种剪应力等于零的截面称为过该点的**主平面**，主平面上的正应力称为该点的**主应力**，主平面的法线所在方向，称为该点的**主方向**。

设某点的六个独立应力分量 σ_x、σ_y、σ_z、τ_{xy}、τ_{yz}、τ_{zx} 已知，并假定图 2-3 中斜截面 ABC 就是该点应力状态的一个主平面。根据主平面的定义，则此面上的全应力 p 就是该面上的正应力 σ_n。仍以 l_1、l_2、l_3 表示该主平面外法线 n 同 x、y、z 坐标轴夹角的方向余弦。则得：

$$p_x = \sigma_n l_1 \quad ; \qquad p_y = \sigma_n l_2 \quad ; \qquad p_z = \sigma_n l_3 \tag{a}$$

将式(a)代入式(2-4)得：

$$\left.\begin{aligned} \sigma_n l_1 &= \sigma_x l_1 + \tau_{xy} l_2 + \tau_{xz} l_3 \\ \sigma_n l_2 &= \tau_{yx} l_1 + \sigma_y l_2 + \tau_{yz} l_3 \\ \sigma_n l_3 &= \tau_{zx} l_1 + \tau_{zy} l_2 + \sigma_z l_3 \end{aligned}\right\} \tag{b}$$

或改写为：

$$\left.\begin{aligned} (\sigma_x - \sigma_n) l_1 + \tau_{xy} l_2 + \tau_{xz} l_3 &= 0 \\ \tau_{yx} l_1 + (\sigma_y - \sigma_n) l_2 + \tau_{yz} l_3 &= 0 \\ \tau_{zx} l_1 + \tau_{zy} l_2 + (\sigma_z - \sigma_n) l_3 &= 0 \end{aligned}\right\} \tag{2-12}$$

或缩记为：

$$(\sigma_{ij} - \delta_{ij}\sigma_n) l_j = 0 \tag{2-13}$$

上式中 δ_{ij} 称为克罗尼克尔(Keonecker)符号，定义为：

$$\delta_{ij} = \begin{cases} 1, & \text{当 } i = j \\ 0, & \text{当 } i \neq j \end{cases} \tag{2-14}$$

式(2-12)、式(2-13)是一个求 l_1、l_2、l_3 的线性齐次方程组，由于三个方向余弦之间必有以下关系：

$$l_1^2 + l_2^2 + l_3^2 = 1 \quad \text{或写为：} \quad l_j l_j = 1 \tag{2-15}$$

也即 l_1、l_2、l_3 不会同时等于零。所以，只有在式(2-12)中令系数行列式等于零，该式才能成立，故有：

$$\begin{vmatrix} \sigma_x - \sigma_n & \tau_{xy} & \tau_{xz} \\ \tau_{yx} & \sigma_y - \sigma_n & \tau_{yz} \\ \tau_{zx} & \tau_{zy} & \sigma_z - \sigma_n \end{vmatrix} = 0 \tag{2-16}$$

展开此行列式，并作整理，即得到一个求 σ_n 的一元三次方程式：

$$\begin{aligned} \sigma_n^3 &- (\sigma_x + \sigma_y + \sigma_z)\sigma_n^2 - (-\sigma_x\sigma_y - \sigma_y\sigma_z - \sigma_z\sigma_x + \tau_{xy}^2 + \tau_{yz}^2 + \tau_{zx}^2)\sigma_n \\ &- (\sigma_x\sigma_y\sigma_z + 2\tau_{xy}\tau_{yz}\tau_{zx} - \sigma_x\tau_{yz}^2 - \sigma_y\tau_{zx}^2 - \sigma_z\tau_{xy}^2) = 0 \end{aligned} \tag{2-17}$$

或写为：

$$\sigma_n^3 - I_1\sigma_n^2 - I_2\sigma_n - I_3 = 0 \tag{2-18}$$

上式中

$$\left.\begin{aligned}
&I_1 = \sigma_x + \sigma_y + \sigma_z = \sigma_{ii} \\
&I_2 = -\sigma_x\sigma_y - \sigma_y\sigma_z - \sigma_z\sigma_x + \tau_{xy}^2 + \tau_{yz}^2 + \tau_{zx}^2 = -\frac{1}{2}(\sigma_{ii}\sigma_{jj} - \sigma_{ij}\sigma_{ji}) \\
&I_3 = \begin{vmatrix} \sigma_x & \tau_{xy} & \tau_{xz} \\ \tau_{yx} & \sigma_y & \tau_{yz} \\ \tau_{zx} & \tau_{zy} & \sigma_z \end{vmatrix} = \sigma_x\sigma_y\sigma_z + 2\tau_{xy}\tau_{yz}\tau_{zx} - \sigma_x\tau_{yz}^2 - \sigma_y\tau_{zx}^2 - \sigma_z\tau_{xy}^2 = |\sigma_{ij}|
\end{aligned}\right\} \tag{2-19}$$

上述一元三次方程(2-17)称为应力状态的特征方程，解之，可得出 σ_n 的三个根。可以证明它们都是实数根，即为该点应力状态的三个主应力，分别用 σ_1、σ_2、σ_3 表示。一般情况下，三个主应力的次序按其代数值的大小来排列，即 $\sigma_1 \geqslant \sigma_2 \geqslant \sigma_3$ 。

求得主应力的数值后，可分别将它们代回式(2-12)，每代入一个主应力，即可由式(2-12)及式(2-15)求得该主应力所在方向(三个主方向之一)的三个方向余弦值。于是一点应力状态的三个主方向便可以确定。我们还可以进一步证明，三个主方向是彼此正交的(王龙甫，1979)。此处我们仅通过例 2-2 做一简单证明。

由以上推导知，当受力物体内一点的应力状态确定后，该点必有且只有三个主应力 σ_1、σ_2、σ_3，它们彼此作用在过该点的三个彼此正交的截面(主平面)上，三个主应力方向也彼此正交。当坐标系变换时，虽然每个应力分量都将随之改变，但这一点的应力状态已经确定，是不会变化的，也就是说过该点任一斜截面上应力的客观性不会发生改变，当然该点的三个主应力大小及指向也不会随坐标系的改变而产生变化。因此，方程(2-17)中的三个系数 I_1、I_2、I_3 也必与坐标系的选择无关，它们是不变量，并分别称为**第一、第二、第三应力张量的不变量**，简称为**应力不变量**。

如果坐标轴选择恰与三个主方向相重合，则应力不变量还可表示为：

$$\left.\begin{aligned}
&I_1 = \sigma_1 + \sigma_2 + \sigma_3 \\
&I_2 = \sigma_1\sigma_2 - \sigma_2\sigma_3 - \sigma_3\sigma_1 \\
&I_3 = \sigma_1\sigma_2\sigma_3
\end{aligned}\right\} \tag{2-20}$$

当一点处于平面应力状态时，如图 2-4 所示，则知过该点的 ABC 截面上无应力作用。显然，据以上讨论知该截面即为一主平面，且主应力大小为零，z 轴或 z' 轴即为一主方向。而该点的另两主应力和主方向只需在过该点同 z 轴相平行的一系列截面(该截面在 xOy 平面内的投影为一条线)中去确定，也即在 xOy 平面中去寻找和确定了。

由公式(2-11)中的 σ_θ 式，并令 $\frac{d\sigma_\theta}{d\theta} = 0$，就可求得正应力极值的截面方位角：

$$\frac{d\sigma_\theta}{d\theta} = -(\sigma_x - \sigma_y)\sin 2\theta + 2\tau_{xy}\cos 2\theta = 0 \tag{c}$$

将满足式(c)的 θ 角用 θ_0 表示，则得：

$$\tan 2\theta_0 = \frac{2\tau_{xy}}{\sigma_x - \sigma_y} \tag{2-21}$$

显然满足式(2-21)的角度 θ_0 有两个，且彼此正交。将这两个 θ_0 角分别代入式(2-11)的第一式，就可推导出由这两个主应力方向所确定的主平面上的两个主应力为：

$$\left.\begin{matrix}\sigma_{max} \\ \sigma_{min}\end{matrix}\right. = \frac{\sigma_x + \sigma_y}{2} \pm \sqrt{\left(\frac{\sigma_x - \sigma_y}{2}\right)^2 + \tau_{xy}^2} \tag{2-22}$$

而另一主应力已知为零。

例 2-1 已知一点的应力状态由以下一组应力分量所确定，即 $\sigma_x = 3, \sigma_y = 0, \sigma_z = 0, \tau_{xy} = 1, \tau_{yz} = 2, \tau_{zx} = 1$，应力单位为 MPa。试求该点的主应力值。

解 由式(2-19)得 $I_1 = 3, I_2 = 6, I_3 = -8$，代入式(2-18)后得：

$$\sigma^3 - 3\sigma^2 - 6\sigma + 8 = 0 \quad 或 \quad (\sigma - 4)(\sigma - 1)(\sigma + 2) = 0$$

故主应力分别为 $\sigma_1 = 4, \sigma_2 = 1, \sigma_3 = -2$。

例 2-2 在物体内某点，确定其应力状态的一组应力分量为 $\sigma_x = 0$、$\sigma_y = 0$、$\sigma_z = 0$、$\tau_{xy} = 0$、$\tau_{yz} = 3a$、$\tau_{zx} = 4a(a > 0)$，如图 2-5 所示。试求该点的主应力和主方向，并证明主方向彼此正交。

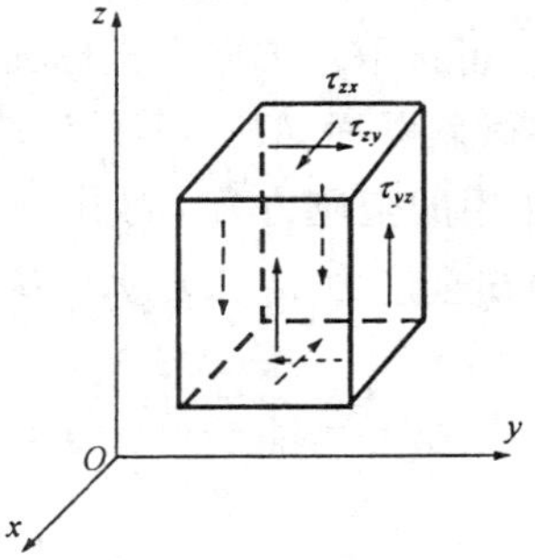

图 2-5

解 由式(2-19)知，各应力不变量为 $I_1 = 0, I_2 = 25a^2, I_3 = 0$，代入式(2-18)得：

$$\sigma^3 - 25a^2\sigma = 0 \quad 也即 \quad \sigma(\sigma^2 - 25a^2) = 0$$

因式分解得：

$$\sigma(\sigma - 5a)(\sigma + 5a) = 0$$

则求得三个主应力分别为 $\sigma_1 = 5a, \sigma_2 = 0, \sigma_3 = -5a$。

设主应力 σ_1 与 x、y、z 三坐标轴夹角的方向余弦为 l_{11}、l_{12}、l_{13}。将 $\sigma_1 = 5a$ 及已知条件代入式(2-12)得：

$$\left.\begin{aligned} -5al_{11} + 4al_{13} = 0 \\ -5al_{12} + 3al_{13} = 0 \\ 4al_{11} + 3al_{12} - 5al_{13} = 0 \end{aligned}\right\} \tag{1}$$

由式(1)前两式分别得：

$$\frac{l_{11}}{l_{13}} = \frac{4}{5}; \quad \frac{l_{12}}{l_{13}} = \frac{3}{5} \tag{2}$$

将式(2)代入式(1)最后一式，可得 0=0 的恒等式。再由式(2-15)得：

$$l_{13} = \frac{1}{\sqrt{\left(\frac{l_{11}}{l_{13}}\right)^2 + \left(\frac{l_{12}}{l_{13}}\right)^2 + 1}} = \frac{1}{\sqrt{\left(\frac{4}{5}\right)^2 + \left(\frac{3}{5}\right)^2 + 1}} = \frac{\sqrt{2}}{2} \tag{3}$$

则知

$$l_{11} = \frac{4l_{13}}{5} = \frac{2\sqrt{2}}{5}; \quad l_{12} = \frac{3l_{13}}{5} = \frac{3\sqrt{2}}{10} \tag{4}$$

同理可求得主应力 σ_2 的方向余弦 l_{21}、l_{22}、l_{23} 和主应力 σ_3 的方向余弦 l_{31}、l_{32}、l_{33}，并且考虑到同一个主应力方向可表示成两种形式，则得：

$$\sigma_1 主方向为：\left(\pm\frac{2\sqrt{2}}{5}, \quad \pm\frac{3\sqrt{2}}{10}, \quad \pm\frac{\sqrt{2}}{2}\right) \tag{5}$$

$$\sigma_2 主方向为：\left(\pm\frac{3}{5}, \quad \mp\frac{4}{5}, \quad 0\right) \tag{6}$$

$$\sigma_3 主方向为：\left(\mp\frac{2\sqrt{2}}{5}, \quad \mp\frac{3\sqrt{2}}{10}, \quad \pm\frac{\sqrt{2}}{2}\right) \tag{7}$$

若取 σ_1 主方向的一组方向余弦为 $\left(\frac{2\sqrt{2}}{5}, \frac{3\sqrt{2}}{10}, \frac{\sqrt{2}}{2}\right)$，$\sigma_3$ 主方向的一组方向余弦为

$\left(-\frac{2\sqrt{2}}{5},\ -\frac{3\sqrt{2}}{10},\ \frac{\sqrt{2}}{2}\right)$，则由空间两直线垂直的条件知：

$$l_{11}l_{31}+l_{12}l_{32}+l_{13}l_{33}=-\left(\frac{2\sqrt{2}}{5}\right)^2-\left(\frac{3\sqrt{2}}{10}\right)^2+\left(\frac{\sqrt{2}}{2}\right)^2=0 \tag{8}$$

证得 σ_1 主方向与 σ_3 主方向彼此正交。同理可证得任意两主应力方向一定彼此正交。

现在证明，主应力就是正应力的极值（极大或极小）。设受力物体内某点 O 应力状态 σ_{ij} 已确定。为方便讨论，可选取主方向为坐标轴向。对于过给定点 O 的任一微斜截面 ABC，其外法线 n 的方向余弦为 l_1、l_2、l_3，作用的全应力为 p，如图 2-6 所示。显然，由式(2-4)知全应力 p 在 x、y、z 方向上的三个分量分别为：

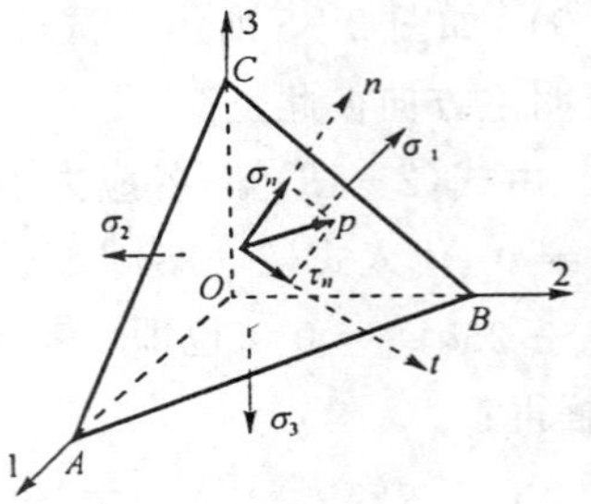

图 2-6

$$p_x=\sigma_1 l_1;\quad p_y=\sigma_2 l_2;\quad p_z=\sigma_3 l_3 \tag{2-23}$$

再由式(2-9)的第一式得该斜截面上的正应力 σ_n 为：

$$\sigma_n=p_x l_1+p_y l_2+p_z l_3=\sigma_1 l_1^2+\sigma_2 l_2^2+\sigma_3 l_3^2 \tag{2-24}$$

同时该斜截面上的剪应力 τ_n 为：

$$\begin{aligned}\tau_n^2&=p_x^2+p_y^2+p_z^2-\sigma_n^2\\&=(\sigma_1 l_1)^2+(\sigma_2 l_2)^2+(\sigma_3 l_3)^2-(\sigma_1 l_1^2+\sigma_2 l_2^2+\sigma_3 l_3^2)^2\end{aligned} \tag{2-25}$$

考虑到 $l_1^2+l_2^2+l_3^2=1$，可将式(2-24)分别写成只含两个方向余弦值的如下三种形式：

$$\left.\begin{aligned}\sigma_n&=\sigma_1-(\sigma_1-\sigma_2)l_2^2-(\sigma_1-\sigma_3)l_3^2\\\sigma_n&=(\sigma_1-\sigma_2)l_1^2+\sigma_2-(\sigma_2-\sigma_3)l_3^2\\\sigma_n&=(\sigma_1-\sigma_3)l_1^2+(\sigma_2-\sigma_3)l_2^2+\sigma_3\end{aligned}\right\} \tag{d}$$

如对式(d)第一式取极值条件 $\frac{\partial\sigma_n}{\partial l_2}=0$ 及 $\frac{\partial\sigma_n}{\partial l_3}=0$，得

$$l_1=\pm 1,\quad l_2=0,\quad l_3=0 \tag{e}$$

以此代入式(2-24)，得 σ_n 的第一个极值为 σ_1，同时由式(2-25)可知 $\tau_n=0$。类似地由式(d)的第二、三式可证得 σ_n 的另两个极值分别为 σ_2 和 σ_3。由此可见，在受力物体内某点的应力状态 σ_{ij} 中，正应力的极值就是三个主应力，而作用在主平面上的剪应力必为零。

§2-4　三维空间应力莫尔圆·最大(最小)剪应力·应力椭球

2-4-1　三维空间应力莫尔圆

根据上节推导出的式(2-24)以及式(2-15)可求出用 σ_n、τ_n、σ_1、σ_2 和 σ_3 表示的 l_1^2、l_2^2 和 l_3^2，其表达式为：

$$\left.\begin{aligned} l_1^2 &= \frac{\Delta_1}{\Delta} = \frac{\tau_n^2 + (\sigma_n - \sigma_2)(\sigma_n - \sigma_3)}{(\sigma_1 - \sigma_2)(\sigma_1 - \sigma_3)} \\ l_2^2 &= \frac{\Delta_2}{\Delta} = \frac{\tau_n^2 + (\sigma_n - \sigma_3)(\sigma_n - \sigma_1)}{(\sigma_2 - \sigma_3)(\sigma_2 - \sigma_1)} \\ l_3^2 &= \frac{\Delta_3}{\Delta} = \frac{\tau_n^2 + (\sigma_n - \sigma_1)(\sigma_n - \sigma_2)}{(\sigma_3 - \sigma_1)(\sigma_3 - \sigma_2)} \end{aligned}\right\} \tag{a}$$

在上式中：

$$\left.\begin{aligned} \Delta &= \begin{vmatrix} \sigma_1 & \sigma_2 & \sigma_3 \\ \sigma_1^2 & \sigma_2^2 & \sigma_3^2 \\ 1 & 1 & 1 \end{vmatrix}; \quad \Delta_1 = \begin{vmatrix} \sigma_n & \sigma_2 & \sigma_3 \\ \sigma_n^2 + \tau_n^2 & \sigma_2^2 & \sigma_3^2 \\ 1 & 1 & 1 \end{vmatrix} \\ \Delta_2 &= \begin{vmatrix} \sigma_1 & \sigma_n & \sigma_3 \\ \sigma_1^2 & \sigma_n^2 + \tau_n^2 & \sigma_3^2 \\ 1 & 1 & 1 \end{vmatrix}; \quad \Delta_3 = \begin{vmatrix} \sigma_1 & \sigma_2 & \sigma_n \\ \sigma_1^2 & \sigma_2^2 & \sigma_n^2 + \tau_n^2 \\ 1 & 1 & 1 \end{vmatrix} \end{aligned}\right\} \tag{b}$$

在式(a)中，设 $\sigma_1 \geqslant \sigma_2 \geqslant \sigma_3$，由于 l_1^2、l_2^2 和 l_3^2 永远是正值，所以式(a)中右端的分子和分母应有相同的正、负号。例如在 l_2^2 的表达式中，由于分母是负数，所以分子也应当是负数，即：

$$(\sigma_n - \sigma_1)(\sigma_n - \sigma_3) + \tau_n^2 \leqslant 0 \tag{c}$$

上式又可写为：

$$\left(\sigma_n - \frac{\sigma_1 + \sigma_3}{2}\right)^2 + \tau_n^2 \leqslant \left(\frac{\sigma_1 - \sigma_3}{2}\right)^2 \tag{d}$$

在 σ_n、τ_n 坐标中，式(d)取等号后，则表示一个圆的方程式，其半径为 $\frac{\sigma_1 - \sigma_3}{2}$，圆心 P_2 在 σ_n 轴上，距坐标原点为 $\frac{\sigma_1 + \sigma_3}{2}$，此式表示正应力和剪应力应当在以 $\frac{\sigma_1 - \sigma_3}{2}$ 为半径的圆所围绕的区域之内。

用同样的方法，由式(a)的 l_1^2 和 l_3^2 的表达式，可得：

$$\left(\sigma_n - \frac{\sigma_1 + \sigma_2}{2}\right)^2 + \tau_n^2 \geqslant \left(\frac{\sigma_1 - \sigma_2}{2}\right)^2 \tag{e}$$

$$\left(\sigma_n - \frac{\sigma_2 + \sigma_3}{2}\right)^2 + \tau_n^2 \geqslant \left(\frac{\sigma_2 - \sigma_3}{2}\right)^2 \tag{f}$$

以上(d)、(e)、(f)三式表明，当一点处于空间应力状态时，过该点的任一斜截面上的一对应力分量 σ_n 和 τ_n 就是以 σ 和 τ 为轴线所确定的平面内的一个点的一对坐标，并且该点一定落在分别以$(\sigma_1 - \sigma_3)/2$、$(\sigma_1 - \sigma_2)/2$、$(\sigma_2 - \sigma_3)/2$ 为半径的三个圆的圆周所包围的阴影面积(包括三个圆周)之内，如图 2-7 所示。图 2-7 所示即为表征**三维空间应力状态的应力莫尔圆**。由空间应力圆显然可看出，一点应力状态的最大(最小)剪应力的大小就等于最大正应力 σ_1 和最小正应力 σ_3 值之差的一半。

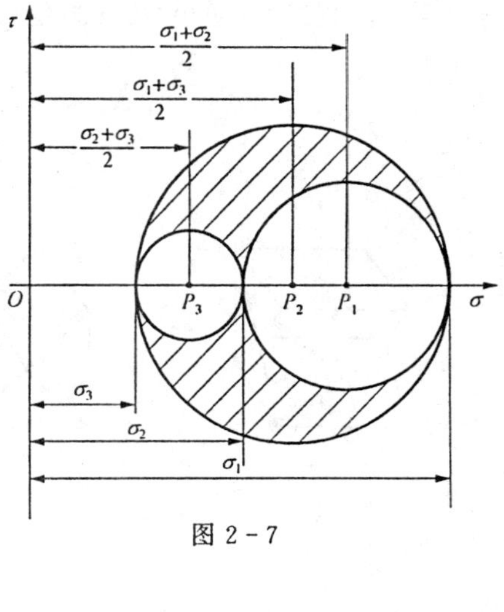

图 2-7

2-4-2 最大(最小)剪应力

一点的应力状态中正应力有极值,剪应力也可取极值。现仍取主方向为坐标轴取向,则一点处任一斜截面上的剪应力的计算式由式(2-25)并利用 $l_1^2+l_2^2+l_3^2=1$ 的关系消去 l_3 得:

$$\tau_n^2=(\sigma_1^2-\sigma_3^2)l_1^2+(\sigma_2^2-\sigma_3^2)l_2^2+\sigma_3^2-[(\sigma_1-\sigma_3)l_1^2+(\sigma_2-\sigma_3)l_2^2+\sigma_3]^2 \tag{g}$$

由极值条件 $\frac{\partial\tau_n}{\partial l_1}=0$ 及 $\frac{\partial\tau_n}{\partial l_2}=0$,得:

$$\left.\begin{aligned}l_1(\sigma_1-\sigma_3)[(\sigma_1-\sigma_3)l_1^2+(\sigma_2-\sigma_3)l_2^2-\frac{1}{2}(\sigma_1-\sigma_3)]=0\\ l_2(\sigma_2-\sigma_3)[(\sigma_1-\sigma_3)l_1^2+(\sigma_2-\sigma_3)l_2^2-\frac{1}{2}(\sigma_2-\sigma_3)]=0\end{aligned}\right\} \tag{h}$$

在一般情况下 $\sigma_1\neq\sigma_2\neq\sigma_3$,而在求 σ_n 的极值时,已知 $l_3=\pm1$、$l_1=l_2=0$ 为某一主平面方位,对应于该截面上的剪应力 $\tau_n=0$,显然这不是我们现在所要求的解。故要想求出 $\tau_n\neq0$ 的极值,l_1、l_2 就不能同时为零。现设 $l_1\neq0$、$l_2=0$,则式(h)的第二式成为恒等式,而由第一式得 $l_1^2-\frac{1}{2}=0$,于是有 $l_1^2=\frac{1}{2}$。由此得到剪应力取极值时所在微斜截面的一组方向余弦值,即下式(i)中第一组解。仿此,当设 $l_1=0$、$l_2\neq0$ 时,可得式(i)中的第二组解。如从式(g)中消去 l_2,重复上述作法,便得到式(i)中的第三组解。即有

$$\left.\begin{aligned}&\text{第一组解:}\quad l_1=\pm\frac{\sqrt{2}}{2};\quad l_2=0;\quad l_3=\pm\frac{\sqrt{2}}{2}\\ &\text{第二组解:}\quad l_1=0;\quad l_2=\pm\frac{\sqrt{2}}{2};\quad l_3=\pm\frac{\sqrt{2}}{2}\\ &\text{第三组解:}\quad l_1=\pm\frac{\sqrt{2}}{2};\quad l_2=\pm\frac{\sqrt{2}}{2};\quad l_3=0\end{aligned}\right\} \tag{i}$$

将三组解分别代入式(g),得到与之相应的剪应力 τ_n 的三个极值分别为:

$$\tau_{13}=\pm\frac{\sigma_1-\sigma_3}{2};\quad \tau_{23}=\pm\frac{\sigma_2-\sigma_3}{2};\quad \tau_{12}=\pm\frac{\sigma_1-\sigma_2}{2} \tag{2-26}$$

τ_{12}、τ_{23}、τ_{13}称为**主剪应力**。它们分别作用在与相应主方向成45°的微斜截面上,如图2-8所示。因 $\sigma_1\geqslant\sigma_2\geqslant\sigma_3$,故**最大(最小)剪应力值**为:

$$\begin{matrix}\tau_{\max}\\ \tau_{\min}\end{matrix}=\pm\frac{\sigma_1-\sigma_3}{2} \tag{2-27}$$

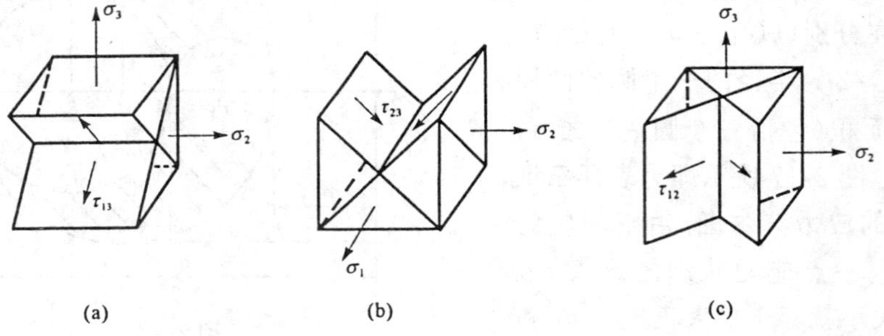

图 2-8

即等于最大正应力与最小正应力之差的一半。

应当指出，在剪应力取极值的截面上一般都有正应力的作用，请参见图 2-7。将式(i)中的三组方向余弦值分别代入式(2-24)，可得到相应微斜截面上的正应力为：

$$\sigma_{13}=\frac{\sigma_1+\sigma_3}{2};\quad \sigma_{23}=\frac{\sigma_2+\sigma_3}{2};\quad \sigma_{12}=\frac{\sigma_1+\sigma_2}{2} \tag{2-28}$$

2-4-3 应力椭球

若由式(2-23)分别求出 l_1、l_2、l_3，再代入 $l_1^2+l_2^2+l_3^2=1$ 式得：

$$\frac{p_x^2}{\sigma_1^2}+\frac{p_y^2}{\sigma_2^2}+\frac{p_z^2}{\sigma_3^2}=1 \tag{2-29}$$

式(2-29)表明，如果我们用一个过 O 点、大小等于某微截面上全应力的向量 r 来表示该截面上的全应力 p，则这些向量的末端都在式(2-29)所确定的椭球面上。这个以 p_x、p_y、p_z 为变量，以 O 点的三个主应力 σ_1、σ_2、σ_3 为半径的椭球，就称为**应力椭球**，如图 2-9 所示。

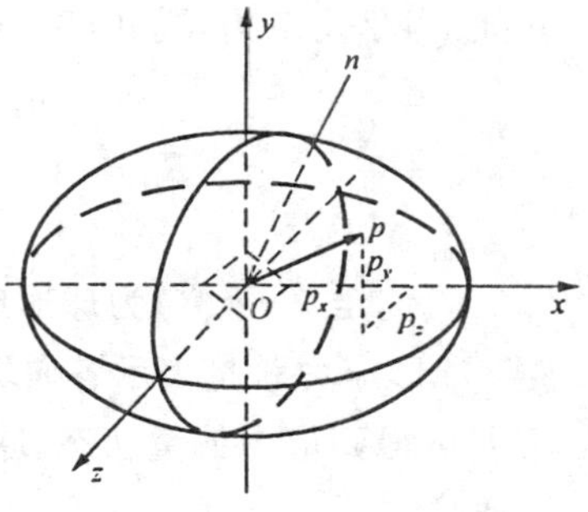

图 2-9

§2-5 应力张量的分解

一般情况，物体在外力作用下产生变形，也即物体的形状和体积发生改变。固体力学认为物体变形中的体积改变部分是由各向相等的应力状态(球应力状态)引起的，而实验证明，固体材料在各向等值的应力状态作用下，一般都表现为弹性性质①。于是，可认为材料的塑性变形主要是由变形的形状改变部分来体现的。此外，关于塑性变形产生机理的研究表明，材料塑性变形产生的一般方式为晶格间的滑移。有鉴于此，在塑性理论研究中，常将一点的应力状态 σ_{ij}[如图 2-10(a) 所示] 分解成两部分，一部分是各向等值的压(或拉)应力 $\sigma_m\delta_{ij}$[如图 2-10(b) 所示]，剩余的另一部分应力若记为 S_{ij}[如图 2-10(c) 所示]，则得：

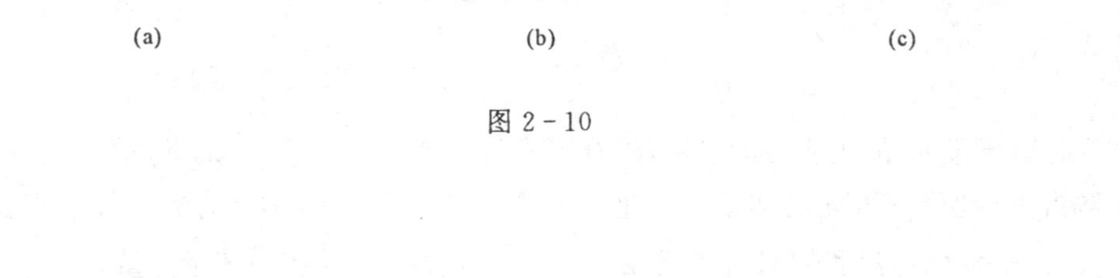

图 2-10

① P. W. Bridgman 的实验证明，对于金属材料，大约在 25 000 大气压的静水压力作用下，才呈现出很小的压缩性。

$$\sigma_{ij}=\sigma_m\delta_{ij}+S_{ij}=\begin{bmatrix}\sigma_m & 0 & 0\\ 0 & \sigma_m & 0\\ 0 & 0 & \sigma_m\end{bmatrix}+\begin{bmatrix}\sigma_x-\sigma_m & \tau_{xy} & \tau_{xz}\\ \tau_{yx} & \sigma_y-\sigma_m & \tau_{yz}\\ \tau_{zx} & \tau_{zy} & \sigma_z-\sigma_m\end{bmatrix} \quad (2-30)$$

式(2－30)中第一项中 σ_m 为：

$$\sigma_m=\frac{1}{3}\sigma_{ii}=\frac{\sigma_x+\sigma_y+\sigma_z}{3}=\frac{\sigma_1+\sigma_2+\sigma_3}{3} \quad (2-31)$$

称 σ_m 为**平均应力**，而式(2－30)第二项为：

$$S_{ij}=\begin{bmatrix}\sigma_x-\sigma_m & \tau_{xy} & \tau_{xz}\\ \tau_{yx} & \sigma_y-\sigma_m & \tau_{yz}\\ \tau_{zx} & \tau_{zy} & \sigma_z-\sigma_m\end{bmatrix}=\begin{bmatrix}S_x & S_{xy} & S_{xz}\\ S_{yx} & S_y & S_{yz}\\ S_{zx} & S_{zy} & S_z\end{bmatrix} \quad (2-32)$$

我们定义，$\sigma_m\delta_{ij}$ 为**球形应力张量**，**简称球张量**，而 S_{ij} 则称为**偏斜应力张量**，简称为**应力偏量**。球形应力张量表示各向均匀受力状态，有时也称**静水压力状态**。将原应力状态减去静水压力即可得到应力偏量状态。球形应力张量可引起物体的体积改变，而应力偏量则引起物体的形状改变。

§2－6　主偏应力·应力偏量不变量

由 $\sigma_{ij}=\sigma_m\delta_{ij}+S_{ij}$ 可知，S_{ij} 偏斜应力张量仍然是一个二阶对称应力张量，由于在 σ_{ij} 的分解过程中，剪应力分量始终没有产生变化，而分解中减去的只是平均应力 σ_m，只是从原应力状态 σ_{ij} 的主应力 σ_1、σ_2、σ_3 中各减去了一个 σ_m，因此，主应力主轴的方向并没有产生任何变化，且有主值

$$\left.\begin{aligned}S_1&=\sigma_1-\sigma_m=\frac{2\sigma_1-\sigma_2-\sigma_3}{3}\\ S_2&=\sigma_2-\sigma_m=\frac{2\sigma_2-\sigma_3-\sigma_1}{3}\\ S_3&=\sigma_3-\sigma_m=\frac{2\sigma_3-\sigma_1-\sigma_2}{3}\end{aligned}\right\} \quad (2-33)$$

将主值 S_1、S_2、S_3 称为偏斜应力张量 S_{ij} 的主偏应力。故 S_{ij} 也可表示为：

$$S_{ij}=\begin{bmatrix}S_x & \tau_{xy} & \tau_{xz}\\ \tau_{yx} & S_y & \tau_{yz}\\ \tau_{zx} & \tau_{zy} & S_z\end{bmatrix}=\begin{bmatrix}S_1 & 0 & 0\\ 0 & S_2 & 0\\ 0 & 0 & S_3\end{bmatrix}=\begin{bmatrix}\frac{2\sigma_1-\sigma_2-\sigma_3}{3} & 0 & 0\\ 0 & \frac{2\sigma_2-\sigma_3-\sigma_1}{3} & 0\\ 0 & 0 & \frac{2\sigma_3-\sigma_1-\sigma_2}{3}\end{bmatrix} \quad (2-34)$$

仿照应力张量 σ_{ij} 的主应力的求解，同样可求得类似于式(2－17)的 S_{ij} 的主偏应力 S_1、S_2、S_3 的求解方程(此处不再详细推导)，因此也可得到三个不变量，称之为应力偏量不变量，分别用 J_1、J_2、J_3 来表示。这里我们只需将式(2－19)中的 σ_x、σ_y、σ_z 用应力偏量分量 S_x、S_y、S_z 替换后即得：

$$\left.\begin{aligned}J_1 &= S_x + S_y + S_z = (\sigma_x - \sigma_m) + (\sigma_y - \sigma_m) + (\sigma_z - \sigma_m) = 0 \\ J_2 &= - S_x S_y - S_y S_z - S_z S_x + S_{xy}^2 + S_{yz}^2 + S_{zx}^2 \\ &= \frac{1}{2}(S_x^2 + S_y^2 + S_z^2) + S_{xy}^2 + S_{yz}^2 + S_{zx}^2 \\ &= \frac{1}{6}[(\sigma_x - \sigma_y)^2 + (\sigma_y - \sigma_z)^2 + (\sigma_z - \sigma_x)^2 + 6(\tau_{xy}^2 + \tau_{yz}^2 + \tau_{zx}^2)] \\ J_3 &= S_x S_y S_z + 2S_{xy}S_{yz}S_{zx} - S_x S_{yz}^2 - S_y S_{zx}^2 - S_z S_{xy}^2\end{aligned}\right\} \tag{2-35}$$

应力偏量不变量也可用主偏应力来表示：

$$\left.\begin{aligned}J_1 &= S_1 + S_2 + S_3 = 0 \\ J_2 &= \frac{1}{2}(S_1^2 + S_2^2 + S_3^2) = - S_1 S_2 - S_2 S_3 - S_3 S_1 \\ &= \frac{1}{6}[(\sigma_1 - \sigma_2)^2 + (\sigma_2 - \sigma_3)^2 + (\sigma_3 - \sigma_1)^2] \\ J_3 &= S_1 S_2 S_3\end{aligned}\right\} \tag{2-36}$$

若采用张量记法，则有：

$$J_1 = S_{ii} = 0 \quad ; \qquad J_2 = \frac{1}{2}S_{ij}S_{ij} \quad ; \qquad J_3 = |S_{ij}| \tag{2-37}$$

例 2-3 试证明偏斜应力状态 S_{ij} 的主方向与原应力状态 σ_{ij} 的主方向重合。

证明 设原应力状态 σ_{ij} 主方向的方向余弦为 l_1、l_2、l_3，则由式(2-13)得：

$$\left.\begin{aligned}(\sigma_x - \sigma_n)l_1 + \tau_{xy}l_2 + \tau_{xz}l_3 = 0 \\ \tau_{yx}l_1 + (\sigma_y - \sigma_n)l_2 + \tau_{yz}l_3 = 0 \\ \tau_{zx}l_1 + \tau_{zy}l_2 + (\sigma_z - \sigma_n)l_3 = 0\end{aligned}\right\} \tag{a}$$

显然，方向余弦 l_1、l_2、l_3 将由式(a)中的任意两式和 $l_1^2 + l_2^2 + l_3^2 = 1$ 式所确定。

若设偏斜应力状态 S_{ij} 主方向的方向余弦为 l_1'、l_2'、l_3'，则由式(2-13)同样得：

$$\left.\begin{aligned}(S_x - S_n)l_1' + S_{xy}l_2' + S_{xz}l_3' = 0 \\ S_{yx}l_1' + (S_y - S_n)l_2' + S_{yz}l_3' = 0 \\ S_{zx}l_1' + S_{zy}l_2' + (S_z - S_n)l_3' = 0\end{aligned}\right\} \tag{b}$$

显然，方向余弦 l_1'、l_2'、l_3' 将由式(b)中的任意两式和 $l_1'^2 + l_2'^2 + l_3'^2 = 1$ 式所确定。由于：

$$\left.\begin{aligned}S_x - S_n = (\sigma_x - \sigma_m) - (\sigma_n - \sigma_m) = \sigma_x - \sigma_n \\ S_y - S_n = (\sigma_y - \sigma_m) - (\sigma_n - \sigma_m) = \sigma_y - \sigma_n \\ S_z - S_n = (\sigma_z - \sigma_m) - (\sigma_n - \sigma_m) = \sigma_z - \sigma_n\end{aligned}\right\} \tag{c}$$

可见式(a)与式(b)具有相同的系数，且已知

$$l_1^2 + l_2^2 + l_3^2 = l'^2_1 + l'^2_2 + l'^2_3 = 1 \tag{d}$$

故必有：

$$l_1 = l_1' \quad ; \qquad l_2 = l_2' \quad ; \qquad l_3 = l_3' \tag{e}$$

也即偏斜应力 S_{ij} 的主方向同原应力状态 σ_{ij} 的主方向相同。证毕。

§2-7 等倾面上的正应力和剪应力·等效应力

所谓等倾面，是指过一点同三个主应力轴夹角成相同角度的微截面。在三维空间围绕着一

点可以取八个等倾面，组成一个正八面体单元，如图 2－11 所示。每一等倾面的外法线同三个主应力轴线夹角成相同的角度，也即 $l_1 = l_2 = l_3$，由式 $l_1^2 + l_2^2 + l_3^2 = 1$ 知：

$$l_1 = l_2 = l_3 = \frac{1}{\sqrt{3}} = 54°44' \tag{2-38}$$

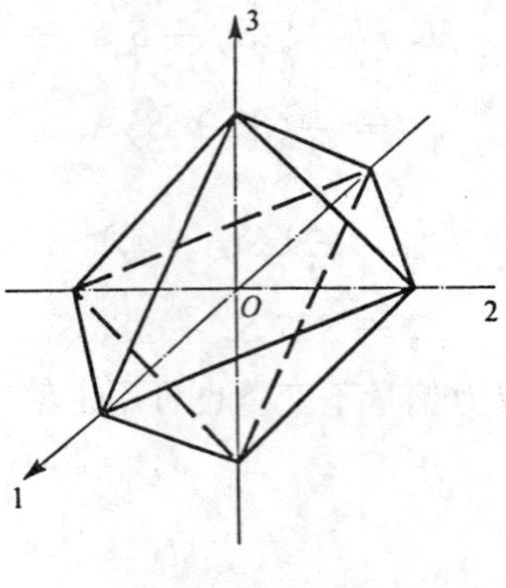

图 2－11

代入式(2－24)和式(2－25)分别得：

$$\sigma_8 = \frac{1}{3}(\sigma_1 + \sigma_2 + \sigma_3) = \sigma_m \tag{2-39}$$

$$\begin{aligned}\tau_8 &= \frac{1}{3}[2(\sigma_1^2 + \sigma_2^2 + \sigma_3^2) - 2(\sigma_1\sigma_2 + \sigma_2\sigma_3 + \sigma_3\sigma_1)]^{\frac{1}{2}} \\ &= \frac{1}{3}[(\sigma_1 - \sigma_2)^2 + (\sigma_2 - \sigma_3)^2 + (\sigma_3 - \sigma_1)^2]^{\frac{1}{2}}\end{aligned} \tag{2-40}$$

上两式中，σ_8 **和** τ_8 **分别为等倾面上的正应力和剪应力**。再将式(2－40)同式(2－35)、式(2－36)相比较得：

$$\tau_8 = \sqrt{\frac{2}{3}J_2} \tag{2-41}$$

也可将 τ_8 表示成一般情况：

$$\tau_8 = \frac{1}{3}[(\sigma_x - \sigma_y)^2 + (\sigma_y - \sigma_z)^2 + (\sigma_z - \sigma_x)^2 + 6(\tau_{xy}^2 + \tau_{yz}^2 + \tau_{zx}^2)]^{\frac{1}{2}} \tag{2-42}$$

在弹塑性力学中，为了使用方便，将 τ_8 乘以系数 $\frac{3}{\sqrt{2}}$ 后，称之为**等效应力**(又称**有效应力**、**应力强度**)，用符号 $\bar{\sigma}$ 表示，则有：

$$\bar{\sigma} = \frac{3}{\sqrt{2}}\tau_8 = \sqrt{3J_2} \tag{2-43}$$

当材料处于单向拉伸应力状态时，$\sigma_2 = \sigma_3 = 0$，$\sigma_1 = \bar{\sigma}$，说明 $\bar{\sigma}$ 与单向应力相等。“等效”的命名由此而来。

对于一点的应力状态，当该点应力状态确定了，则 $\bar{\sigma}$ 值也就确定了，它与坐标轴的选择无关。由式(2－43)的形式可见，各正应力增加或减少一个平均应力，等效应力 $\bar{\sigma}$ 的数值不变，这也说明 $\bar{\sigma}$ 与球应力状态无关，故而在塑性力学中亦为重要的力学参量之一。在计算中只使用等效应力 $\bar{\sigma}$ 的绝对值。

§2－8　平衡(或运动)微分方程

一般来说，物体在外力作用下处于平衡状态时，其内部各点的应力状态是各不相同的。因此，我们需要考察应力场中任一点领域所包含体积的平衡规律。为此，过 M 点附近参照 $Oxyz$ 坐标截取边长分别为 dx、dy、dz 的微六面体单元来研究，如图 2－12 所示。根据连续性假设可认为物体内各点处的应力分量 σ_x、σ_y、σ_z、τ_{xy}、τ_{yz}、τ_{zx} 都是坐标 x、y、z 的单值连续函数。如图 2－12 所示一点单元体上作用在微面 $MADB$ 上的正应力为：

$$\sigma_x = f(x, y, z) \tag{a}$$

则作用在微面 $CEFG$ 上的正应力由于坐标 x 有增量 dx 而变为：

$$\sigma'_x = f(x + dx, y, z) \tag{b}$$

应力分量的这种变化可用泰勒(Taylor)级数展开来求，则有：

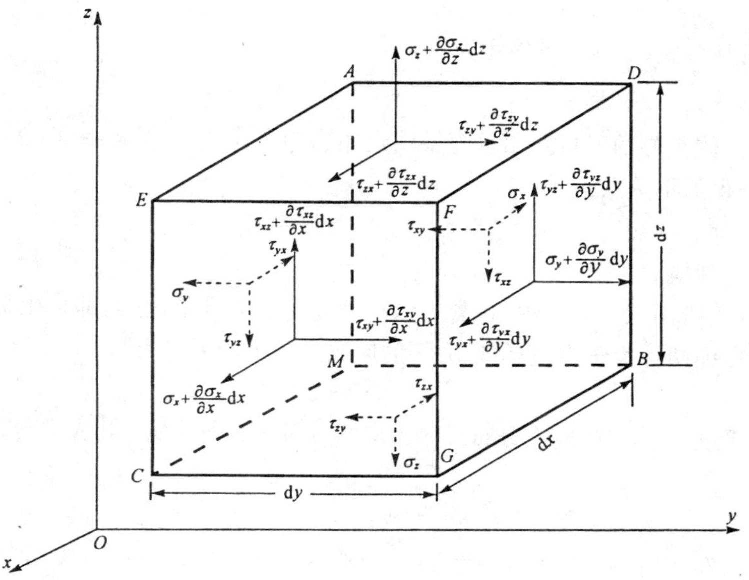

图 2-12

$$\sigma'_x = f(x,y,z) + \frac{\partial f(x,y,z)}{\partial x}dx + \frac{1}{2!}\frac{\partial 2f(x,y,z)}{\partial x^2}dx^2 + \cdots \tag{c}$$

将式(c)中 dx^2 以上的高阶微量项略去,则有:

$$\sigma'_x = \sigma_x + \frac{\partial \sigma_x}{\partial x}dx \tag{d}$$

该微面上的另两个剪应力分量 τ_{xy} 和 τ_{xz} 以及该单元体其他微面上的应力分量均可照理依次类推。因单元体取得充分小,其体积和面力均可认为是均匀分布的。于是,由单元体上力系所满足的平衡条件就可求得应力分量必须满足的方程。例如由平衡条件 $\sum F_x = 0$,有:

$$\left(\sigma_x + \frac{\partial \sigma_x}{\partial x}dx\right)dydz - \sigma_x dydz + \left(\tau_{yz} + \frac{\partial \tau_{yz}}{\partial y}dy\right)dzdx - \tau_{yx}dzdx$$
$$+ \left(\tau_{zx} + \frac{\partial \tau_{zx}}{\partial z}dz\right)dxdy - \tau_{zx}dxdy + F_x dxdydz = 0 \tag{e}$$

式(e)中 F_x 为作用于单元体形心处的体力 F 沿 x 坐标轴方向的分量。将式(e)化简后,便可得到方程组(2-44)的第一式。同理,由平衡条件 $\sum F_y = 0$,$\sum F_z = 0$,可得方程组(2-44)的其余两式。即

$$\left.\begin{aligned}
\frac{\partial \sigma_x}{\partial x} + \frac{\partial \tau_{yx}}{\partial y} + \frac{\partial \tau_{zx}}{\partial z} + F_x = 0\left(= \rho\frac{\partial^2 u}{\partial t^2}\right) \\
\frac{\partial \tau_{xy}}{\partial x} + \frac{\partial \sigma_y}{\partial y} + \frac{\partial \tau_{zy}}{\partial z} + F_y = 0\left(= \rho\frac{\partial^2 v}{\partial t^2}\right) \\
\frac{\partial \tau_{xz}}{\partial x} + \frac{\partial \tau_{yz}}{\partial y} + \frac{\partial \sigma_z}{\partial z} + F_z = 0\left(= \rho\frac{\partial^2 w}{\partial t^2}\right)
\end{aligned}\right\} \tag{2-44}$$

如果物体处于运动状态中,则各方程式的右端就应包括括弧中的各项,其中 ρ 是材料的密度。u、v、w 分别是物体中一点沿 x、y、z 轴方向上的位移分量。F_x、F_y、F_z 分别为沿 x、y、z 轴方向上的体力分量,且规定体力分量的符号规则为:其指向与坐标轴正向一致者取正值,反之取负值。方程式(2-44)通常称为纳维叶(Navier)**平衡微分方程式**。它是纳维叶于 1827 年首次导

出的。

若采用张量记法,式(2-44)可缩写为:

$$\sigma_{ij,j} + F_i = 0 \tag{2-45}$$

如对通过单元体重心的三根互相垂直轴线运用力矩平衡条件 $\sum m_z = 0, \sum m_x = 0, \sum m_y = 0$,则可分别证得如下关系:

$$\tau_{xy} = \tau_{yx} \quad ; \quad \tau_{yz} = \tau_{zy} \quad ; \quad \tau_{zx} = \tau_{xz} \tag{f}$$

也即剪应力互等定理成立。

在方程组(2-44)的三个方程中,包含有六个独立的应力分量,它们都是坐标 x,y,z 的函数,故一般来说,在弹塑性力学中,求解应力场的问题是一个静不定问题。

例 2-4 一受力物体内的应力分布规律由应力分量函数所确定。其应力分量函数写成应力张量即为:

$$\sigma_{ij} = \begin{bmatrix} \sigma_x & \tau_{xy} & \tau_{xz} \\ \tau_{yx} & \sigma_y & \tau_{yz} \\ \tau_{zx} & \tau_{zy} & \sigma_z \end{bmatrix} = \begin{bmatrix} x^2 y & (1-y^2)x & 0 \\ (1-y^2)x & (y^3-3y)/3 & 0 \\ 0 & 0 & 2z^2 \end{bmatrix} \text{(MPa)}$$

试求:(1)若此应力场满足平衡微分方程,其体力分布应如何?

(2)在物体内一点 $P(x,y,z) = P(a,0,2\sqrt{a})$ 处的主应力大小是多少?(a 为大于零的常数)

解 由应力矩阵知各应力分量函数为:

$$\left.\begin{aligned} &\sigma_x = x^2 y; \quad &\tau_{xy} = (1-y^2)x \\ &\sigma_y = (y^3-3y)/3; \quad &\tau_{yz} = 0 \\ &\sigma_z = 2z^2; \quad &\tau_{zx} = 0 \end{aligned}\right\} \tag{1}$$

将各应力分量函数代入平衡微分方程,并令其满足

$$\left.\begin{aligned} &2xy - 2yx + 0 + F_x = 0 \\ &(1-y^2) + (y^2-1) + 0 + F_y = 0 \\ &0 + 0 + 4z + F_z = 0 \end{aligned}\right\} \Rightarrow \left.\begin{aligned} F_x &= 0 \\ F_y &= 0 \\ F_z &= -4z \end{aligned}\right\} \tag{2}$$

再将 P 点的坐标 $x=a, y=0, z=2\sqrt{a}$ 代入式(1),得该点的应力张量为:

$$\sigma_{ij} = \begin{bmatrix} 0 & a & 0 \\ a & 0 & 0 \\ 0 & 0 & 8a \end{bmatrix} \text{(MPa)} \tag{3}$$

为求得 P 点处的主应力的大小,由式(2-16),且展开此行列式得:

$$\begin{vmatrix} 0-\sigma_n & a & 0 \\ a & 0-\sigma_n & 0 \\ 0 & 0 & 8a-\sigma_n \end{vmatrix} = (8a-\sigma_n)\sigma_n^2 - a^2(8a-\sigma_n)$$

$$= (8a-\sigma_n)(\sigma_n+a)(\sigma_n-a) = 0$$

解得: $\sigma_1 = 8a$ MPa; $\sigma_2 = a$ MPa; $\sigma_3 = -a$ MPa

§2-9　边界条件

2-9-1　静力边界条件

在外力作用下处于平衡状态的物体，其表面各点处的应力分量应当与作用在该点处的面力相平衡。这种关系构成了变形固体内的应力场所必须满足的边界条件，称为**静力边界条件**（也称**应力边界条件**）。

在物体边界面上的某一点处切割分离出来的微单元体，一般来说是一个有倾斜面的微四面体，因而与图2-3所示的情况相当，只需将该微斜截面 ABC 视为边界面，而全应力 p 视为边界面力即可。如该倾斜微边界面 ABC 上的合面力为 $\overline{F}$，面力 $\overline{F}$ 在 x、y、z 三坐标轴方向上的分量分别为 $\overline{F}_x$、$\overline{F}_y$ 和 $\overline{F}_z$，则相应的静力边界条件即为式(2-4)所示，即：

$$\left.\begin{aligned}\overline{F}_x &= \sigma_x l_1 + \tau_{xy} l_2 + \tau_{xz} l_3 \\ \overline{F}_y &= \tau_{yx} l_1 + \sigma_y l_2 + \tau_{yz} l_3 \\ \overline{F}_z &= \tau_{zx} l_1 + \tau_{zy} l_2 + \sigma_z l_3\end{aligned}\right\} \tag{2-46}$$

或即：

$$\overline{F}_i = \sigma_{ij} l_j \tag{2-47}$$

从应力边界条件式(2-46)或(2-47)可知，应力边界条件与坐标系 $Oxyz$ 的选取以及物体边界处的方向余弦有关。

面力分量 $\overline{F}_x$、$\overline{F}_y$、$\overline{F}_z$ 的符号规则为：其指向与坐标轴正向一致者取正值，反之则取负值。在应用静力边界条件时，特别应注意应力分量与面力分量的符号规则是不同的。

关于静力边界条件的特殊情形讨论如下：

(1)当边界面与某一坐标轴相垂直时　如边界面与 x 轴垂直，则有：$l_1=\pm 1$，$l_2=0$，$l_3=0$，于是根据式(2-46)得：

$$\sigma_x = \pm \overline{F}_x;\quad \tau_{xy} = \overline{F}_y;\quad \tau_{xz} = \overline{F}_z \tag{2-48}$$

即在此情形中，该边界处各点的应力分量与相应的面力分量直接相等。

(2)若为平面问题的研究对象　平面问题可分为平面应力问题和平面应变问题，详见本书§6-1。设这类问题物体的边界与 z 轴相平行（即在 xOy 平面内讨论问题），则边界上一点处边界面外法线的方向余弦一般为 $l_1 \neq 0$，$l_2 \neq 0$，$l_3=0$，于是由式(2-46)可知，关于这类平面问题的静力边界条件可简化为：

$$\left.\begin{aligned}\sigma_x l_1 + \tau_{xy} l_2 &= \overline{F}_x \\ \tau_{yx} l_1 + \sigma_y l_2 &= \overline{F}_y\end{aligned}\right\} \tag{2-49}$$

2-9-2　位移边界条件

若物体一部分边界面上的点的位移已给定，则由该物体单值连续的位移分量函数 $u_i(x, y, z)$，在到达该边界上对应各点所确定的位移分量，应与对应点的约束条件所给定的位移 (u^*, v^*, w^*) 相等，故位移边界条件可表达为：

$$u = u^* \quad ; \qquad v = v^* \quad ; \qquad w = w^* \tag{2-50}$$

或记为

$$u_i = u_i^* \tag{2-51}$$

此处 $i = x,y,z$，则知 u_x,u_y,u_z 与 u,v,w 相对应 。

2-9-3 混合边界条件

混合边界条件有两种情形：一种情形是在物体全部边界上，一部分边界是已知应力边界条件，而其余部分边界上则是已知位移边界条件；另外一种情形则是，在同一部分边界上既知部分位移边界条件又知部分应力边界条件，也即给定位移与应力混合边界条件。如图 2-13 给出的由一组连杆支承的深梁就是这种情况，已知 AB 面上 y 方向的位移及 x 方向剪应力均等于零，即在边界 S_{AB} 上

$$v = v^* = 0 \quad ; \quad \tau_{yx} = -\overline{F}_x = 0 \tag{c}$$

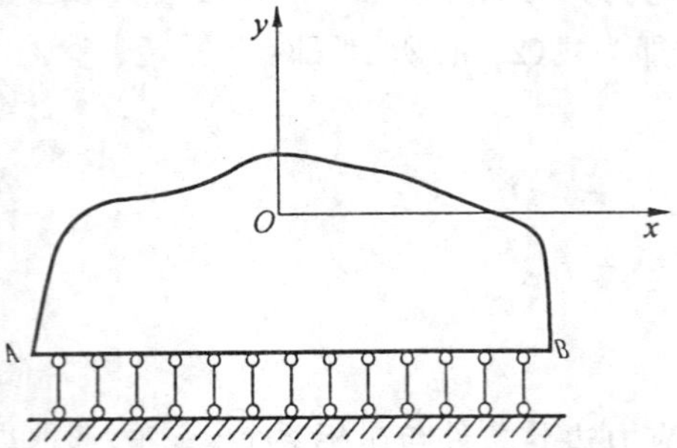

图 2-13

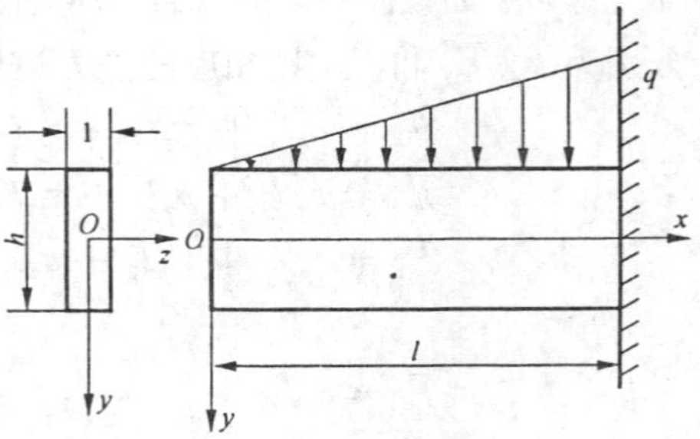

图 2-14

例 2-5 图 2-14 所示一薄板悬臂梁，跨度为 l，梁上表面承受三角形分布载荷作用，试确定此问题的边界条件。

解 如图所示，薄板梁内各点均处于平面应力状态，则各点处应力状态的应力分量中有：$\sigma_z = \tau_{xz} = \tau_{zy} = 0$，建立如图所示 Oxy 坐标系。

在 $x = 0$ 自由端面上，面力 $\overline{F}_x = \overline{F}_y = 0$，方向余弦 $l_1 = -1, l_2 = 0$，代入式(2-49) 得：$\sigma_x = 0, \tau_{xy} = 0$ 。

在 $y = \dfrac{h}{2}$ 的下表面上，面力 $\overline{F}_x = \overline{F}_y = 0$，方向余弦 $l_1 = 0, l_2 = 1$，由式(2-49) 得：$\tau_{yx} = 0, \sigma_y = 0$ 。

在 $y = -\dfrac{h}{2}$ 的上表面上，面力 $\overline{F}_x = 0, \overline{F}_y = \dfrac{qx}{l}$，方向余弦 $l_1 = 0$，$l_2 = -1$，代入式(2-49) 得：$\tau_{yx} = 0, \sigma_y = -\dfrac{qx}{l}$ 。

在 $x = l$ 的固定端处，该边界面是给定位移的边界，有 $u^* = v^* = w^* = 0$，故由位移边界条件式(2-50) 得：$u = v = w = 0$ 。

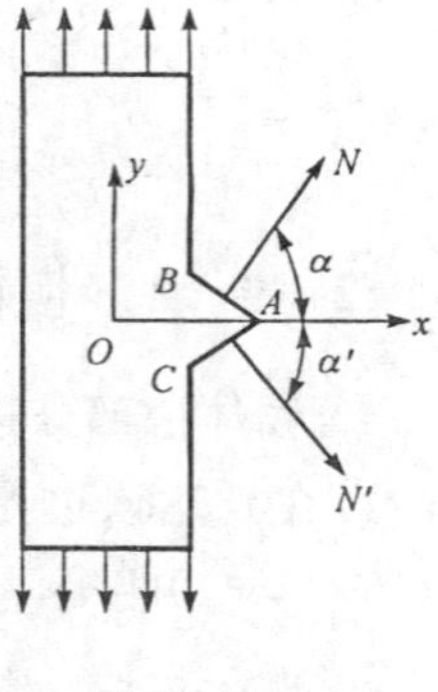

图 2-15

例 2-6 图 2-15 所示的薄板条有一齿形 ABC，板条在 y 方向受均匀拉力的作用。试证明在齿的尖端 A 处无应力存在。

解 因图示薄板内各点可视为处于平面应力状态，故边界条件可利用式(2-49)。齿面 AB 与 AC 均为自由边界，无面力存在，Oxy

坐标系如图所示。

设 AB 面的外法线方向 N 与 x 轴的夹角为 α，将方向余弦 $l_1 = \cos\alpha, l_2 = \sin\alpha$ 代入式(2-49)得：

$$\left.\begin{aligned}\sigma_x\cos\alpha + \tau_{yx}\sin\alpha = 0\\ \tau_{xy}\cos\alpha + \sigma_y\sin\alpha = 0\end{aligned}\right\} \tag{d}$$

设 AC 面的外法线方向 N' 与 x 轴的夹角为 α'，因 x 轴为对称轴，有 $\alpha = \alpha'$，故 $l'_1 = \cos\alpha'$，$l'_2 = \sin\alpha' = -\sin\alpha$，由式(2-49)得：

$$\left.\begin{aligned}\sigma_x\cos\alpha - \tau_{yx}\sin\alpha = 0\\ \tau_{xy}\cos\alpha - \sigma_y\sin\alpha = 0\end{aligned}\right\} \tag{e}$$

因微斜截面 AB 和 AC 都是通过 A 点的斜截面，所以该点的应力分量必须同时满足式(d)和式(e)，而当 $\alpha \neq 0$ 时，只能有 $\sigma_x = \sigma_y = \tau_{xy} = 0$，也即齿尖端 A 点处于零应力状态。

例 2-7 图 2-16 所示为一变截面薄板梁，板厚度 $t=1$，跨度为 l。梁上表面承受三角形分布载荷作用，下斜表面承受均布切向面力 q_0 作用，左端面上作用的面力详细分布情况不清，但分布面力的合力为切向集中力 P 和力偶 M。试确定此问题上述三边界上的应力边界条件。

解 因图示薄板内各点可视为处于平面应力状态，故边界条件可利用式(2-49)。建立如图所示 Oxy 坐标系。

在 $y = -h/2$ 的上表面上，面力分量 $\overline{F}_x = 0, \overline{F}_y = qx/l$，方向余弦为 $l_1 = 0, l_2 = -1$，代入式(2-49)得：

$$\sigma_y = -\frac{qx}{l} \quad ; \quad \tau_{yx} = 0 \tag{f}$$

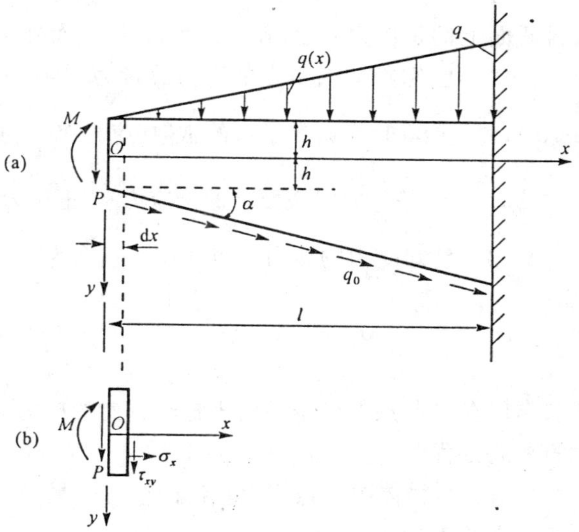

图 2-16

在 $y = x\tan\alpha + h$ 的下斜表面上，面力分量为 $\overline{F}_x = q_0\cos\alpha, \overline{F}_y = q_0\sin\alpha$，方向余弦为 $l_1 = -\sin\alpha$，$l_2 = \cos\alpha$，代入式(2-49)得：

$$\left.\begin{aligned}-\sigma_x\sin\alpha + \tau_{xy}\cos\alpha = q_0\cos\alpha\\ -\tau_{xy}\sin\alpha + \sigma_y\cos\alpha = q_0\sin\alpha\end{aligned}\right\} \Rightarrow \left.\begin{aligned}\sigma_x = (\tau_{xy} - q_0)\cot\alpha\\ \sigma_y = (\tau_{xy} + q_0)\tan\alpha\end{aligned}\right\} \tag{g}$$

在 $x = 0$ 的左端面上，面力分布的详细情况不明。由于该端面边界相对梁整个边界而言是局部边界，则依据圣文南(de Saint Venant)原理(详见§5-4)，可列出该边界的静力合成整体边界条件。下面以本例左端面为例，说明静力合成整体边界条件的列法。

从梁左端截取一微段梁为脱离体作为研究对象，如图 2-16(b)所示。该微段梁在外力 P 和 M 以及截开截面上所暴露出来的应力共同作用下处于平衡状态。在截面的第一象限内某点(坐标为正)，按应力符号规则设出正的应力分量 σ_x 和 τ_{xy}，如图所示，根据该微段梁的平衡条件得：

$$\left.\begin{aligned}\sum F_x = 0 \quad &, \qquad \int_{-h}^{h} \sigma_x \mathrm{d}y = 0 \\ \sum F_y = 0 \quad &, \qquad \int_{-h}^{h} \tau_{xy} \mathrm{d}y + P = 0 \\ \sum M_0 = 0 \quad &, \qquad \int_{-h}^{h} \sigma_x y \mathrm{d}y - M = 0\end{aligned}\right\} \tag{h}$$

已知 $N = 0$，则式(h)可写为：

$$\int_{-h}^{h} \sigma_x \mathrm{d}y = 0; \qquad \int_{-h}^{h} \tau_{xy} \mathrm{d}y = -P; \qquad \int_{-h}^{h} \sigma_x y \mathrm{d}y = M \tag{i}$$

式(i)即为该问题的静力合成整体边界条件。

习　题

2-1　已知一点的应力状态为 $\sigma_x = \sigma_1, \sigma_y = \sigma_2, \sigma_z = \tau_{xy} = \tau_{yz} = \tau_{zx} = 0$。试求过该点任意微斜截面上的正应力 σ_n 和剪应力 τ_n。设斜截面外法线 n 的方向余弦为 l、m、n。

2-2　已知物体内某点的应力分量为 $\sigma_x = 50A$，$\sigma_y = 0$，$\sigma_z = -30A$，$\tau_{xy} = 50A$，$\tau_{yz} = -70A$，$\tau_{zx} = 80A$，A 为大于零的常数。应力单位为MPa。试求过该点方向余弦分别为 $l_1 = \frac{1}{2}$，$l_2 = \frac{1}{2}$，$l_3 = \frac{1}{\sqrt{2}}$ 的斜截面上的全应力 p、正应力 σ_n 和剪应力 τ_n 。

2-3　已知受力物体内某点的应力状态为：

$$\sigma_{ij} = \begin{bmatrix} 0 & a & 2a \\ a & 2a & 0 \\ 2a & 0 & a \end{bmatrix} \quad \text{MPa}$$

试求作用在过此点的微截面沿坐标轴方向的应力分量，以及该截面上的正应力和剪应力。该截面的平面方程为：$x + 3y + z = 1$。

2-4　当物体内一点应力状态的应力分量中 $\sigma_z = \tau_{zx} = \tau_{zy} = 0$ 时，试求该点的主应力和最大剪应力的表达式。

2-5　试确定图示应力状态的主应力和最大剪应力。

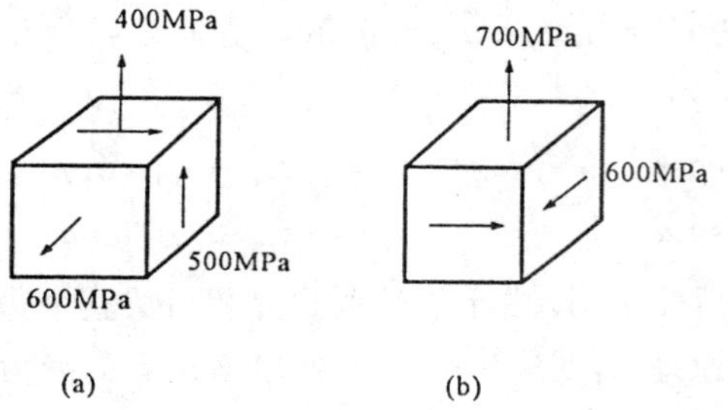

题 2-5 图

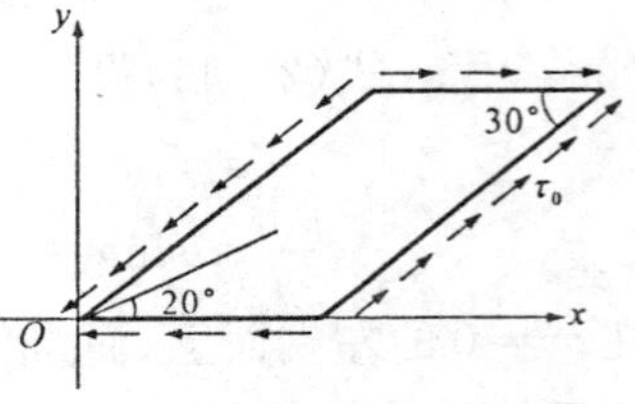

题 2-6 图

2-6　负载结构中，某点处的应力情况如图所示（平面应力状态）。试求：(1)主应力的大小及方向；(2)沿与水平面成20°倾角的微斜截面上的应力。

2-7 试求图示单元体斜截面上的应力分量，并说明使用材料力学公式和使用弹塑性力学公式所求结果有何不同。

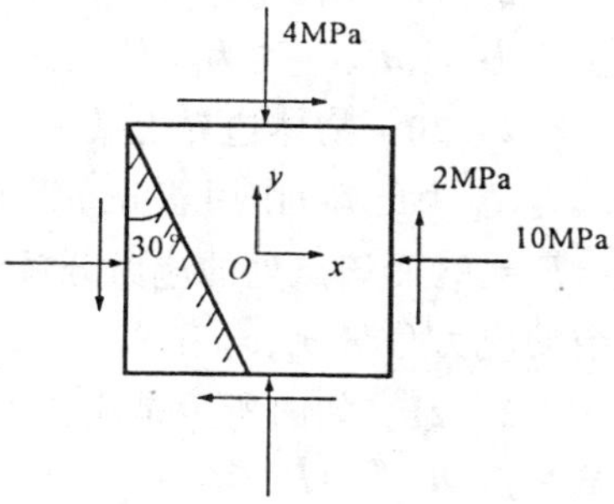

题 2-7 图

2-8 已知受力物体中某点的应力分量为 $\sigma_x = 50a$，$\sigma_y = 80a$，$\sigma_z = -70a$，$\tau_{xy} = -20a$，$\tau_{yz} = 60a$，$\tau_{zx} = 0$。试求主应力分量及主方向余弦。

2-9 已知受力物体中某点应力分量：$\sigma_x = \sigma_y = \sigma_z = \tau_{xy} = 0$，试以 τ_{yz} 和 τ_{zx} 表示主应力。

2-10 证明下列等式成立：

(1) $J_2 = I_2 + \frac{1}{3}I_1^2$

(2) $J_3 = I_3 + \frac{1}{3}I_1I_2 + \frac{3}{27}I_1^3$

(3) $I_2 = -\frac{1}{2}(\sigma_{ii}\sigma_{kk} - \sigma_{ik}\sigma_{ik})$　　(4) $J_2 = \frac{1}{2}S_{ij}S_{ij}$

(5) $\frac{\partial J_2}{\partial S_{ij}} = S_{ij}$　　(6) $\frac{\partial J_2}{\partial \sigma_{ij}} = S_{ij}$

2-11 证明等式 $J_3 = \frac{1}{3}S_{ik}S_{km}S_{mi}$ 。

2-12 已知一点应力状态为：

$$\sigma_{ij} = \begin{bmatrix} 5 & 3 & 8 \\ 3 & 0 & 3 \\ 8 & 3 & 11 \end{bmatrix} (\text{MPa})$$

试求：(1) 将 σ_{ij} 分解为球应力张量和偏斜应力张量；

(2) 试求八面体应力 σ_8 和 τ_8 的大小 。

2-13 一点的主应力为 $\sigma_1 = 75A$，$\sigma_2 = 50A$，$\sigma_3 = -50A$，试求八面体微截面上的全应力 p_8、正应力 σ_8、剪应力 τ_8。A 为已知量。

2-14 试用材料力学的方法求出图示受均布截荷作用的矩形截面简支梁的应力状态，并校核所得结果是否满足平衡微分方程与边界条件。

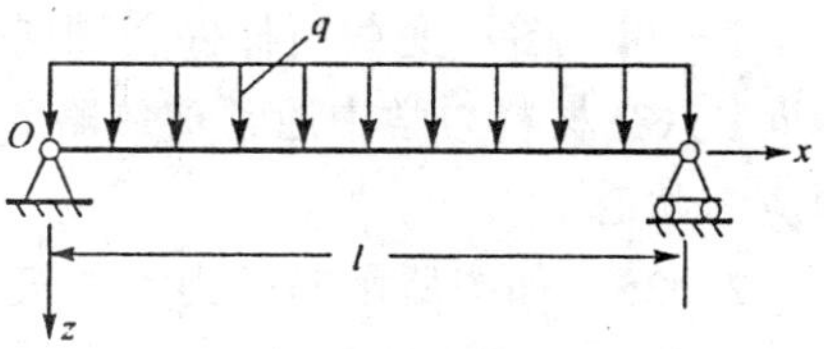

题 2-14 图

2-15 已知矩形截面(高为 h，宽为 b)的梁受弯曲时的正应力 $\sigma_x = \frac{My}{I_z} = \frac{12M}{bh^3}y$，试求当非纯弯曲梁横截面上的剪应力 τ_{xy} 的表达式。

2-16 已知受力物体内一点处的应力张量为：

$$\sigma_{ij} = \begin{bmatrix} 12 & 6 & 0 \\ 6 & 10 & 0 \\ 0 & 0 & 0 \end{bmatrix} \times 10^3\text{Pa}$$

试求该点处的最大主应力 σ_1 及其主方向。

2-17 试证明在坐标变换时，I_1 为一不变量。要求：(1)以普通展开式证明；(2)以张量计算证明。

2-18 试列出任意斜截面上剪应力的表达式，并以主应力和被研究的截面相对于主平面的方向余弦来表示。

2 - 19 试证明由式：$\sigma_n^3 - \sigma_n^2 I_1 + \sigma_n I_2 - I_3 = 0$，求得的主应力 σ_1、σ_2、σ_3 均为实数根。

2 - 20 物体边界上某一点(边界微斜截面的方向余弦 l_1、l_2、l_3 为已知)作用着分布载荷 $\overline{F}_x = a(a>0$，为常数)，$\overline{F}_y = \overline{F}_z = 0$。而该点处的应力分量 $\tau_{xy} = \tau_{xz} = \sigma_z = 0$，试求该点其余的应力分量 σ_y、σ_x 和 τ_{yz}。

2 - 21 如图所示是完全置于水中的梯形截面的墙体，试写出 AA'、AB、BB' 上力的边界条件(水的单位体积重量为 γ)。

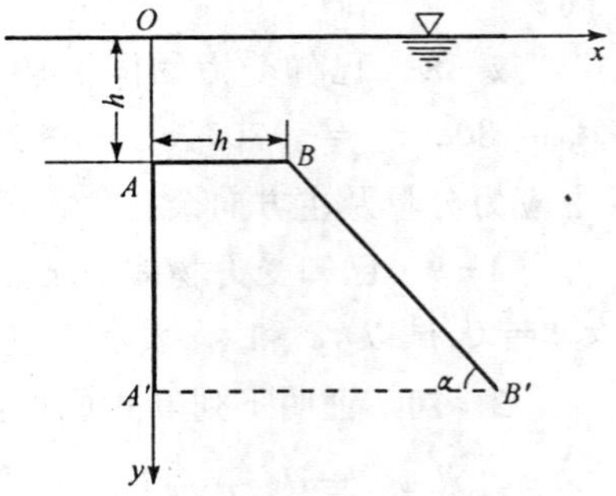

题 2 - 21 图

2 - 22 已知应力分量为 $\sigma_x = -Qxy^2 + C_1x^3$，$\sigma_y = -\frac{3}{2}C_2xy^2$，$\tau_{xy} = -C_2y^3 - C_3x^2y$，其余应力分量和体力分量为零。式中 Q 为已知量，C_1、C_2、C_3 为待定系数。试用平衡微分方程确定系数 C_1、C_2、C_3 。

2 - 23 试根据材料力学中的 σ_x 表达式，用平衡微分方程导出图示梁中 M 点的 τ_{xy} 和 σ_y 的计算式。

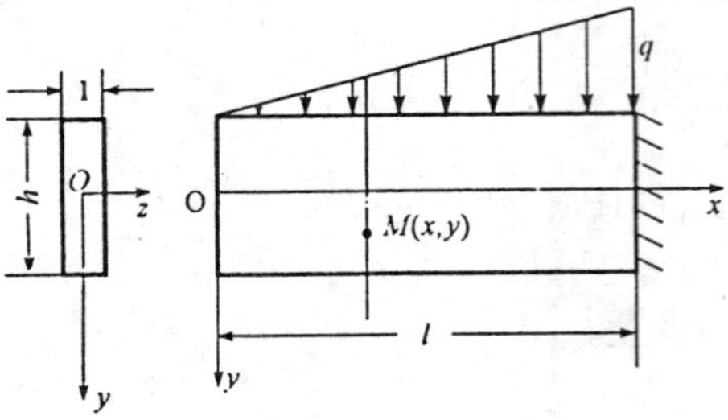

题 2 - 23 图

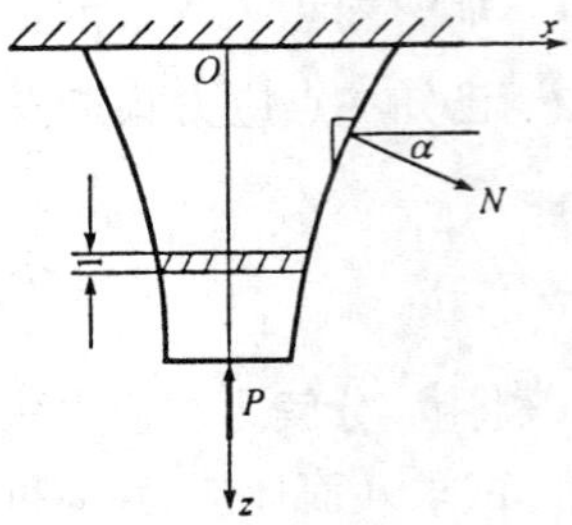

题 2 - 24 图

2 - 24 图示变截面杆件受轴向载荷 P 作用。试确定此杆件横截面上左、右两侧边界点处的 σ_z 与(在材料力学中通常被忽略的)应力 σ_x 与 τ_{zx} 之间的关系。可认为杆件内各点均处于平面应力状态。

2 - 25 如图所示厚度为 1 的楔形体，材料密度为 ρ，该楔形体左侧作用有密度为 ρ_1 的液体。试写出其应力边界条件。

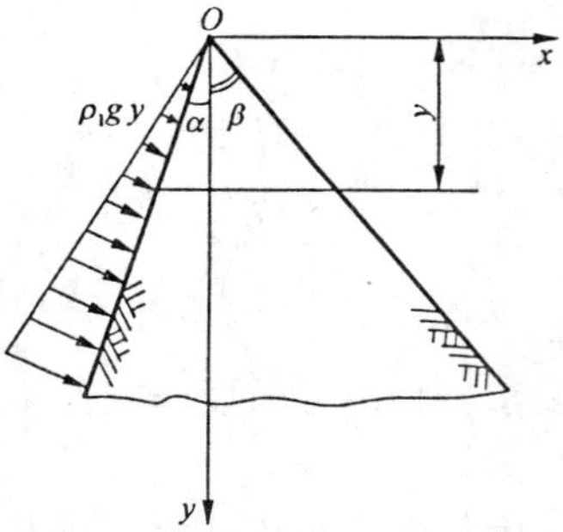

题 2 - 25 图

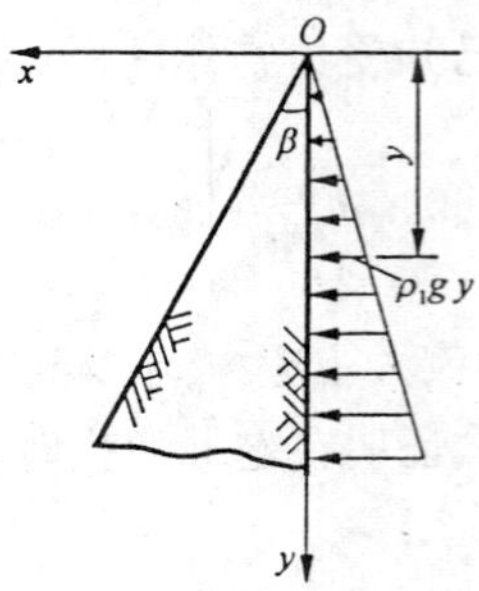

题 2 - 26 图

2-26 如图所示为三角形截面的坝体，其材料密度为 ρ，右侧承受密度为 ρ_1 的液体的压力，设其应力分量为 $\sigma_x = Ax + By, \sigma_y = Cx + Dy - \rho g y, \tau_{xy} = -Dx - Ay$，$g$ 为已知量。试根据边界条件确定系数 A、B、C、D。

2-27 已知物体中某点的应力分量为：

(1) $\sigma_x = 50A, \sigma_y = 0, \sigma_z = -30A, \tau_{xy} = 50A, \tau_{yz} = -75A, \tau_{zx} = 80A$；

(2) $\sigma_x = A, \sigma_y = -A, \sigma_z = A, \tau_{xy} = 0, \tau_{yz} = 0, \tau_{zx} = -A$；

(3) $\sigma_x = 100A, \sigma_y = 200A, \sigma_z = 300A, \tau_{xy} = -50A, \tau_{yz} = \tau_{zx} = 0$；

以上各式中的 A 为已知量，且 $A > 0$。试求主应力及最大剪应力之值。

2-28 已知平面问题的应力分量为 $\sigma_x = qxy, \sigma_y = 0, \tau_{xy} = C\left(\dfrac{h^2}{4} - y^2\right)$，试用平衡微分方程求出系数 C，并在图示板的左右两侧面上画出面力的分布图(体力不计)。

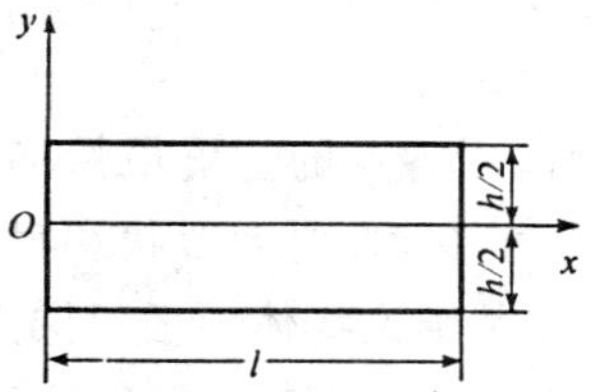

题 2-28 图

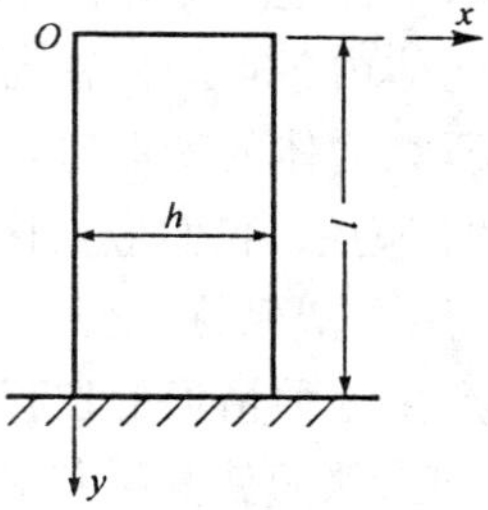

题 2-29 图

2-29 已知图示一平板受力后，经过某种分析，得应力分量函数为：

$$
\left.
\begin{aligned}
\sigma_x &= 0 \\
\sigma_y &= \frac{2qy}{h}\left(1 - \frac{3x}{h}\right) - \rho g y \\
\tau_{xy} &= \frac{qx}{h}\left(\frac{3x}{h} - 2\right)
\end{aligned}
\right\}
$$

试求：(1)这组应力是否可能存在；(2)图示物体受什么荷载作用(在物体顶部局部边界面上给出静力合成整体边界条件)。

第三章　变形几何理论

§3-1　位移·应变·几何方程·一点的应变状态

3-1-1　位移的概念

一般来说，物体在外力作用下产生变形后，物体内各点的位置都会发生变化，即产生**位移**。容易想象，当物体内各点的位移均为已知时，则该物体变形后在空间的位置和形状即被完全确定。因此，在研究物体的变形时，必须从一点的位移开始。

在位移的讨论中，我们应当区分两种情形：一种是物体内各点的位置虽然均有变化，但任意两点之间的距离却保持不变，物体仅仅是整体位置产生了变动，而无形状和尺寸的变化，即无变形产生。产生这种情形的位移就称之为**刚性位移**；另一种则是物体内任意两点之间的相对距离发生了改变，从而使其形状和尺寸发生了变化，即物体产生了变形，产生这种情形的位移就称之为**变形位移**。显然，要研究物体在外力作用下的变形规律，只需要研究物体内各点的相对位置变动情况，也即研究变形位移。

设有一物体，以某种方式把它约束起来，使之不能做绝对刚体运动。此时，物体在外力作用下将产生变形，即产生形状和尺寸的改变。这种改变使物体内各点(特殊点除外)的位置发生了变化，即各点都有位移。一般来说，各点位移的大小和方向是不同的。

就空间的一般情况而言，我们可以选定一个参考坐标 $Oxyz$。设物体内的任意一点 $M(x,y,z)$ 在物体受外力作用变形后到达新的位置 M'，则该点的位移 $\overline{MM'}$ 可以分解为沿坐标轴方向的三个分量 u、v、w，如图 3-1 所示。由于物体内各点的位移不同，故位移分量应是点的位置坐标函数，即：

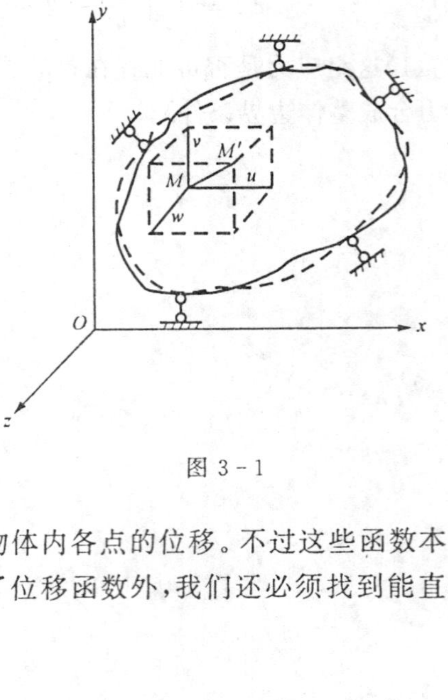

图 3-1

$$\left.\begin{aligned} u &= u(x,y,z) \\ v &= v(x,y,z) \\ w &= w(x,y,z) \end{aligned}\right\} \tag{3-1}$$

设物体在变形过程中，始终保持连续性而无任何重叠和开裂现象产生，则式(3-1)所示的函数应是位置坐标的单值连续函数，称为**位移函数**。

位移函数在弹塑性力学问题的求解中，占有十分重要的地位。一旦确定了这些函数，就已表明了物体内各点的位移。不过这些函数本身还不能直接表明物体各点处变形的剧烈程度，因此，除了位移函数外，我们还必须找到能直接表明一点处变形的剧烈程度的量。

3-1-2 应变的概念·几何方程

为了表明任意一点处的变形情况，可在变形物体内任意一点 M 的附近截取一个微小的平行六面体单元，并设其三个棱边的长度各为 $\mathrm{d}x$、$\mathrm{d}y$、$\mathrm{d}z$，如图 3-2 所示。当物体在该点处有变形时，小单元体的尺寸(即单元体各棱边的长度)及形状(即单元体各面之间所夹直角)将发生改变。

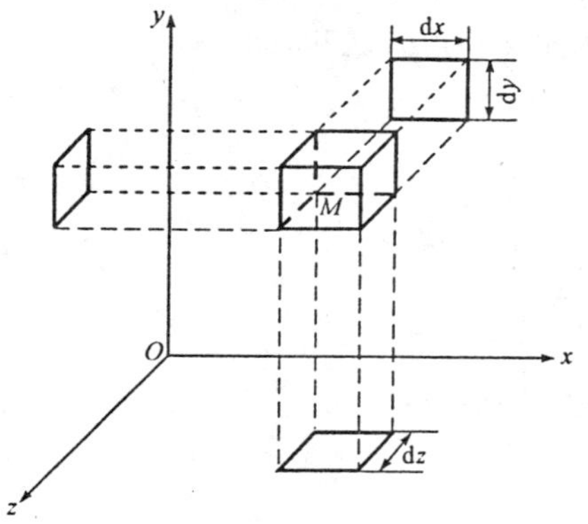

图 3-2

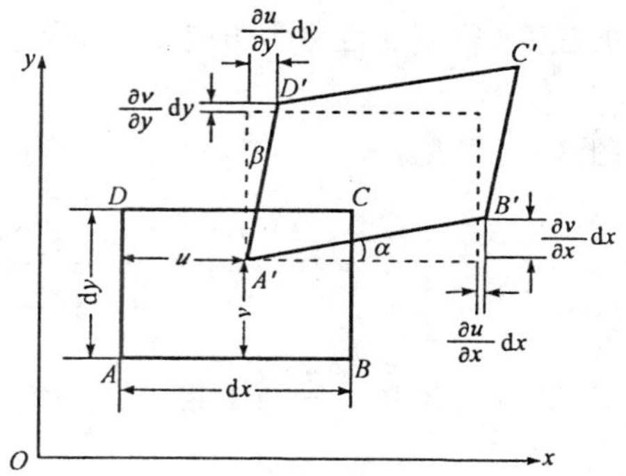

图 3-3

在研究微小六面体单元的变形时，最简单的分析方法是将平行六面体的各面投影到直角坐标系的各个坐标平面上，如图 3-2 所示，研究这些平面投影的变形，并根据这些投影的变形规律来判断整个平行六面体的变形。由于变形很微小，所以可以认为两个平行面在坐标面上的投影只相差高阶的微量，可忽略不计，因而可以只研究其中一个面的投影的变形情况就可以了。这里应说明，以下讨论的都是微小的变形，有限变形将另作考虑。

首先来研究一下平行六面体单元在 xOy 平面上的投影 $ABCD$，如图 3-3 所示，变形后到达 $A'B'C'D'$ 的位置。现若以 u、v 表示 A 点在这个平面内的位移分量，则 B 点的位移分量为 $u+\frac{\partial u}{\partial x}\mathrm{d}x$ 及 $v+\frac{\partial v}{\partial x}\mathrm{d}x$。这是因为 A、B 两点仅在 x 坐标上有差异，而位移又是坐标的单值连续函数。同理，我们可以写出 D 点的位移为 $u+\frac{\partial u}{\partial y}\mathrm{d}y$ 及 $v+\frac{\partial v}{\partial y}\mathrm{d}y$。由图 3-3 不难看出，变形后 AB 边长度的平方为：

$$\overline{A'B'}^2=\left(\mathrm{d}x+\frac{\partial u}{\partial x}\mathrm{d}x\right)^2+\left(\frac{\partial v}{\partial x}\mathrm{d}x\right)^2 \tag{a}$$

则由线应变的定义，AB 边的线应变，也即在 M 点沿 x 方向上的线应变(线应变也称为正应变)为：

$$\varepsilon_x=\frac{\overline{A'B'}-\overline{AB}}{\overline{AB}} \tag{b}$$

则由此式得：

$$\overline{A'B'}=(1+\varepsilon_x)\overline{AB}=(1+\varepsilon_x)\mathrm{d}x$$

将此结果代入式(a)得：

$$2\varepsilon_x + \varepsilon_x^2 = 2\frac{\partial u}{\partial x} + \left(\frac{\partial u}{\partial x}\right)^2 + \left(\frac{\partial v}{\partial x}\right)^2 \tag{c}$$

由于我们只研究小变形问题，也就是说只考虑微小变形，应变以及位移对坐标的偏导数都是微小量。所以，在式(c)中可以略去高阶微量，也即略去式中的平方项，得到下面式(d)中的前一式，用同样的方法考察 AD 边，也可得在 M 点沿 y 方向的线应变为式(d)中的后一式，也即：

$$\varepsilon_x = \frac{\partial u}{\partial x}\ ; \qquad \varepsilon_y = \frac{\partial v}{\partial y} \tag{d}$$

下面再来考察一下六面体的各直角由于剪应变而发生的角变形。由图 3-3 可见，单元体棱边与 AD 夹角为直角，变形后，棱边 $A'B'$ 相对 AB 转动了一个角度 α，棱边 $A'D'$ 相对 AD 转动了一个角度 β，则由关于一点处剪应变的定义知，过 M 点两棱边所夹直角 $\angle xOy$ 的改变量就是剪应变（剪应变也称为角应变），用 γ_{xy} 表示，其值为角 α 和角 β 之和，即：

$$\gamma_{xy} = \alpha + \beta \tag{e}$$

由图 3-3 可见：

$$\alpha \approx \tan\alpha = \frac{\frac{\partial v}{\partial x}\mathrm{d}x}{\mathrm{d}x + \frac{\partial u}{\partial x}\mathrm{d}x} = \frac{\frac{\partial v}{\partial x}}{1 + \frac{\partial u}{\partial x}} \tag{f}$$

在式(f)的分母中，$\frac{\partial u}{\partial x}$ 与 1 相比是一个微量，故可略去，因而得：

$$\alpha = \frac{\partial v}{\partial x} \tag{g}$$

用相同的方法可得：

$$\beta = \frac{\partial u}{\partial y} \tag{h}$$

最后由式(e)得过 M 点所夹直角 $\angle xOy$ 的改变量，即剪应变 γ_{xy} 为：

$$\gamma_{xy} = \frac{\partial u}{\partial y} + \frac{\partial v}{\partial x} \tag{i}$$

还应指出，由于矩形单元各边线段的转动，其对角线 AC 也将产生转动。我们可以分别计算 $\frac{\partial u}{\partial y}$ 和 $\frac{\partial v}{\partial x}$ 对线 AC 转动的影响。图 3-4(a)、(b)表明了当 $\frac{\partial u}{\partial y}$ 和 $\frac{\partial v}{\partial x}$ 分别存在时 AC 线的转角，这两个转角都是线 AC 绕 z 轴转过的角度，分别用 ω'_z 和 ω''_z 表示，由图不难看出：

$$\left.\begin{aligned} \omega'_z &= -\frac{\beta}{2} = -\frac{1}{2}\frac{\partial u}{\partial y} \\ \omega''_z &= \frac{\alpha}{2} = \frac{1}{2}\frac{\partial v}{\partial x} \end{aligned}\right\} \tag{j}$$

总之，在 $\frac{\partial u}{\partial y}$ 和 $\frac{\partial v}{\partial x}$ 同时存在的情况下，对角线 AC 的转角为

$$\omega_z = \frac{1}{2}\left(\frac{\partial v}{\partial x} - \frac{\partial u}{\partial y}\right) \tag{k}$$

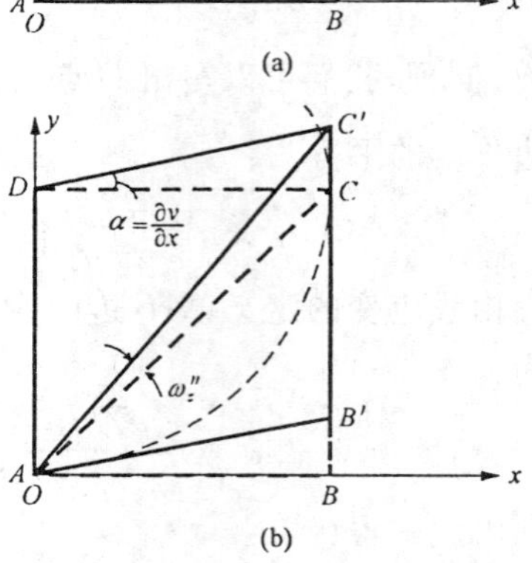

图 3-4

以上，我们只考察了单元体在 xOy 面上投影的变形情况。如果再考察它在其余坐标面上投影的变形情况，则还可找到沿其他方向的线应变、角应变和转角。

归纳起来，在空间情况下，受力物体内的一点从沿三个

坐标轴 x、y、z 方向上的线应变 ε_x、ε_y、ε_z，以及过 M 点参照 x、y、z 轴所取三个相互垂直棱边所夹直角的改变量，也即剪应变 γ_{xy}、γ_{yz}、γ_{zx}分别为：

$$\left.\begin{aligned} \varepsilon_x &= \frac{\partial u}{\partial x} \quad ; & \gamma_{xy} &= \frac{\partial u}{\partial y} + \frac{\partial v}{\partial x} \\ \varepsilon_y &= \frac{\partial v}{\partial y} \quad ; & \gamma_{yz} &= \frac{\partial v}{\partial z} + \frac{\partial w}{\partial y} \\ \varepsilon_z &= \frac{\partial w}{\partial z} \quad ; & \gamma_{zx} &= \frac{\partial w}{\partial x} + \frac{\partial u}{\partial z} \end{aligned}\right\} \tag{3-2}$$

式(3－2)表明了一点处的位移分量和应变分量所应满足的关系，称为**几何方程**，也称为柯西(Augustin-Louis Cauchy)**几何关系**。

此外，微单元体的对角线绕 x、y、z 轴都有一个转角。显然，转角 ω_x、ω_y、ω_z 分别表示该微单元体绕三个坐标轴的刚性转动。它们与位移分量函数间的关系为：

$$\left.\begin{aligned} \omega_x &= \frac{1}{2}\left(\frac{\partial w}{\partial y} - \frac{\partial v}{\partial z}\right) \\ \omega_y &= \frac{1}{2}\left(\frac{\partial u}{\partial z} - \frac{\partial w}{\partial x}\right) \\ \omega_z &= \frac{1}{2}\left(\frac{\partial v}{\partial x} - \frac{\partial u}{\partial y}\right) \end{aligned}\right\} \tag{3-3}$$

3－1－3　一点的应变状态·应变张量的概念

在 M 点处参照坐标系 $Oxyz$ 截取出微单元体，如图 3－2 所示。当单元体各棱边无限缩短而趋于 M 点时，由以上分析及式(3－2)可知，该点处的变形程度可以通过六个应变分量 ε_x、ε_y、ε_z、γ_{xy}、γ_{yz}、γ_{zx}来直接表明。

由对线应变和剪应变所下定义及以上有关讨论可知，过受力物体内某点可以取无限多个方向，任意一方向上都有该点该方向上的线应变(例如 ε_x，就表明的是该点 x 方向上的线应变)，任意两相互垂直方向所夹直角的改变量都表示该点的一个剪应变(例如 γ_{xy}，就表明的是过该点 x、y 两坐标轴正向间所夹直角的改变量)。于是我们定义：**受力物体内某点处所取无限多方向上的线应变与剪应变(任意两相互垂直方向所夹直角的改变量)的总和，就表示了该点的应变状态。**

通过§3－2 节内容的讨论，我们可以证明，受力物体内一点的应变状态，也是一个需九个分量才能定义的量。因此，**物体内一点处的应变状态可用二阶张量的形式来表示，并称为应变张量**。应变张量通常表示为 ε_{ij}，写成矩阵的形式则为：

$$\varepsilon_{ij} = \begin{bmatrix} \varepsilon_x & \varepsilon_{xy} & \varepsilon_{xz} \\ \varepsilon_{yx} & \varepsilon_y & \varepsilon_{yz} \\ \varepsilon_{zx} & \varepsilon_{zy} & \varepsilon_z \end{bmatrix} \tag{3-4}$$

我们从剪应变本身的含义及其推导过程可知：$\gamma_{xy}=\gamma_{yx}$，$\gamma_{yz}=\gamma_{zy}$，$\gamma_{zx}=\gamma_{xz}$。并且在下节可证明：

$$\left.\begin{aligned} \varepsilon_{xy} &= \frac{1}{2}\gamma_{xy} = \frac{1}{2}\left(\frac{\partial v}{\partial x} + \frac{\partial u}{\partial y}\right) \\ \varepsilon_{yz} &= \frac{1}{2}\gamma_{yz} = \frac{1}{2}\left(\frac{\partial w}{\partial y} + \frac{\partial v}{\partial z}\right) \\ \varepsilon_{zx} &= \frac{1}{2}\gamma_{zx} = \frac{1}{2}\left(\frac{\partial u}{\partial z} + \frac{\partial w}{\partial x}\right) \end{aligned}\right\} \tag{3-5}$$

在式(3-5)中，当 $i \neq j$ 时，应变张量分量 $\varepsilon_{ij}=\frac{1}{2}\gamma_{ij}$，这说明用 ε_{ij} 表示剪应变只是用 γ_{ij} 表示的角应变的一半，这是由张量的性质(刚性角位移的存在)所决定的。显然，应变张量 ε_{ij} 也是一个二阶对称张量。并可表示为：

$$\varepsilon_{ij}=\begin{bmatrix} \varepsilon_x & \frac{1}{2}\gamma_{xy} & \frac{1}{2}\gamma_{xz} \\ \frac{1}{2}\gamma_{yx} & \varepsilon_y & \frac{1}{2}\gamma_{yz} \\ \frac{1}{2}\gamma_{zx} & \frac{1}{2}\gamma_{zy} & \varepsilon_z \end{bmatrix}=\begin{bmatrix} \frac{\partial u}{\partial x} & \frac{1}{2}\left(\frac{\partial v}{\partial x}+\frac{\partial u}{\partial y}\right) & \frac{1}{2}\left(\frac{\partial w}{\partial x}+\frac{\partial u}{\partial z}\right) \\ \frac{1}{2}\left(\frac{\partial u}{\partial y}+\frac{\partial v}{\partial x}\right) & \frac{\partial v}{\partial y} & \frac{1}{2}\left(\frac{\partial w}{\partial y}+\frac{\partial v}{\partial z}\right) \\ \frac{1}{2}\left(\frac{\partial u}{\partial z}+\frac{\partial w}{\partial x}\right) & \frac{1}{2}\left(\frac{\partial v}{\partial z}+\frac{\partial w}{\partial y}\right) & \frac{\partial w}{\partial z} \end{bmatrix} \tag{3-6}$$

根据下标记号法和求和约定，几何方程(3-2)可缩写为：

$$\varepsilon_{ij}=\frac{1}{2}(u_{i,j}+u_{j,i}) \qquad (i、j=x,y,z) \tag{3-7}$$

此外，在这里对应变分量的正、负号问题做如下说明：式(3-2)表明，对于三个线应变，例如其中的 $\varepsilon_x=\frac{\partial u}{\partial x}$，当 u 为 x 的增函数时是“+”，这说明该点处沿 x 方向产生的是伸长变形。因此，“+”的线应变表示该方向是伸长；反之，“-”号说明是缩短。至于剪应变，由以上推导可以看出，凡是“+”号，表示沿该两坐标轴正向间所夹直角减小；反之，“-”表明正向间所夹直角增大。

§3-2 应变分量转换方程

由上述对位移、线应变和剪应变所下定义及应变状态概念的讨论可知，当我们已知一受力物体内表示其变形规律的位移函数 $u(x,y,z)$、$v(x,y,z)$、$w(x,y,z)$ 时，就可以通过几何方程式(3-2)求出该物体内任意一点的一组应变分量 ε_x、ε_y、ε_z、γ_{xy}、γ_{yz}、γ_{zx}。现在的问题在于，当已知一点的一组应变分量时，如何确定出该点任意方向上的线应变和剪应变(任意两垂直方向间所夹直角的改变量)。如果求解这一问题的关系式找到了，则可认为，当已知一点的一组六个独立应变分量时，该点的应变状态就完全被确定了。

3-2-1 任意方向上的线应变计算

取右手坐标系 $Oxyz$，考察物体内任意一点 $M(x,y,z)$。设该点的六个应变分量 ε_x、ε_y、ε_z、γ_{xy}、γ_{yz}、γ_{zx} 已知，求过该点任意 r 方向上的线应变，如图 3-5 所示。为此，我们可在 M 点沿 r 方向取一微线段 $\mathrm{d}r=\overline{MN}$，于是有：

$$\mathrm{d}r=\sqrt{(\mathrm{d}x)^2+(\mathrm{d}y)^2+(\mathrm{d}z)^2} \tag{a}$$

微线段 $\mathrm{d}r$ 的方向余弦为：

$$l_1=\frac{\mathrm{d}x}{\mathrm{d}r} \quad ; \quad l_2=\frac{\mathrm{d}y}{\mathrm{d}r} \quad ; \quad l_3=\frac{\mathrm{d}z}{\mathrm{d}r} \tag{b}$$

变形后，$\overline{MN}$ 到达 $\overline{M'N'}$ 的位置上，也即 $\mathrm{d}r$ 变形后其长度为 $\mathrm{d}r'$，以 u、v、w 表示 M 点的位移分量，则 N 点的位移分量为 $u+\mathrm{d}u$、$v+\mathrm{d}v$、$w+\mathrm{d}w$。据此，M' 点的坐标为 $(x+u,y+v,z+w)$；而 N' 点的坐标为 $(x+\mathrm{d}x+u+\mathrm{d}u,y+\mathrm{d}y+v+\mathrm{d}v,z+\mathrm{d}z+w+\mathrm{d}w)$，见图 3-5，则有：

$$\mathrm{d}r'=\sqrt{(\mathrm{d}x+\mathrm{d}u)^2+(\mathrm{d}y+\mathrm{d}v)^2+(\mathrm{d}z+\mathrm{d}w)^2} \tag{c}$$

由全微分公式知：

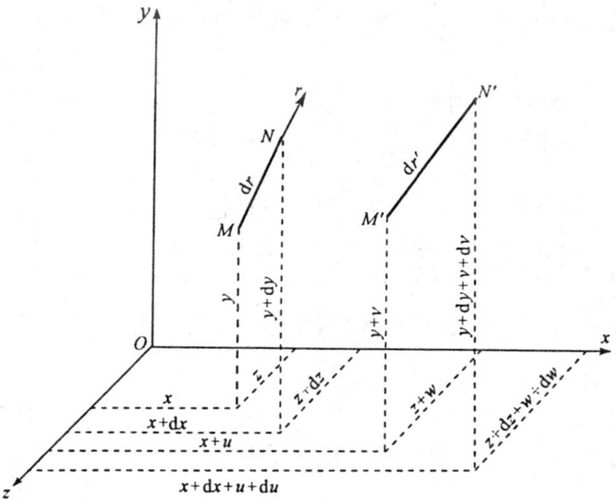

图 3-5

$$
\left.\begin{aligned}
\mathrm{d}u &= \frac{\partial u}{\partial x}\mathrm{d}x + \frac{\partial u}{\partial y}\mathrm{d}y + \frac{\partial u}{\partial z}\mathrm{d}z \\
\mathrm{d}v &= \frac{\partial v}{\partial x}\mathrm{d}x + \frac{\partial v}{\partial y}\mathrm{d}y + \frac{\partial v}{\partial z}\mathrm{d}z \\
\mathrm{d}w &= \frac{\partial w}{\partial x}\mathrm{d}x + \frac{\partial w}{\partial y}\mathrm{d}y + \frac{\partial w}{\partial z}\mathrm{d}z
\end{aligned}\right\} \tag{3-8}
$$

将这一结果代入式(c)，略去$\frac{\partial u}{\partial x},\cdots,\frac{\partial w}{\partial z}$的平方项和互乘项(高阶微量)，得：

$$
\mathrm{d}r' = \Big\{(\mathrm{d}x)^2 + (\mathrm{d}y)^2 + (\mathrm{d}z)^2 + 2\Big[\frac{\partial u}{\partial x}(\mathrm{d}x)^2 + \frac{\partial v}{\partial y}(\mathrm{d}y)^2 + \frac{\partial w}{\partial z}(\mathrm{d}z)^2 + \left(\frac{\partial u}{\partial y} + \frac{\partial v}{\partial x}\right)\mathrm{d}x\mathrm{d}y + \left(\frac{\partial v}{\partial z} + \frac{\partial w}{\partial y}\right)\mathrm{d}y\mathrm{d}z + \left(\frac{\partial w}{\partial x} + \frac{\partial u}{\partial z}\right)\mathrm{d}z\mathrm{d}x\Big]\Big\}^{\frac{1}{2}} \tag{d}
$$

注意到式(a)、(b)和式(3-2)，则式(d)可写成：

$$
\mathrm{d}r' = \mathrm{d}r\sqrt{1 + 2(\varepsilon_x l_1^2 + \varepsilon_y l_2^2 + \varepsilon_z l_3^2 + \gamma_{xy}l_1l_2 + \gamma_{yz}l_2l_3 + \gamma_{zx}l_3l_1)} \tag{e}
$$

若将式(e)右端再用二项式公式展开，并略去 ε 和 γ 的二次项，则得：

$$
\mathrm{d}r' = \mathrm{d}r[1 + \varepsilon_x l_1^2 + \varepsilon_y l_2^2 + \varepsilon_z l_3^2 + \gamma_{xy}l_1l_2 + \gamma_{yz}l_2l_3 + \gamma_{zx}l_3l_1] \tag{f}
$$

根据线应变定义知，r 方向的线应变 ε_r 为：

$$
\varepsilon_r = \frac{\mathrm{d}r' - \mathrm{d}r}{\mathrm{d}r} \tag{g}
$$

再将式(f)代入式(g)得：

$$
\varepsilon_r = \varepsilon_x l_1^2 + \varepsilon_y l_2^2 + \varepsilon_z l_3^2 + \gamma_{xy}l_1l_2 + \gamma_{yz}l_2l_3 + \gamma_{zx}l_3l_1 \tag{3-9}
$$

由此可见，如给定一点的六个独立的应变分量，即可求得过该点任意方向上的线应变 ε_r。

由以上讨论可以看出，微线段 $\mathrm{d}r'$ 与 x 轴夹角的方向余弦为：

$$
l'_1 = \frac{\mathrm{d}x + \mathrm{d}u}{\mathrm{d}r'} = \frac{\mathrm{d}r}{\mathrm{d}r'}\left(\frac{\mathrm{d}x + \mathrm{d}u}{\mathrm{d}r}\right) \tag{h}
$$

将式(3-8)中的 $\mathrm{d}u$ 代入式(h)得：

$$
l'_1 = \left[\left(1 + \frac{\partial u}{\partial x}\right)\frac{\mathrm{d}x}{\mathrm{d}r} + \frac{\partial u}{\partial y}\frac{\mathrm{d}y}{\mathrm{d}r} + \frac{\partial u}{\partial z}\frac{\mathrm{d}z}{\mathrm{d}r}\right]\frac{\mathrm{d}r}{\mathrm{d}r'} \tag{i}
$$

根据式(b)的结果,式(i)可写为式(j)的第一式。同样道理得 $\mathrm{d}r'$ 与 y 轴和 z 轴夹角的方向余弦 l'_2 和 l'_3 为:

$$\left.\begin{aligned} l'_1 &= \left[\left(1+\frac{\partial u}{\partial x}\right)l_1+\frac{\partial u}{\partial y}l_2+\frac{\partial u}{\partial z}l_3\right]\frac{\mathrm{d}r}{\mathrm{d}r'} \\ l'_2 &= \left[\frac{\partial v}{\partial x}l_1+\left(1+\frac{\partial v}{\partial y}\right)l_2+\frac{\partial v}{\partial z}l_3\right]\frac{\mathrm{d}r}{\mathrm{d}r'} \\ l'_3 &= \left[\frac{\partial w}{\partial x}l_1+\frac{\partial w}{\partial y}l_2+\left(1+\frac{\partial w}{\partial z}\right)l_3\right]\frac{\mathrm{d}r}{\mathrm{d}r'} \end{aligned}\right\} \tag{j}$$

若以 $\mathrm{d}r'=\mathrm{d}r(1+\varepsilon_r)$ 代入式(j),经化简并略去高阶微量后,得:

$$\left.\begin{aligned} l'_1 &= l_1\left(1-\varepsilon_r+\frac{\partial u}{\partial x}\right)+l_2\frac{\partial u}{\partial y}+l_3\frac{\partial u}{\partial z} \\ l'_2 &= l_1\frac{\partial v}{\partial x}+l_2\left(1-\varepsilon_r+\frac{\partial v}{\partial y}\right)+l_3\frac{\partial v}{\partial z} \\ l'_3 &= l_1\frac{\partial w}{\partial x}+l_2\frac{\partial w}{\partial y}+l_3\left(1-\varepsilon_r+\frac{\partial w}{\partial z}\right) \end{aligned}\right\} \tag{3-10}$$

3-2-2 任意两垂直方向间所夹直角的改变量——剪应变

在过 M 点的任意两垂直方向 r、s 上,取长度分别为 $\mathrm{d}r$、$\mathrm{d}s$ 两微线段,设其方向余弦分别为 l_{11}、l_{12}、l_{13} 和 l_{21}、l_{22}、l_{23}。

设变形后两微线段 $\mathrm{d}r'$ 和 $\mathrm{d}s'$ 间的夹角为 α,根据无限小角应变的定义,有:

$$\gamma_{rs}=\frac{\pi}{2}-\alpha\approx\sin\left(\frac{\pi}{2}-\alpha\right)=\cos\alpha \tag{k}$$

设 $\mathrm{d}r'$ 和 $\mathrm{d}s'$ 的方向余弦分别为 l'_{11}、l'_{12}、l'_{13} 和 l'_{21}、l'_{22}、l'_{23},则有:

$$\gamma_{rs}=\cos\alpha=l'_{11}l'_{21}+l'_{12}l'_{22}+l'_{13}l'_{23} \tag{l}$$

利用式(3-10)的关系,可得:

$$\begin{aligned} \gamma_{rs} = &\left[\left(1-\varepsilon_r+\frac{\partial u}{\partial x}\right)l_{11}+\frac{\partial u}{\partial y}l_{12}+\frac{\partial u}{\partial z}l_{13}\right]\left[\left(1-\varepsilon_r+\frac{\partial u}{\partial x}\right)l_{21}+\frac{\partial u}{\partial y}l_{22}+\frac{\partial u}{\partial z}l_{23}\right] \\ &+\left[\frac{\partial v}{\partial x}l_{11}+\left(1-\varepsilon_r+\frac{\partial v}{\partial y}\right)l_{12}+\frac{\partial v}{\partial z}l_{13}\right]\left[\frac{\partial v}{\partial x}l_{21}+\left(1-\varepsilon_r+\frac{\partial v}{\partial y}\right)l_{22}+\frac{\partial v}{\partial z}l_{23}\right] \\ &+\left[\frac{\partial w}{\partial x}l_{11}+\frac{\partial w}{\partial y}l_{12}+\left(1-\varepsilon_r+\frac{\partial w}{\partial z}\right)l_{13}\right]\left[\frac{\partial w}{\partial x}l_{21}+\frac{\partial w}{\partial y}l_{22}+\left(1-\varepsilon_r+\frac{\partial w}{\partial z}\right)l_{23}\right] \end{aligned} \tag{m}$$

展开式(m),考虑到 $l_{11}l_{21}+l_{12}l_{22}+l_{13}l_{23}=0$ 这一关系,并略去偏导数及应变的二次项(高阶微量),即得:

$$\begin{aligned} \gamma_{rs} = &(l_{11}l_{21}+l_{12}l_{22}+l_{13}l_{23})(1-\varepsilon_r-\varepsilon_s)+2\left(\frac{\partial u}{\partial x}l_{11}l_{21}+\frac{\partial v}{\partial y}l_{12}l_{22}+\frac{\partial w}{\partial z}l_{13}l_{23}\right) \\ &+\left(\frac{\partial u}{\partial y}+\frac{\partial v}{\partial x}\right)(l_{11}l_{22}+l_{21}l_{12})+\left(\frac{\partial v}{\partial z}+\frac{\partial w}{\partial y}\right)(l_{12}l_{23}+l_{22}l_{13}) \\ &+\left(\frac{\partial w}{\partial x}+\frac{\partial u}{\partial z}\right)(l_{13}l_{21}+l_{23}l_{11}) \\ = &2\Big[\varepsilon_x l_{11}l_{21}+\varepsilon_y l_{12}l_{22}+\varepsilon_z l_{13}l_{23}+\frac{1}{2}\gamma_{xy}(l_{11}l_{22}+l_{21}l_{12})+\frac{1}{2}\gamma_{yz}(l_{12}l_{23}+l_{22}l_{13}) \\ &+\frac{1}{2}\gamma_{zx}(l_{13}l_{21}+l_{23}l_{11})\Big] \end{aligned} \tag{3-11}$$

由此可见，当给定一点的六个独立应变分量 ε_x、ε_y、ε_z、γ_{xy}、γ_{yz}、γ_{zx} 时，即可由式(3-11)求得该点处任意两相互垂直方向间的剪应变。

3-2-3 应变分量转换方程

设已知物体内一点参照原坐标系 $Oxyz$ 的六个独立应变分量 ε_x、ε_y、ε_z、γ_{xy}、γ_{yz}、γ_{zx}。现假定过同一点另取一新坐标系 $Ox'y'z'$，新坐标系的每一轴线对原坐标系的方向余弦如表 2-1 所示。则依据式(3-9) 和式(3-11)，该点参照新坐标系 $Ox'y'z'$ 的六个应变分量分别求得如下：

$$
\left.\begin{aligned}
\varepsilon_{x'} &= \varepsilon_x l_{11}^2 + \varepsilon_y l_{12}^2 + \varepsilon_z l_{13}^2 + \gamma_{xy} l_{11} l_{12} + \gamma_{yz} l_{12} l_{13} + \gamma_{zx} l_{13} l_{11} \\
\varepsilon_{y'} &= \varepsilon_x l_{21}^2 + \varepsilon_y l_{22}^2 + \varepsilon_z l_{23}^2 + \gamma_{xy} l_{21} l_{22} + \gamma_{yz} l_{22} l_{23} + \gamma_{zx} l_{23} l_{21} \\
\varepsilon_{z'} &= \varepsilon_x l_{31}^2 + \varepsilon_y l_{32}^2 + \varepsilon_z l_{33}^2 + \gamma_{xy} l_{31} l_{32} + \gamma_{yz} l_{32} l_{33} + \gamma_{zx} l_{33} l_{31} \\
\gamma_{x'y'} &= 2(\varepsilon_x l_{11} l_{21} + \varepsilon_y l_{12} l_{22} + \varepsilon_z l_{13} l_{23}) + \gamma_{xy}(l_{11} l_{22} + l_{12} l_{21}) \\
&\quad + \gamma_{yz}(l_{12} l_{23} + l_{13} l_{22}) + \gamma_{zx}(l_{13} l_{21} + l_{11} l_{23}) \\
\gamma_{y'z'} &= 2(\varepsilon_x l_{21} l_{31} + \varepsilon_y l_{22} l_{32} + \varepsilon_z l_{23} l_{33}) + \gamma_{xy}(l_{21} l_{32} + l_{22} l_{31}) \\
&\quad + \gamma_{yz}(l_{22} l_{33} + l_{23} l_{32}) + \gamma_{zx}(l_{23} l_{31} + l_{21} l_{33}) \\
\gamma_{z'x'} &= 2(\varepsilon_x l_{31} l_{11} + \varepsilon_y l_{32} l_{12} + \varepsilon_z l_{33} l_{13}) + \gamma_{xy}(l_{31} l_{12} + l_{32} l_{11}) \\
&\quad + \gamma_{yz}(l_{32} l_{13} + l_{33} l_{12}) + \gamma_{zx}(l_{33} l_{11} + l_{31} l_{13})
\end{aligned}\right\} \tag{3-12}
$$

若采用张量符号，并按下标记号法和求和约定，式(3-12)可缩写为：

$$
\varepsilon_{i'j'} = \varepsilon_{ij} l_{i'i} l_{j'j} \tag{3-13}
$$

和上一章应力分量转换方程(2-10)相比较可知，结果是相似的，这说明一点的应变状态显然也是一个二阶对称张量。虽然应力分量转换式来自平衡方程，而应变分量转换依据几何方程，但两者同属二阶张量，其遵循的坐标变换法则必然一致。

§3-3 主应变 · 体积应变

3-3-1 主应变

物体变形时通常既有线应变产生，又有剪应变产生，故一点处的三正交微线段，经变形后将不再保持其正交性，但是研究结果证明，在一点处的所有方向中，存在有这样的三个彼此正交的方向，其相应的微线段在变形时，只有线应变产生而无剪应变产生。同讨论一点的应力状态时相似，我们把剪应变等于零的面称为**主平面**，主平面的法线方向称为**应变主方向**，主平面法线方向的线应变就称为**主应变**。显然，三个应变主方向彼此正交，而三个主应变我们通常分别用符号 ε_1、ε_2、ε_3 表示，且按代数值排列为 $\varepsilon_1 \geqslant \varepsilon_2 \geqslant \varepsilon_3$。

若图 3-5 中所示微线段 $\mathrm{d}r$ 恰取在某一应变主方向上，则由上述定义，该微段 $\mathrm{d}r$ 变形后只有长度改变，而无方位变化，也就是说只产生线应变，但其方向余弦 l_1、l_2、l_3 不随变形而改变。于是由式(3-8)知(例如取其第一式讨论)：

$$
\begin{aligned}
\mathrm{d}u &= \frac{\partial u}{\partial x}\mathrm{d}x + \frac{\partial u}{\partial y}\mathrm{d}y + \frac{\partial u}{\partial z}\mathrm{d}z \\
&= \frac{\partial u}{\partial x}\mathrm{d}x + \frac{1}{2}\left(\frac{\partial u}{\partial y} + \frac{\partial v}{\partial x}\right)\mathrm{d}y + \frac{1}{2}\left(\frac{\partial u}{\partial z} + \frac{\partial w}{\partial x}\right)\mathrm{d}z \\
&\quad + \frac{1}{2}\left(\frac{\partial u}{\partial y} - \frac{\partial v}{\partial x}\right)\mathrm{d}y + \frac{1}{2}\left(\frac{\partial u}{\partial z} - \frac{\partial w}{\partial x}\right)\mathrm{d}z
\end{aligned} \tag{3-14}
$$

经§3－1节研究证明，上式中后两项表示物体绕 x、y、z 轴的刚性转动，并不引起应变，如图3－6所示，则在计算应变时，可以忽略不计，再由式(3－5)对 ε_{xy} 和 ε_{xz} 的定义，式(3－14)可写成式(3－15)的第一式。同样道理可以推导出 dv 和 dw 的表达式如式(3－15)的第二、三式，也即：

$$\left.\begin{aligned} du &= \varepsilon_x dx + \varepsilon_{xy} dy + \varepsilon_{xz} dz \\ dv &= \varepsilon_{yx} dx + \varepsilon_y dy + \varepsilon_{yz} dz \\ dw &= \varepsilon_{zx} dx + \varepsilon_{zy} dy + \varepsilon_z dz \end{aligned}\right\} \tag{3-15}$$

如用张量表示，则式(3－15)可写为：

$$du_i = \varepsilon_{ij} dx_j \qquad (i、j = x, y, z) \tag{3-16}$$

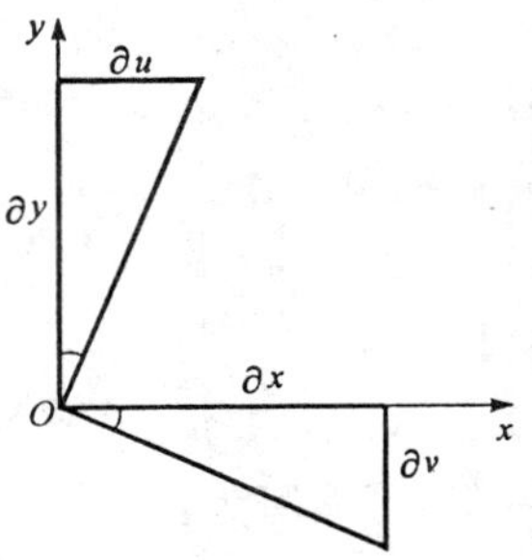

图3－6

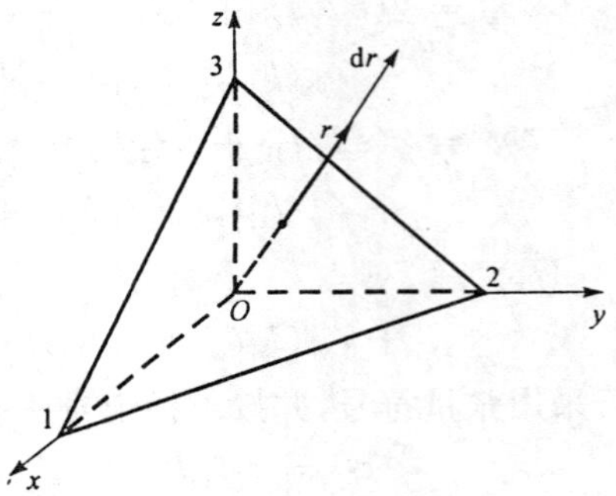

图3－7

在主应变空间中，$r(\varepsilon_1, \varepsilon_2, \varepsilon_3)$ 表示一个应变状态，如图3－7所示。若 r 增加一个增量 dr，且其方向保持不变，这时 r 和 dr 在 Ox、Oy、Oz 方向的投影是成比例的，应变表达式应满足如下关系：

$$\varepsilon_r = \frac{dr}{r} = \frac{du}{dx} = \frac{dv}{dy} = \frac{dw}{dz} \tag{a}$$

因此可得：

$$du = \varepsilon_r dx \quad ; \quad dv = \varepsilon_r dy \quad ; \quad dw = \varepsilon_r dz \tag{3-17}$$

将式(3－17)代入式(3－15)后，可得：

$$\left.\begin{aligned} du &= \varepsilon_r dx = \varepsilon_x dx + \varepsilon_{xy} dy + \varepsilon_{xz} dz \\ dv &= \varepsilon_r dy = \varepsilon_{yx} dx + \varepsilon_y dy + \varepsilon_{yz} dz \\ dw &= \varepsilon_r dz = \varepsilon_{zx} dx + \varepsilon_{zy} dy + \varepsilon_z dz \end{aligned}\right\} \tag{b}$$

由式(b)可得：

$$\left.\begin{aligned} (\varepsilon_x - \varepsilon_r) dx + \varepsilon_{xy} dy + \varepsilon_{xz} dz &= 0 \\ \varepsilon_{yx} dx + (\varepsilon_y - \varepsilon_r) dy + \varepsilon_{yz} dz &= 0 \\ \varepsilon_{zx} dx + \varepsilon_{zy} dy + (\varepsilon_z - \varepsilon_r) dz &= 0 \end{aligned}\right\} \tag{3-18}$$

式(3－18)可缩写为：

$$(\varepsilon_{ij} - \delta_{ij}\varepsilon_r) dj = 0 \tag{3-19}$$

如果式(3－19)的系数行列式等于零，则此式将具有非零解，此时：

$$\begin{vmatrix} \varepsilon_x - \varepsilon_r & \varepsilon_{xy} & \varepsilon_{xz} \\ \varepsilon_{yz} & \varepsilon_y - \varepsilon_r & \varepsilon_{yz} \\ \varepsilon_{zx} & \varepsilon_{zy} & \varepsilon_z - \varepsilon_r \end{vmatrix} = 0 \tag{3-20}$$

将此行列式展开，则可得：

$$\begin{aligned} &\varepsilon_r^3 - (\varepsilon_x + \varepsilon_y + \varepsilon_z)\varepsilon_r^2 - (-\varepsilon_x\varepsilon_y - \varepsilon_y\varepsilon_z - \varepsilon_z\varepsilon_x + \varepsilon_{xy}^2 + \varepsilon_{yz}^2 + \varepsilon_{zx}^2)\varepsilon_r \\ &\quad - (\varepsilon_x\varepsilon_y\varepsilon_z + 2\varepsilon_{xy}\varepsilon_{yz}\varepsilon_{zx} - \varepsilon_x\varepsilon_{yz}^2 - \varepsilon_y\varepsilon_{zx}^2 - \varepsilon_z\varepsilon_{xy}^2) = 0 \end{aligned} \tag{3-21}$$

或写成：

$$\varepsilon_r^3 - I'_1\varepsilon_r^2 - I'_2\varepsilon_r - I'_3 = 0 \tag{3-22}$$

式中 I'_1、I'_2 和 I'_3 为第一、第二和第三应变不变量，相应可写为：

$$\left.\begin{aligned} I'_1 &= \varepsilon_x + \varepsilon_y + \varepsilon_z = \varepsilon_1 + \varepsilon_2 + \varepsilon_3 = \varepsilon_{ii} \\ I'_2 &= -\varepsilon_x\varepsilon_y - \varepsilon_y\varepsilon_z - \varepsilon_z\varepsilon_x + \varepsilon_{xy}^2 + \varepsilon_{yz}^2 + \varepsilon_{zx}^2 \\ &= -\varepsilon_x\varepsilon_y - \varepsilon_y\varepsilon_z - \varepsilon_z\varepsilon_x + \frac{1}{4}(\gamma_{xy}^2 + \gamma_{yz}^2 + \gamma_{zx}^2) \\ &= -\varepsilon_1\varepsilon_2 - \varepsilon_2\varepsilon_3 - \varepsilon_3\varepsilon_1 \\ &= -\frac{1}{2}(\varepsilon_{ii}\varepsilon_{jj} - \varepsilon_{ij}\varepsilon_{ji}) \\ I'_3 &= \begin{vmatrix} \varepsilon_x & \varepsilon_{xy} & \varepsilon_{xz} \\ \varepsilon_{yx} & \varepsilon_y & \varepsilon_{yz} \\ \varepsilon_{zx} & \varepsilon_{zy} & \varepsilon_z \end{vmatrix} \\ &= \varepsilon_x\varepsilon_y\varepsilon_z + 2\varepsilon_{xy}\varepsilon_{yz}\varepsilon_{zx} - (\varepsilon_x\varepsilon_{yz}^2 + \varepsilon_y\varepsilon_{zx}^2 + \varepsilon_z\varepsilon_{xy}^2) \\ &= \varepsilon_x\varepsilon_y\varepsilon_z + \frac{1}{4}\gamma_{xy}\gamma_{yz}\gamma_{zx} - \frac{1}{4}(\varepsilon_x\gamma_{yz}^2 + \varepsilon_y\gamma_{zx}^2 + \varepsilon_z\gamma_{xy}^2) \\ &= \varepsilon_1\varepsilon_2\varepsilon_3 = |\varepsilon_{ij}| \end{aligned}\right\} \tag{3-23}$$

解三次方程(3-22)，可得三个实根 ε_1、ε_2、ε_3，即为三个主应变之值。将每一主应变值代入方程组(3-18)中的任意两式[可将式(3-18)中的 dx、dy、dz 分别变换成方向余弦 l_1、l_2、l_3]，再与式 $l_1^2 + l_2^2 + l_3^2 = 1$ 联立求解，即可定出相应的应变主方向。需要指出的是，对于各向同性体，任一点处的应变主方向应与该点相应的应力主方向完全重合。

完全类似于应力分析理论，可得主剪应变为：

$$\left.\begin{aligned} \gamma_1 &= \pm(\varepsilon_2 - \varepsilon_3) \\ \gamma_2 &= \pm(\varepsilon_3 - \varepsilon_1) \\ \gamma_3 &= \pm(\varepsilon_1 - \varepsilon_2) \end{aligned}\right\} \tag{3-24}$$

已知 $\varepsilon_1 \geqslant \varepsilon_2 \geqslant \varepsilon_3$，则最大(最小)剪应变为：

$$\left.\begin{matrix}\gamma_{max} \\ \gamma_{min}\end{matrix}\right. = \pm(\varepsilon_1 - \varepsilon_3) \tag{3-25}$$

例 3-1 已知某点处的三个应变分量为 $\varepsilon_z = \gamma_{zx} = \gamma_{zy} = 0$，并用 45° 应变花测得 $\varepsilon_x = 500\mu\varepsilon$，$\varepsilon_y = 800\mu\varepsilon$，$\varepsilon_{45°} = 300\mu\varepsilon$。试求此点的主应变及主方向的值。

解 为求主应变，先求出剪应变分量 γ_{xy}。由式(3-9)，得：

$$\varepsilon_{45°} = \varepsilon_x l_1^2 + \varepsilon_y l_2^2 + \varepsilon_z l_3^2 + \gamma_{xy} l_1 l_2 + \gamma_{yz} l_2 l_3 + \gamma_{zx} l_3 l_1$$

将已知条件代入，并注意到该点的 ε_{45° 线应变方向的方向余弦为 $l_1 = l_2 = \dfrac{\sqrt{2}}{2}, l_3 = 0$，于是解得：$\gamma_{xy} = -700\mu\varepsilon$。又由式(3-20)得：

$$\begin{vmatrix} (500-\varepsilon_r)\mu\varepsilon & -350\mu\varepsilon \\ -350\mu\varepsilon & (800-\varepsilon_r)\mu\varepsilon \end{vmatrix} = 0$$

展开此二阶行列式得：

$$\varepsilon_r - 1\ 300\varepsilon_r + 277\ 500 = 0$$

解之得： $\varepsilon_1 = 1\ 030.8\mu\varepsilon \quad ; \quad \varepsilon_2 = 269.2\mu\varepsilon \quad ; \quad \varepsilon_3 = \varepsilon_z = 0$

再由式(3-18)第一式，计算 ε_1 方向与 x 轴的夹角 α_1，有：

$$\tan\alpha_1 = -\frac{500-\varepsilon_1}{-350} = -1.516\ 5$$

得 $\alpha_1 = -56.6^\circ$。同理，可算得 ε_2 方向与 x 轴的夹角为 $\alpha_2 = 33.4^\circ$。

例 3-2 设一物体中的位移分量函数为：

$$u = (10 + 0.1xy + 0.05z)10^{-3}$$
$$v = (5 - 0.05x + 0.1yz)10^{-3}$$
$$w = (10 - 0.1xyz)10^{-3}$$

试求物体中 $P(1,1,1)$ 点处的 ε_{max} 和 γ_{max}。

解 由几何方程知：

$$\varepsilon_x = \frac{\partial u}{\partial x} = 0.1\times 10^{-3}y; \qquad \gamma_{xy} = \frac{\partial u}{\partial y} + \frac{\partial v}{\partial x} = 0.1\times 10^{-3}x - 0.05\times 10^{-3}$$

$$\varepsilon_y = \frac{\partial v}{\partial y} = 0.1\times 10^{-3}z; \qquad \gamma_{yz} = \frac{\partial v}{\partial z} + \frac{\partial w}{\partial y} = 0.1\times 10^{-3}y - 0.1\times 10^{-3}xz$$

$$\varepsilon_z = \frac{\partial w}{\partial z} = -0.1\times 10^{-3}xy; \qquad \gamma_{zx} = \frac{\partial w}{\partial x} + \frac{\partial u}{\partial z} = -0.1\times 10^{-3}yz + 0.05\times 10^{-3}$$

则 P 点的应变状态为：$\varepsilon_x = 0.1\times 10^{-3}, \varepsilon_y = 0.1\times 10^{-3}, \varepsilon_z = -0.1\times 10^{-3}, \gamma_{xy} = 0.05\times 10^{-3}, \gamma_{yz} = 0, \gamma_{zx} = -0.05\times 10^{-3}$。而应变不变量分别为：

$$I'_1 = \varepsilon_x + \varepsilon_y + \varepsilon_z = 0.1\times 10^{-3}$$

$$I'_2 = -\varepsilon_x\varepsilon_y - \varepsilon_y\varepsilon_z - \varepsilon_z\varepsilon_x + \frac{1}{4}(\gamma_{xy}^2 + \gamma_{yz}^2 + \gamma_{zx}^2) = 0.011\ 25\times 10^{-6}$$

$$I'_3 = \varepsilon_x\varepsilon_y\varepsilon_z + \frac{1}{4}\gamma_{xy}\gamma_{yz}\gamma_{zx} - \frac{1}{4}(\varepsilon_x\gamma_{yz}^2 + \varepsilon_y\gamma_{zx}^2 + \varepsilon_z\gamma_{xy}^2) = -0.001\times 10^{-9}$$

则求解主应变的方程为：

$$\varepsilon^3 - 0.1\times 10^{-3}\varepsilon^2 - 0.011\ 25\times 10^{-6}\varepsilon + 0.001\times 10^{-9} = 0$$

令 $x = 10^4\varepsilon$，代入上式得：

$$x^3 - x^2 - 1.125x + 1 = 0$$

以 $x = y + \dfrac{1}{3}$ 代入上式，消去二次项，得：

$$y^3 - 1.46y + 0.552 = 0$$

此方程的根为：

$$y_1 = 0.931 \quad ; \quad y_2 = 0.434 \quad ; \quad y_3 = -1.364$$

于是得：

$$\varepsilon_1 = 0.126\ 4\times 10^{-3}; \quad \varepsilon_2 = 0.076\ 7\times 10^{-3}; \quad \varepsilon_3 = -0.103\ 1\times 10^{-3}$$

故 P 点的 $\varepsilon_{max} = 0.1264 \times 10^{-3}$；$\gamma_{max} = \varepsilon_1 - \varepsilon_3 = 0.2295 \times 10^{-3}$ 。

3-3-2 体积应变

在弹性变形时，物体的体积也要产生改变，我们定义单位体积的体积改变为**体积应变**，以符号 θ 表示。现在物体内 M 点附近截取一平行六面体微单元体来进行考察，设其边长分别为 dx、dy、dz，则单元体原体积应为 $dV = dxdydz$。在线性应变情况下，剪应变不会引起单元体各棱边长度的改变，而剪应变引起的体积改变为高阶微量，可略去不计。因此，研究体积改变只考虑线应变所产生的影响。由于变形后三个边长分别为 $(1+\varepsilon_x)dx$、$(1+\varepsilon_y)dy$、$(1+\varepsilon_z)dz$，故单元体变形后的体积为：

$$dV' = (1+\varepsilon_x)(1+\varepsilon_y)(1+\varepsilon_z)dxdydz \tag{c}$$

于是体积应变为：

$$\theta = \frac{dV' - dV}{dV} = (1+\varepsilon_x)(1+\varepsilon_y)(1+\varepsilon_z) - 1 \tag{d}$$

展开式(d)，并略去二次以上的微量项，得：

$$\theta = \varepsilon_x + \varepsilon_y + \varepsilon_z \tag{3-26}$$

由此可知，一点处的体积应变为第一应变不变量，是不随坐标系的选择而变化的，故也可用三个主应变来表示。显然，当 $\theta > 0$ 时，表示体积膨胀；当 $\theta < 0$ 时，则表示体积压缩。

§3-4 应变张量的分解·应变偏量不变量·等效应变

综上所述，一点的应变状态同一点的应力状态相类似，都可用二阶对称张量来表示。因此，我们也可将应变张量 ε_{ij} 分解成为由与体积变化有关的**球形应变张量** $\varepsilon_m\delta_{ij}$ 和与形状变化有关的**应变偏张量** e_{ij} 两部分，也即：

$$\varepsilon_{ij} = \varepsilon_m\delta_{ij} + e_{ij} = \begin{bmatrix} \varepsilon_m & 0 & 0 \\ 0 & \varepsilon_m & 0 \\ 0 & 0 & \varepsilon_m \end{bmatrix} + \begin{bmatrix} \varepsilon_x - \varepsilon_m & \varepsilon_{xy} & \varepsilon_{xz} \\ \varepsilon_{yx} & \varepsilon_y - \varepsilon_m & \varepsilon_{yz} \\ \varepsilon_{zx} & \varepsilon_{zy} & \varepsilon_z - \varepsilon_m \end{bmatrix} \tag{3-27}$$

式(3-27)中的 ε_m 称为平均应变，也即：

$$\varepsilon_m = \frac{1}{3}(\varepsilon_x + \varepsilon_y + \varepsilon_z) = \frac{1}{3}(\varepsilon_1 + \varepsilon_2 + \varepsilon_3) = \frac{1}{3}I'_1 \tag{3-28}$$

而

$$\begin{aligned} e_{ij} &= \begin{bmatrix} \varepsilon_x - \varepsilon_m & \varepsilon_{xy} & \varepsilon_{xz} \\ \varepsilon_{yx} & \varepsilon_y - \varepsilon_m & \varepsilon_{yz} \\ \varepsilon_{zx} & \varepsilon_{zy} & \varepsilon_z - \varepsilon_m \end{bmatrix} \\ &= \begin{bmatrix} \frac{2\varepsilon_x - \varepsilon_y - \varepsilon_z}{3} & \varepsilon_{xy} & \varepsilon_{xz} \\ \varepsilon_{yx} & \frac{2\varepsilon_y - \varepsilon_z - \varepsilon_x}{3} & \varepsilon_{yz} \\ \varepsilon_{zx} & \varepsilon_{zy} & \frac{2\varepsilon_z - \varepsilon_x - \varepsilon_y}{3} \end{bmatrix} \\ &= \begin{bmatrix} \frac{2\varepsilon_1 - \varepsilon_2 - \varepsilon_3}{3} & 0 & 0 \\ 0 & \frac{2\varepsilon_2 - \varepsilon_3 - \varepsilon_1}{3} & 0 \\ 0 & 0 & \frac{2\varepsilon_3 - \varepsilon_1 - \varepsilon_2}{3} \end{bmatrix} \end{aligned} \tag{3-29}$$

在考虑塑性变形时，经常采用体积不变假设，这时球形应变张量为零，应变偏张量就等于应变张量，即应变张量分量与应变偏张量分量相等。这一假设，为简化计算带来了方便。

到此，通过本章的分析，我们看到应变理论分析中的公式与应力理论分析中的相关公式是类似的，由此不难发现，只要将应变分量与应力分量按表 3-1 中所示对应关系进行代换，就可将应力理论中的许多公式直接转换为应变分析的相关公式。现将应变分析中的另外一些结果直接写出如下：

表 3-1

$\sigma_x \longleftrightarrow \varepsilon_x$	$\tau_{xy} \longleftrightarrow \varepsilon_{xy} = \dfrac{1}{2}\gamma_{xy}$
$\sigma_y \longleftrightarrow \varepsilon_y$	$\tau_{yz} \longleftrightarrow \varepsilon_{yz} = \dfrac{1}{2}\gamma_{yz}$
$\sigma_z \longleftrightarrow \varepsilon_z$	$\tau_{zx} \longleftrightarrow \varepsilon_{zx} = \dfrac{1}{2}\gamma_{zx}$

应变偏量的三个不变量分别以 J'_1、J'_2、J'_3 表示，则为：

$$\left.\begin{aligned}
J'_1 &= e_x + e_y + e_z = e_{ii} = 0 \\
J'_2 &= \frac{1}{6}[(e_x - e_y)^2 + (e_y - e_z)^2 + (e_z - e_x)^2 + 6(e_{xy}^2 + e_{yz}^2 + e_{zx}^2)] \\
&= \frac{1}{6}[(\varepsilon_x - \varepsilon_y)^2 + (\varepsilon_y - \varepsilon_z)^2 + (\varepsilon_z - \varepsilon_x)^2 + \frac{3}{2}(\gamma_{xy}^2 + \gamma_{yz}^2 + \gamma_{zx}^2)] \\
&= \frac{1}{6}[(\varepsilon_1 - \varepsilon_2)^2 + (\varepsilon_2 - \varepsilon_3)^2 + (\varepsilon_3 - \varepsilon_1)^2] \\
&= \frac{1}{2}e_{ij}e_{ij} \\
J'_3 &= e_x e_y e_z + 2e_{xy}e_{yz}e_{zx} - e_x e_{yz}^2 - e_y e_{zx}^2 - e_z e_{xy}^2 \\
&= e_1 e_2 e_3 = |e_{ij}|
\end{aligned}\right\} \tag{3-30}$$

八面体剪应变是在与三个应变主轴方向具有相同倾角平面上的剪应变，用 γ_8 表示，其几何意义是八面体剪应力 τ_8 的指向与八面体微截面的法线方向所夹直角的改变量。写出来即为：

$$\varepsilon_8 = \frac{1}{3}(\varepsilon_x + \varepsilon_y + \varepsilon_z) = \varepsilon_m = \frac{1}{3}I'_1 \tag{3-31}$$

$$\begin{aligned}
\gamma_8 &= \frac{2}{3}[(\varepsilon_x - \varepsilon_y)^2 + (\varepsilon_y - \varepsilon_z)^2 + (\varepsilon_z - \varepsilon_x)^2 + 6(\varepsilon_{xy}^2 + \varepsilon_{yz}^2 + \varepsilon_{zx}^2)]^{\frac{1}{2}} \\
&= \frac{2}{3}(\gamma_1^2 + \gamma_2^2 + \gamma_3^2)^{\frac{1}{2}} \\
&= \frac{2}{3}[(\varepsilon_1 - \varepsilon_2)^2 + (\varepsilon_2 - \varepsilon_3)^2 + (\varepsilon_3 - \varepsilon_1)^2]^{\frac{1}{2}}
\end{aligned} \tag{3-32}$$

比较式(3-30)和式(3-32)，显然有

$$\frac{\gamma_8}{2} = \sqrt{\frac{2}{3}J'_2} \tag{3-33}$$

等效应变 $\bar{\varepsilon}$ 与等效应力 $\bar{\sigma}$ 相对应，即：

$$\begin{aligned}
\bar{\varepsilon} &= \frac{\sqrt{2}}{3}[(\varepsilon_x - \varepsilon_y)^2 + (\varepsilon_y - \varepsilon_z)^2 + (\varepsilon_z - \varepsilon_x)^2 + 6(\varepsilon_{xy}^2 + \varepsilon_{yz}^2 + \varepsilon_{zx}^2)]^{\frac{1}{2}} \\
&= \frac{\sqrt{2}}{3}[(\varepsilon_1 - \varepsilon_2)^2 + (\varepsilon_2 - \varepsilon_3)^2 + (\varepsilon_3 - \varepsilon_1)^2]^{\frac{1}{2}} \\
&= \frac{\sqrt{2}}{2}\gamma_8 = \frac{2\sqrt{3}}{3}\sqrt{J'_2}
\end{aligned} \tag{3-34}$$

§3-5 应变谐调方程

在外力作用下，物体的变形一般是很复杂的。当研究物体的变形时，是设想将整个物体分割成许多微小的平行六面体单元进行分析。显然，物体变形，组成它的所有微小单元体也将随之产生程度不同的变形，各相邻的小单元体不可能是互不相关的，而必然是相互关联的，也就是说，它们的变形是彼此相互谐调的，不致因变形而产生重叠和开裂，即要求物体变形后仍是一个连续体。并且，也正是在此条件下，我们在§3-1中得到了物体内一点的三个位移分量同该点的六个应变分量之间所必须满足的关系——几何方程。

因此，在由已知的位移分量函数求应变分量时，可得到一组唯一的应变分量。但由应变分量函数求位移分量时，需要通过六个几何方程积分去求出三个位移函数，这就提出了如何保证所得结果具体唯一性的问题。也就是说，由于这六个应变分量函数之间不是互相独立的，它们必然要满足某种关系，才能求得正确真实的位移函数。

现推导出单连区域内应变分量之间所必须满足的关系。

将几何方程组(3-2)的 ε_x 式对 y，ε_y 式对 x 求两次偏导数，有：

$$\frac{\partial^2\varepsilon_x}{\partial y^2}=\frac{\partial^3 u}{\partial x\partial y^2}\quad;\qquad\frac{\partial^2\varepsilon_y}{\partial x^2}=\frac{\partial^3 v}{\partial y\partial x^2}\tag{a}$$

而把 γ_{xy} 式对 x 和 y 各求一次偏导数，则有：

$$\frac{\partial^2\gamma_{xy}}{\partial x\partial y}=\frac{\partial^3 u}{\partial x\partial y^2}+\frac{\partial^3 v}{\partial x^2\partial y}\tag{b}$$

由此可推得下面方程组(3-35)的第一式。类似地也可推得第二、三两式。

又由几何方程组(3-2)的 γ_{xy}、γ_{yz}、γ_{zx} 式分别对 z、x、y 求一次偏导数得如下关系式：

$$\left.\begin{aligned}\frac{\partial\gamma_{xy}}{\partial z}&=\frac{\partial^2 u}{\partial y\partial z}+\frac{\partial^2 v}{\partial x\partial z}\\\frac{\partial\gamma_{yz}}{\partial x}&=\frac{\partial^2 v}{\partial z\partial x}+\frac{\partial^2 w}{\partial y\partial x}\\\frac{\partial\gamma_{zx}}{\partial y}&=\frac{\partial^2 w}{\partial x\partial y}+\frac{\partial^2 u}{\partial z\partial y}\end{aligned}\right\}\tag{c}$$

将其中任意两式相加再减去其余一式，可得三组关系。如将第一式和第三式相加，再减去第二式，即得：

$$-\frac{\partial\gamma_{yz}}{\partial x}+\frac{\partial\gamma_{zx}}{\partial y}+\frac{\partial\gamma_{xy}}{\partial z}=2\frac{\partial^2 u}{\partial y\partial z}\tag{d}$$

再将式(d)对 x 求一次偏导数，即得方程组(3-35)的第四式。同理可推得其余的第五、六两式。即有：

$$\left.\begin{aligned}&\frac{\partial^2\varepsilon_x}{\partial y^2}+\frac{\partial^2\varepsilon_y}{\partial x^2}=\frac{\partial^2\gamma_{xy}}{\partial x\partial y}\\&\frac{\partial^2\varepsilon_y}{\partial z^2}+\frac{\partial^2\varepsilon_z}{\partial y^2}=\frac{\partial^2\gamma_{yz}}{\partial y\partial z}\\&\frac{\partial^2\varepsilon_z}{\partial x^2}+\frac{\partial^2\varepsilon_x}{\partial z^2}=\frac{\partial^2\gamma_{zx}}{\partial z\partial x}\\&\frac{\partial}{\partial x}\left(-\frac{\partial\gamma_{yz}}{\partial x}+\frac{\partial\gamma_{zx}}{\partial y}+\frac{\partial\gamma_{xy}}{\partial z}\right)=2\frac{\partial^2\varepsilon_x}{\partial y\partial z}\\&\frac{\partial}{\partial y}\left(-\frac{\partial\gamma_{zx}}{\partial y}+\frac{\partial\gamma_{xy}}{\partial z}+\frac{\partial\gamma_{yz}}{\partial x}\right)=2\frac{\partial^2\varepsilon_y}{\partial z\partial x}\\&\frac{\partial}{\partial z}\left(-\frac{\partial\gamma_{xy}}{\partial z}+\frac{\partial\gamma_{yz}}{\partial x}+\frac{\partial\gamma_{zx}}{\partial y}\right)=2\frac{\partial^2\varepsilon_z}{\partial x\partial y}\end{aligned}\right\}\tag{3-35}$$

方程(3-35)称为**应变谐调方程**，或**圣文南(Saint-Venant)方程**。对于单连域问题，该方程是保证变形连续的必要且充分条件。但必须指出，对于复连域(又称多连域)问题，它们仅是变形连续的必要条件，只有加上位移单值的补充条件后，才成为既必要又充分的条件。

应变谐调方程又称为变形谐调方程或变形连续性条件。该条件从数学意义上来说，是要求位移函数 u_i 在其定义域内为单值连续函数，其方程就是位移函数的全微分条件。该条件从物理意义上来说，就是要保证不违反连续性假设，构成物体的介质在变形前后始终是连续的，并且物体内每一点的位移必定是唯一确定的，即同一点不会产生两个或两个以上的位移。这就是说，相邻点发生小位移后，仍为相邻点，否则物体在变形后将出现间隙或重叠的现象。因此，变形连续性条件反映了客观真实情况下物体内各点的应变分量之间的谐调关系。

由此得出结论：只有当已知的应变分量满足变形谐调方程时，所求得的三个位移分量才是唯一的。故由应力分量函数直接求出应变分量函数时，应变分量函数是否就是问题的解，还须验证其是否满足变形谐调方程。

例 3-3 设一物体的应变分量函数分别为：$\varepsilon_x = A_0 + A_1(x^2 + y^2) + (x^4 + y^4)$，$\varepsilon_y = B_0 + B_1(x^2 + y^2) + (x^4 + y^4)$；$\varepsilon_z = 0$，$\gamma_{xy} = C_0 + C_1xy(x^2 + y^2 + C_2)$，$\gamma_{yz} = 0$，$\gamma_{zx} = 0$，式中 A_0、B_0、C_0、A_1、B_1、C_1、C_2 均为待定常数。若它们是一种可能的应变解，试确定各常数之间的关系。

解 若应变分量函数是一种可能的应变状态，则必须满足变形谐调方程。而六个变形谐调方程中，根据给定的应变分量，有五个方程已恒等满足，只有：

$$\frac{\partial^2 \varepsilon_x}{\partial y^2} + \frac{\partial^2 \varepsilon_y}{\partial x^2} = \frac{\partial^2 \gamma_{xy}}{\partial x \partial y}$$

式还需满足，将已知条件代入

$$2A_1 + 12y^2 + 2B_1 + 12x^2 = C_1C_2 + 3C_1x^2 + 3C_1y^2$$

比较两端对应项系数有： $3C_1 = 12$ 和 $2A_1 + 2B_1 = C_1C_2$，解知得：

$$C_1 = 4 \quad ; \qquad C_2 = \frac{1}{2}(A_1 + B_1)$$

例 3-4 试说明下列应变状态是否可能：

$$\varepsilon_{ij} = \begin{bmatrix} K(x^2 + y^2)z & 4Kxyz & 0 \\ 4Kxyz & Ky^2z & 0 \\ 0 & 0 & 0 \end{bmatrix}$$

式中 K 为常数，且 $K \neq 0$。

解 将已知应变分量代入变形谐调方程(3-35)式知，其中二、三、六式自动满足，而一、四、五式得不到满足。例如由第一式得(注意：$\gamma_{xy} = 2\varepsilon_{xy}$)：

$$2Kz \neq 8Kz$$

因此，该应变状态是不可能的。

§3-6 应变速度·应变分量的增量·应变莫尔圆

3-6-1 应变速度

一般来说物体变形时，体内任一点的变形不但与坐标有关，而且与时间也有关。设物体变形时质点的速度为：

$$V = V_x i + V_y j + V_z k \tag{a}$$

式中 i、j、k 是单位矢量，V_x、V_y、V_z 是速度 V 在 x、y、z 三坐标轴上的投影量，也即：

$$\left.\begin{aligned} V_x &= V_x(x,y,z,t) \\ V_y &= V_y(x,y,z,t) \\ V_z &= V_z(x,y,z,t) \end{aligned}\right\} \tag{b}$$

在无限小的时间 $\mathrm{d}t$ 内，质点产生的微小位移为：

$$V_x\mathrm{d}t \quad ; \qquad V_y\mathrm{d}t \quad ; \qquad V_z\mathrm{d}t \tag{c}$$

如以 u、v、w 表示质点的位移分量，则：

$$V_x = \frac{\mathrm{d}u}{\mathrm{d}t} \quad ; \qquad V_y = \frac{\mathrm{d}v}{\mathrm{d}t} \quad ; \qquad V_z = \frac{\mathrm{d}w}{\mathrm{d}t} \tag{d}$$

设应变速度分量为：

$$\left.\begin{aligned} \xi_x &= \frac{\partial V_x}{\partial x} \quad ; & \eta_{xy} &= \frac{\partial V_x}{\partial y} + \frac{\partial V_y}{\partial x} \\ \xi_y &= \frac{\partial V_y}{\partial y} \quad ; & \eta_{yz} &= \frac{\partial V_y}{\partial z} + \frac{\partial V_z}{\partial y} \\ \xi_z &= \frac{\partial V_z}{\partial z} \quad ; & \eta_{zx} &= \frac{\partial V_z}{\partial x} + \frac{\partial V_x}{\partial z} \end{aligned}\right\} \tag{3-36}$$

在小变形的情况下，应变速度分量与应变分量之间存在有简单关系，这时利用式(3-2)可得：

$$\left.\begin{aligned} \xi_x &= \frac{\partial V_x}{\partial x} = \frac{\partial}{\partial x}\left(\frac{\mathrm{d}u}{\mathrm{d}t}\right) = \frac{\mathrm{d}}{\mathrm{d}t}\left(\frac{\partial u}{\partial x}\right) = \dot{\varepsilon}_x \\ \xi_y &= \frac{\partial V_y}{\partial y} = \frac{\partial}{\partial y}\left(\frac{\mathrm{d}v}{\mathrm{d}t}\right) = \frac{\mathrm{d}}{\mathrm{d}t}\left(\frac{\partial v}{\partial y}\right) = \dot{\varepsilon}_y \\ \xi_z &= \frac{\partial V_z}{\partial z} = \frac{\partial}{\partial z}\left(\frac{\mathrm{d}w}{\mathrm{d}t}\right) = \frac{\mathrm{d}}{\mathrm{d}t}\left(\frac{\partial w}{\partial z}\right) = \dot{\varepsilon}_z \\ \eta_{xy} &= \frac{\partial V_x}{\partial y} + \frac{\partial V_y}{\partial x} = \frac{\partial}{\partial y}\left(\frac{\mathrm{d}u}{\mathrm{d}t}\right) + \frac{\partial}{\partial x}\left(\frac{\mathrm{d}v}{\mathrm{d}t}\right) = \frac{\mathrm{d}}{\mathrm{d}t}\left(\frac{\partial u}{\partial y} + \frac{\partial v}{\partial x}\right) = \dot{\gamma}_{xy} \\ \eta_{yz} &= \frac{\partial V_y}{\partial z} + \frac{\partial V_z}{\partial y} = \frac{\partial}{\partial z}\left(\frac{\mathrm{d}v}{\mathrm{d}t}\right) + \frac{\partial}{\partial y}\left(\frac{\mathrm{d}w}{\mathrm{d}t}\right) = \frac{\mathrm{d}}{\mathrm{d}t}\left(\frac{\partial v}{\partial z} + \frac{\partial w}{\partial y}\right) = \dot{\gamma}_{yz} \\ \eta_{zx} &= \frac{\partial V_z}{\partial x} + \frac{\partial V_x}{\partial z} = \frac{\partial}{\partial x}\left(\frac{\mathrm{d}w}{\mathrm{d}t}\right) + \frac{\partial}{\partial z}\left(\frac{\mathrm{d}u}{\mathrm{d}t}\right) = \frac{\mathrm{d}}{\mathrm{d}t}\left(\frac{\partial w}{\partial x} + \frac{\partial u}{\partial z}\right) = \dot{\gamma}_{zx} \end{aligned}\right\} \tag{e}$$

因此，在小变形的情况下应变速度分量式(3-36)可表示为：

$$\left.\begin{aligned} \dot{\varepsilon}_x &= \frac{\partial \dot{u}}{\partial x} \quad ; & \dot{\gamma}_{xy} &= \frac{\partial \dot{v}}{\partial x} + \frac{\partial \dot{u}}{\partial y} \\ \dot{\varepsilon}_y &= \frac{\partial \dot{v}}{\partial y} \quad ; & \dot{\gamma}_{yz} &= \frac{\partial \dot{w}}{\partial y} + \frac{\partial \dot{v}}{\partial z} \\ \dot{\varepsilon}_z &= \frac{\partial \dot{w}}{\partial z} \quad ; & \dot{\gamma}_{zx} &= \frac{\partial \dot{u}}{\partial z} + \frac{\partial \dot{w}}{\partial x} \end{aligned}\right\} \tag{3-37}$$

在上式中，$\dot{\varepsilon}_x$、$\dot{\varepsilon}_y$、$\dot{\varepsilon}_z$ 称为**线应变速度**，表示单元体沿坐标轴方向相对伸长的线速度；$\dot{\gamma}_{xy}$、$\dot{\gamma}_{yz}$、$\dot{\gamma}_{zx}$ 称为**剪应变速度**，表示原先是直角的角度变成为偏斜角度的角速度。应变速度又称**应变速率**或**应变率**。小变形条件下的应变速度张量可表示为：

$$\dot{\varepsilon}_{ij} = \begin{bmatrix} \dot{\varepsilon}_x & \frac{1}{2}\dot{\gamma}_{xy} & \frac{1}{2}\dot{\gamma}_{xz} \\ \frac{1}{2}\dot{\gamma}_{yx} & \dot{\varepsilon}_y & \frac{1}{2}\dot{\gamma}_{yz} \\ \frac{1}{2}\dot{\gamma}_{zx} & \frac{1}{2}\dot{\gamma}_{zy} & \dot{\varepsilon}_z \end{bmatrix} \tag{3-38}$$

式(3－37)也可缩写为：

$$\dot{\varepsilon}_{ij} = \frac{1}{2}(\dot{u}_{i'j} + \dot{u}_{j'i}) \tag{3-39}$$

在以后的讨论中，我们都采用字母符号上方加“点”的形式来表示该量对时间 t 的变化率。由以上讨论知，只要在应变张量的各项讨论中，每个应变分量符号上加一个圆点，便得到关于应变速度的各种公式。显然，应变速度张量 $\dot{\varepsilon}_{ij}$，也可以分解为球形张量和偏斜张量两部分，即：

$$\dot{\varepsilon}_{ij} = \dot{\varepsilon}_m\delta_{ij} + \dot{e}_{ij} \tag{3-40}$$

式(3－40)中 $\dot{\varepsilon}_m = \frac{1}{3}(\dot{\varepsilon}_x + \dot{\varepsilon}_y + \dot{\varepsilon}_z)$。应当注意，在一般情况下，应变速度主方向与应变主方向不重合，且在加载过程中将发生变化。但如果 ε_{ij} 的各分量均按同一比例变化(即所谓比例加载，详见本书§4－6)时，应变速度主方向才能保持不变，且与应变主方向重合。

3－6－2　应变分量的增量

大量实验证明，在温度不高和十分缓慢加载的条件下，一些固体材料的塑性变形规律与时间因素无关，这里的 dt 并不代表时间，而只是反映一个变形的过程，并不要求计算应变对时间的积分。因此，用应变增量来代替应变速度往往更能表示塑性静力学应变不受时间参数影响的特点。塑性应变增量记作 $\mathrm{d}\varepsilon_{ij}$，则有：

$$\mathrm{d}\varepsilon_{ij} = \dot{\varepsilon}_{ij}\mathrm{d}t \tag{3-41}$$

上式表明 $\mathrm{d}\varepsilon_{ij}$ 表示对时间的应变增量，而不是对坐标的增量或应变分量的微分。无疑应变增量也是一个张量，应变增量的偏量为：

$$\mathrm{d}e_{ij} = \mathrm{d}\varepsilon_{ij} - \mathrm{d}\varepsilon_m\delta_{ij} \tag{3-42}$$

式(3－42)中，$\mathrm{d}\varepsilon_m$ 称为平均应变增量，$\mathrm{d}\varepsilon_m = \dfrac{\mathrm{d}\varepsilon_x + \mathrm{d}\varepsilon_y + \mathrm{d}\varepsilon_z}{3}$。

3－6－3　应变莫尔圆

应力状态可以用应力莫尔圆表示，应变状态也可以用应变莫尔圆表示。如果已知一点应变状态的三个主应变 ε_1、ε_2、ε_3，且 $\varepsilon_1 \geqslant \varepsilon_2 \geqslant \varepsilon_3$。由表3－1的对应关系知，我们只需建立如图3－8所示 $O\varepsilon\dfrac{\gamma}{2}$ 坐标系，分别以 P_1、P_2、P_3 点为圆心，该三点纵坐标为零，而横坐标为：

$$\left.\begin{aligned} \overline{OP_1} &= \frac{\varepsilon_1 + \varepsilon_2}{2} \\ \overline{OP_2} &= \frac{\varepsilon_2 + \varepsilon_3}{2} \\ \overline{OP_3} &= \frac{\varepsilon_3 + \varepsilon_1}{2} \end{aligned}\right\} \tag{f}$$

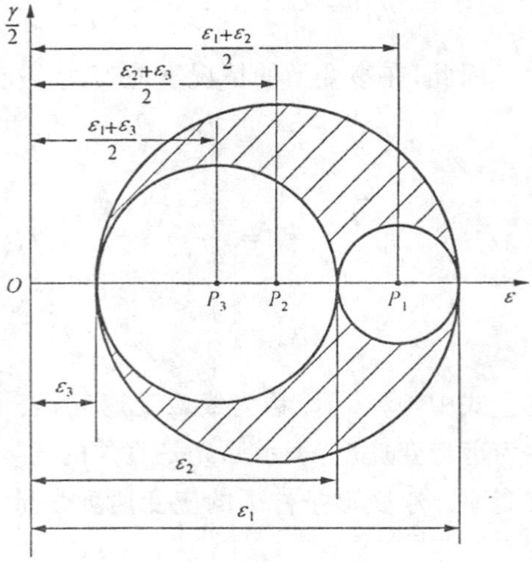

图 3－8

再以 r_1、r_2、r_3 为半径，即：

$$\left.\begin{aligned} r_1 &= \frac{\varepsilon_1 - \varepsilon_2}{2} \\ r_2 &= \frac{\varepsilon_2 - \varepsilon_3}{2} \\ r_3 &= \frac{\varepsilon_3 - \varepsilon_1}{2} \end{aligned}\right\} \tag{g}$$

便可绘制得到反映一点空间应变状态的应变莫尔圆。按第二章中有关应力莫尔圆的证明方法，可以证明过一点任何方向的线应变和剪应变的大小都将由图 3－8 中阴影面积内的一点的两个坐标反映。由图可见，一点应变状态的 ε_{max}、ε_{min}、γ_{max}、γ_{min} 分别为：

$$\varepsilon_{max} = \varepsilon_1; \qquad \varepsilon_{min} = \varepsilon_3; \qquad \begin{matrix}\gamma_{max} \\ \gamma_{min}\end{matrix} = \pm(\varepsilon_1 - \varepsilon_3) \tag{3-43}$$

§3－7* 物体表面应变测量问题

在岩土工程中，人们常需对岩体某处的应力状态进行测量，以便对岩体的强度或稳定性做出评价；在工程结构的设计、结构性能和材料性能的实验中，常需了解工程实物、模型或材料的某一点处的应力状态和变形情况，以便验证理论分析的结论和了解材料的力学性能；在地质研究中，为了进行地震的预测，也需对地应力场的变化情况进行监测。但是，应力一般是不能直接进行测量的，而变形是可测量的，即使当变形量很小时，人们也可通过较精密的仪器测量出来。因此，为了了解应力，通常是先测定出应变，然后利用应力和应变间的关系求得应力。测量应变的常用方法是在待测点的某个表面上贴上应变片来进行测量。图 3－9 所示为一组电阻应变片组成的应变花。

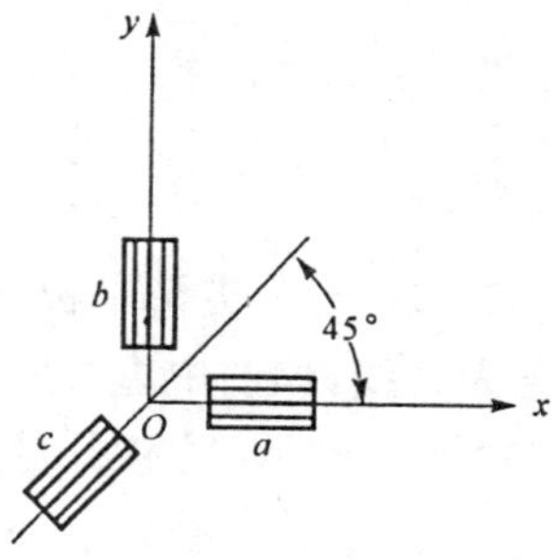

图 3－9

现假定，把 x、y 轴设在贴应变花的平面内。三个应变片的贴法是：第一片贴在 x 方向，第二片贴在 y 方向，第三片与 x 轴呈 45°方位，如图 3－9 所示。对测量数据的处理，可分为以下两种情况：

情况一　如果与图面垂直的方向（即 z 方向）不是应变主方向，此时另外两个主方向也不在图面内。要通过测量测定的，只是 ε_x、ε_y、γ_{xy}，即在图面内的三个应变分量。其中 ε_x 和 ε_y 可直接由应变片 a 和 b 测得。而应变片只能测得线应变，故求 γ_{xy} 要通过换算。

设以 $\varepsilon_{0°}$、$\varepsilon_{90°}$、$\varepsilon_{45°}$ 分别代表 a、b、c 片测得的线应变值，此时 c 片轴线对 x、y、z 轴的方向余弦为：$l_1 = \dfrac{\sqrt{2}}{2}$，$l_2 = \dfrac{\sqrt{2}}{2}$，$l_3 = 0$。由式(3－9)得：

$$\varepsilon_{45°} = \frac{\varepsilon_x}{2} + \frac{\varepsilon_y}{2} + \frac{\gamma_{xy}}{2} \tag{a}$$

则知：

$$\left.\begin{aligned} &\varepsilon_x = \varepsilon_{0°} \quad ; \qquad \varepsilon_y = \varepsilon_{90°} \\ &\gamma_{xy} = 2\varepsilon_{45°} - \varepsilon_x - \varepsilon_y = 2\varepsilon_{45°} - (\varepsilon_{0°} + \varepsilon_{90°}) \end{aligned}\right\} \tag{3-44}$$

情况二　如果可以判定，与图面垂直的方向（z 方向）是一个应变主方向时，显然另两个应变主方向必在图面内。于是由式(3－43)直接求得 ε_x、ε_y、γ_{xy}，还可由平面应变分析的有关结果求出该点处的主应变和主应变方向。此处就不再详述了。

习　题

3－1　一平行六面体的物体，变形情况如图所示。设位移分量为：$u = c_1xyz$，$v = c_2xyz$，$w = c_3xyz$。且变形后 E 点移至 E'，其坐标为(1.503，1.001，1.997)。试确定：

(1)　E 点的应变状态；

(2)　E 点在 EA 方向的线应变；

(3)　E 点在 EA 和 EF 所决定的平面内的角应变。

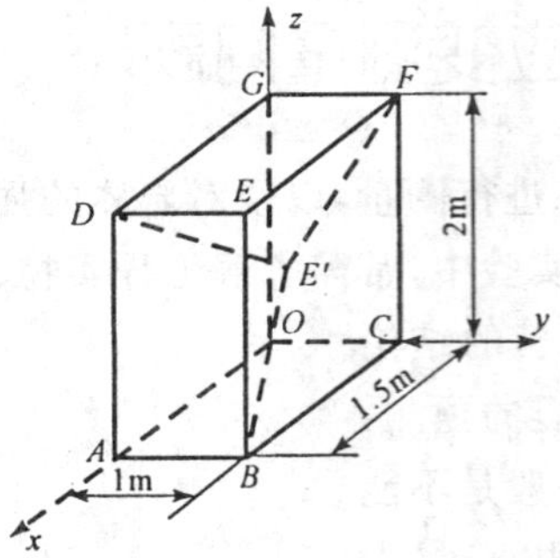

题 3－1 图

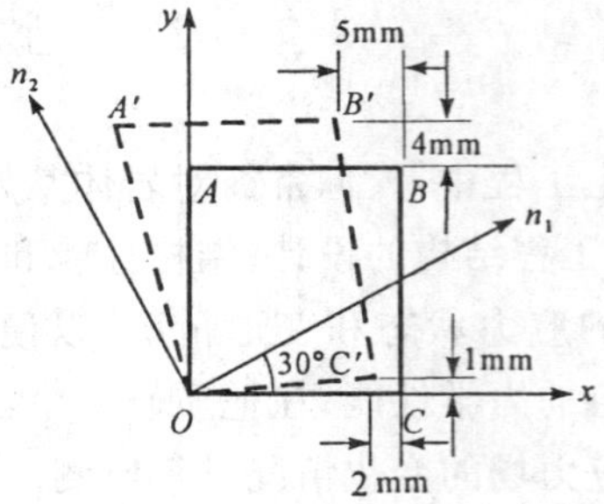

题 3－2 图

3－2　设一方形平板(1m×1m)受载后产生平面应变（即 $\varepsilon_z = 0$、$\gamma_{yz} = \gamma_{zx} = 0$），变形后各边仍为直线，如图中虚线所示。试确定：

(1)　位移分量和应变分量；

(2)　沿 n_1 及 n_2 方向的 ε_{n_1}、ε_{n_2} 及 $\gamma_{n_1n_2}$($n_1 \perp n_2$)；

(3)　主应变及 ε_1 的方向。

3－3　物体在 Oxy 平面中，某点处的应变分量为 $\varepsilon_x = \dfrac{\partial u}{\partial x}$，$\varepsilon_y = \dfrac{\partial v}{\partial y}$，$\gamma_{xy} = \dfrac{\partial v}{\partial x} + \dfrac{\partial u}{\partial y}$，$\varepsilon_z = \gamma_{yz} = \gamma_{zx} = 0$。试求 $\gamma_{x'y'}$ 达到极值时，$Ox'y'$ 坐标的转角 θ。

3－4　为测量平面应变分量 ε_x、ε_y、γ_{xy}，将三片电阻应变片分别贴在 x 轴向以及与 x 轴成 60° 和 120° 的方向上，测得应变值为 $\varepsilon_{0°}$、$\varepsilon_{60°}$、$\varepsilon_{120°}$。试确定以 $\varepsilon_{0°}$、$\varepsilon_{60°}$、$\varepsilon_{120°}$ 表示的 ε_x、ε_y、γ_{xy}。

3－5　已知应变分量为：

$$\varepsilon_x = 0.20 \times 10^{-3};\qquad \gamma_{xy} = 0.06 \times 10^{-3}$$
$$\varepsilon_y = -0.06 \times 10^{-3};\qquad \gamma_{yz} = 0$$
$$\varepsilon_z = 0.10 \times 10^{-3};\qquad \gamma_{zx} = -0.06 \times 10^{-3}$$

试写出该点应变状态的张量矩阵形式，并分解为应变球张量和应变偏张量。

3－6　已知位移分量为：

$$u = \frac{z^2 + \mu(x^2 - y^2)}{2a};\quad v = \frac{\mu xy}{a};\quad w = -\frac{xz}{a}$$

式中 μ、a 为常数。试求各应变分量，并指出它们能否满足变形谐调条件。

3-7 试确定以下各应变状态能否存在：

(1) $\varepsilon_x = k(x^2+y^2),\ \varepsilon_y = ky^2,\ \varepsilon_z = 0,\ \gamma_{xy} = 2kxy,\ \gamma_{yz} = 0,\ \gamma_{zx} = 0;$

(2) $\varepsilon_x = k(x^2+y^2)z,\ \varepsilon_y = ky^2z,\ \varepsilon_z = 0,\ \gamma_{xy} = 2kxyz,\ \gamma_{yz} = 0,\ \gamma_{zx} = 0;$

(3) $\varepsilon_x = kxz,\ \varepsilon_y = kyx,\ \varepsilon_z = kzy,\ \gamma_{xy} = kx,\ \gamma_{yz} = ky,\ \gamma_{zx} = kz;$

式中 k 为常数。

3-8 已知如下两组位移分量为：

$$\left.\begin{aligned} u &= a_1 + a_2x + a_3y \\ v &= a_4 + a_5x + a_6y \\ w &= 0 \end{aligned}\right\}$$

$$\left.\begin{aligned} u &= b_1 + b_2x + b_3y + b_4x^2 + b_5xy + b_6y^2 \\ v &= b_7 + b_8x + b_9y + b_{10}x^2 + b_{11}xy + b_{12}y^2 \\ w &= 0 \end{aligned}\right\}$$

上述两组位移表达式中 $a_i(i=1,2,\cdots,6)$ 和 $b_i(i=1,2,\cdots,12)$ 均为常数。试求应变分量，并指出它们能否满足变形谐调条件。

3-9 已知位移分量为：$u=-\theta zy, v=\theta zx, w=f(x,y,z)$，式中 θ 为常数。试求应变分量表达式。

3-10 设一物体内各点产生如下位移：

$$\left.\begin{aligned} u &= a_0 + a_1x + a_2y + a_3z \\ v &= b_0 + b_1x + b_2y + b_3z \\ w &= c_0 + c_1x + c_2y + c_3z \end{aligned}\right\}$$

试证各点的应变分量均为常数。

3-11 试证明在平面问题中，$\varepsilon_x + \varepsilon_y = \varepsilon_{x'} + \varepsilon_{y'}$ 成立。

3-12 已知应变张量

$$\varepsilon_{ij} = \begin{bmatrix} -0.006 & -0.002 & 0 \\ -0.002 & -0.004 & 0 \\ 0 & 0 & 0 \end{bmatrix}$$

试求：(1)主应变；(2)主应变方向；(3)八面体剪应变 γ_8；(4)应变不变量。

3-13 某一应变状态的应变分量 $\gamma_{xy} = \gamma_{yz} = 0$，试证明此条件能否表示 ε_x、ε_y、ε_z 中之一为主应变？

3-14 试求对应于无应变状态(即 $\varepsilon_{ij}=0$)的位移分量。

3-15 已知一棱柱形杆件受自重作用而拉伸，如图所示。杆件中产生的应力为 $\sigma_z = \gamma z$(γ 为材料的单位体积的重量)，其余应力分量为零，应变分量为 $\varepsilon_z = \dfrac{\gamma z}{E}$、$\varepsilon_x = \varepsilon_y = -\dfrac{\mu\gamma z}{E}$、$\gamma_{xy} = \gamma_{yz} = \gamma_{zx} = 0$($E$、$\mu$ 为物性参数)。试检查应变分量是否满足应变谐调条件，并求出位移分量 u、v 和 w 的表达式(不计刚体位移，杆长为 l)。

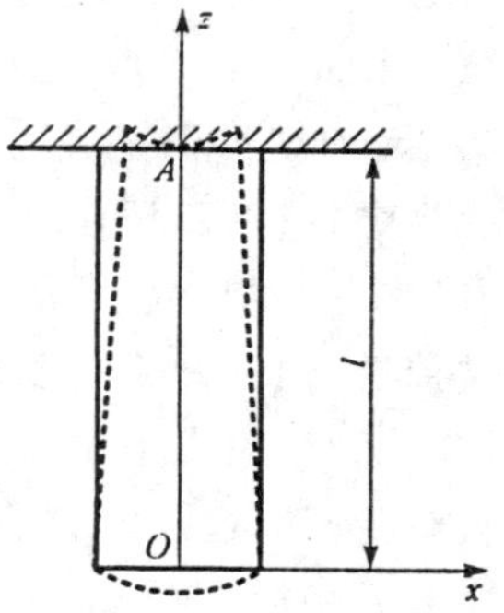

题 3-15 图

第四章 弹性变形·塑性变形·本构方程

§4-1 弹性变形与塑性变形的特点

当我们要确定物体变形时其内部的应力分布和变形规律时，单从静力平衡条件去研究是解决不了问题的。因此，弹塑性力学研究的问题大多是静不定问题。要使静不定问题得到解答，就必须从静力平衡、几何变形和物性关系三个方面来进行研究。考虑这三个方面，就可以构成三类方程，即力学方程、几何方程和物性方程。综合求解这三类方程，同时再满足具体问题的边界条件，从理论上讲就可使问题得到解答。

在第二、三两章中，我们已经分别从静力学和几何学两方面研究了受力物体所应满足的各种方程，即平衡微分方程式(2-44)和几何方程式(3-2)等。所以，现在的问题是，必须考虑物体的物性，也即考虑物体变形时应力和应变间的关系。应力应变关系在力学中常称之为**本构关系**或**本构方程**。本章将介绍物体产生变形时的弹性和塑性应力应变关系。

大量实验证实，应力和应变之间的关系是相辅相成的，有应力就会有应变，而有应变就会有应力。对于每一种具体的固体材料，在一定条件下，应力和应变之间有着确定的关系，这种关系反映了材料客观固有的特性。下面我们以在材料力学所熟知的典型塑性金属材料低碳钢轴向拉伸试验所得的应力应变曲线(如图4-1所示)为例来说明和总结固体材料产生弹性变形和塑性变形的特点，并由此说明塑性应力应变关系比弹性应力应变关系要复杂的多。

在图4-1中，OA 段为**比例变形阶段**。在这一阶段中，应力和应变之间的关系是线性的，即可用虎克定律来表示：

$$\sigma = E\varepsilon \tag{4-1}$$

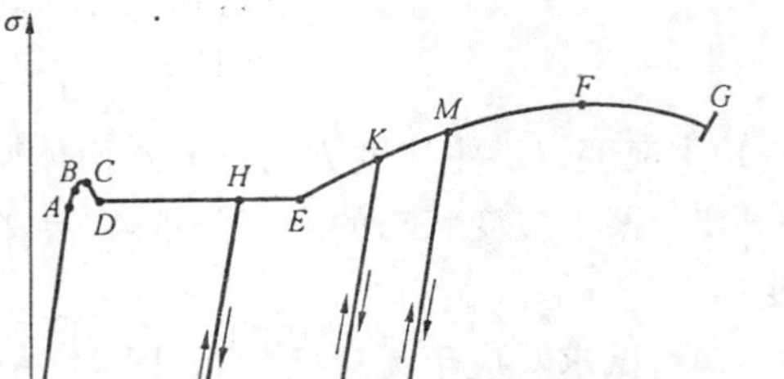

图4-1

式中 E 为弹性模量，在弹性变形过程中，E 为常数。A 点对应的应力称为**比例极限**，记作 σ_p。由 A 点到 B 点，已经不能用线性关系来表示，但变形仍是弹性的。B 点对应的应力称为**弹性极限**，记作 σ_e。对于许多材料，A 点到 B 点的间距很小，也即 σ_p 与 σ_e 数值非常接近，通常并不加以区分，而均以 σ_e 表示，并认为当应力小于 σ_e 时，应力和应变之间的关系满足式(4-1)。在当应力小于 σ_e 时，逐渐卸去载荷，随着应力的减小，应变也渐渐消失，最终物体变形完全得以恢复。若重新加载则应力应变关系将沿由 O 到 B 的原路径重现。BE 段称为**屈服阶段**。C 点和 D 点对应的应力分别称为材料的上屈服极限和下屈服极限。应力到达 D 点时，材料开始屈服。一般来说，上屈服极限受外界因素的影响较大，如试件截面形状、大小、加载速率等，都对它有影响。因此在实际应用中一般都采用下屈服极限作为材料的屈服极限，并记作 σ_s 。有些材料的屈服流动阶段是很长的，应变值可以达到0.01。由 E 点开始，材料出现了强化现象，即试件只有在应力增加时，应变才能增加。如果在材料的屈服阶段或强化阶段内卸去载荷，则应力应变不会顺原路径返回，而是沿着一条平行于 OA 线的 MO'''（或 HO'、KO''）路径返回。这说明材料虽然产生了塑性变形，但它的弹性性质却并没有变化。如果在点 O'''（或 O'、O''）重新再加载，则应力应变曲线仍将沿着 $O'''MFG$（或 $O'HEFG$、$O''KFG$）变化，在 M 点（或 H 点、K 点）材料重新进入塑性变形阶段。显然，这就相当于提高了材料的屈服极限。经过卸载又加载，使材料的屈服极限升高，塑性降低，增加了材料抵抗变形能力的现象，称为强化（或硬化）。显然，我们注意到材料变形一旦进入塑性变形阶段，应力和应变就不再具有一一对应的关系。在 F 点之前，试件处于均匀应变状态，到达 F 点后，试件往往开始出现颈缩现象。如果再继续加载则变形将主要集中于颈缩区进行，F 点对应的应力是材料强化阶段的最大应力，称为强度极限，用 σ_b 表示。由于颈缩区的截面逐渐缩小，所以试件很快受拉被剪断。试件在断裂之前，一般产生有较大的塑性变形。韧性较好的低碳钢材料的应力应变曲线所反映的变形特征既典型又具有代表性，这也为大量固体材料的力学试验结果所证实。综上所述，并对大量固体材料力学试验资料综合分析知，固体材料弹性变形具有以下特点：

(1)弹性变形是可逆的。物体在变形过程中，外力所做的功以能量（应变能）的形式贮存在物体内，当卸载时，弹性应变能将全部释放出来，物体的变形得以完全恢复。

(2)无论材料是处于单向应力状态，还是复杂应力状态，在线弹性变形阶段，应力和应变成线性比例关系。

(3)对材料加载或卸载，其应力应变曲线路径相同。因此，应力与应变是一一对应的关系。

而固体材料的塑性变形具有以下特点：

(1)塑性变形不可恢复，所以外力功不可逆。塑性变形的产生过程，必定要消耗能量（称耗散能或形变功）。

(2)在塑性变形阶段，应力和应变关系是非线性的。因此，不能应用叠加原理。又因为加载与卸载的规律不同，应力与应变也不再存在一一对应的关系，也即应力与相应的应变不能唯一地确定，而应当考虑到加载的路径（即加载历史）。

(3)当受力固体产生塑性变形时，将同时存在有产生弹性变形的弹性区域和产生塑性变形的塑性区域。并且随着载荷的变化，两区域的分界面也会产生变化。

但判断物体中某一点是否由弹性状态转变到塑性状态，必然要满足一定的条件（或判据），这一条件就称为屈服条件。在分析物体的塑性变形时，材料的屈服条件是非常重要的关系式（详见§4-4）。

无疑，在弹性区，材料在加载或卸载的过程中都服从应力应变成线性比例关系，即广义虎克定律（详见§4-3）。但在塑性区，加载过程服从塑性规律，而在卸载过程中则服从弹性的虎克定律。为了考虑材料的变形历史，应研究应力和应变增量之间的关系，以这种关系为基础的理论，称为**增量理论**。在比例变形条件下，通过对增量理论的应力和应变增量关系的积分，就可以得到**全量理论**的应力和应变关系。增量形式的应力与应变增量的关系和全量形式的应力应变关系都是非线性的关系式，它们就是塑性变形的应力应变关系（详见§4-7）。

此外，若对材料加载，应力超过屈服极限后，卸去载荷，然后再反向加载（即由轴向拉伸改为压缩），则这时产生的新的屈服极限将有所降低，如图4-2所示，$\sigma_s'' < \sigma_s'$，且 $\sigma_s'' < \sigma_s$。这种具有强化性质的材料随着塑性变形的增加，屈服极限在一个方向上提高，而在相反方向上降低

的效应，是德国的包辛格(J. Bauschinger)首先发现的，故称之为**包辛格效应**。包辛格效应使材料具有各向异性性质。由于这一效应的数学描述比较复杂，一般塑性理论(在本教程)中都忽略它的影响。

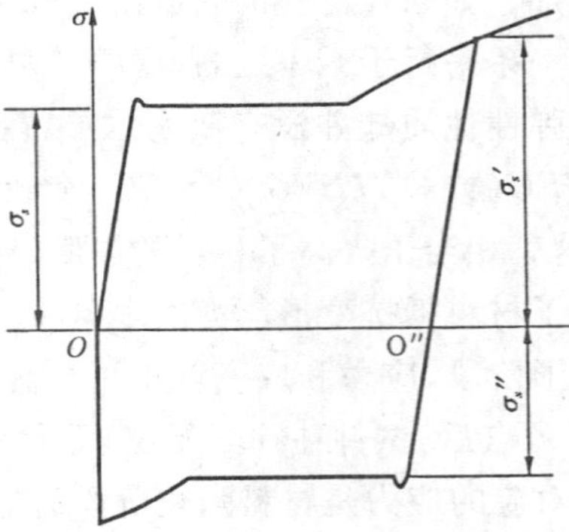

图 4-2

综上所述可知，塑性力学要比弹性力学的理论复杂得多。为研究塑性力学的需要，这里我们在第一章绪论中对固体材料所做基本假设的基础上，再提出以下附加假设，这些附加假设都是建立在一些金属材料的实验基础上的，它们是：

(1)球应力引起了全部体变(即体积改变量)，而不包含畸变(即形状改变量)，体变是弹性的。因此，球应力不影响屈服条件。

(2)偏斜应力引起了全部畸变，而不包括体变，塑性变形仅是由应力偏量引起的。因此，在塑性变形过程中，材料具有不可压缩性(即体积应变为零)。

(3)不考虑时间因素对材料性质的影响，即认为材料是非粘性的。

此外必须指出，上述附加假设的前两条对于一般岩土类材料是不适用的。有关岩土类材料的讨论请见§4-5。

§4-2 弹塑性力学中常用的简化力学模型

不同的固体材料，力学性质各不相同。即便是同一种固体材料，在不同的物理环境和受力状态中，所测得的反映其力学性质的应力应变曲线也各不相同。尽管材料力学性质复杂多变，但仍是有规律可循的，也就是说可将各种反映材料力学性质的应力应变曲线，进行分析归类并加以总结，从而提出相应的变形体力学模型。

对于不同的材料，不同的应用领域，可以采用不同的变形体模型。在确定力学模型时，要特别注意使所选取的力学模型必须符合材料的实际情况，这是非常重要的，因为只有这样才能使计算结果反映结构或构件中的真实应力及应力状态。另一方面要注意所选取的力学模型的数学表达式应足够简单，以便在求解具体问题时，不出现过大的数学上的困难。关于弹塑性力学中常用的简化力学模型分析如下：

(1)理想弹塑性力学模型 当材料进行塑性状态后，具有明显的屈服流动阶段，而强化程度较小。若不考虑材料的强化性质，则可得到如图 4-3 所示理想弹塑性模型，又称为**弹性完全塑性模型**。在图 4-3 中，线段 OA 表示材料处于弹性阶段，线段 AB 表示材料处于塑性阶段，应力可用如下公式求出：

$$\left.\begin{aligned} \sigma &= E\varepsilon, & \text{当 } \varepsilon \leqslant \varepsilon_s \text{ 时} \\ \sigma &= E\varepsilon_s = \sigma_s, & \text{当 } \varepsilon > \varepsilon_s \text{ 时} \end{aligned}\right\} \tag{4-2}$$

由于公式(4-2)只包括了材料常数 E 和 σ_s，故不能描述应力应变曲线的全部特征；又由于在 $\varepsilon = \varepsilon_s$ 处解析式有变化，故给具体计算带来一定困难。这一力学模型抓住了韧性材料的主要特征，因而与实际情况符合得较好。

(2)理想线性强化弹塑性力学模型 当材料有显著强化率，而屈服流动不明显时，可不考

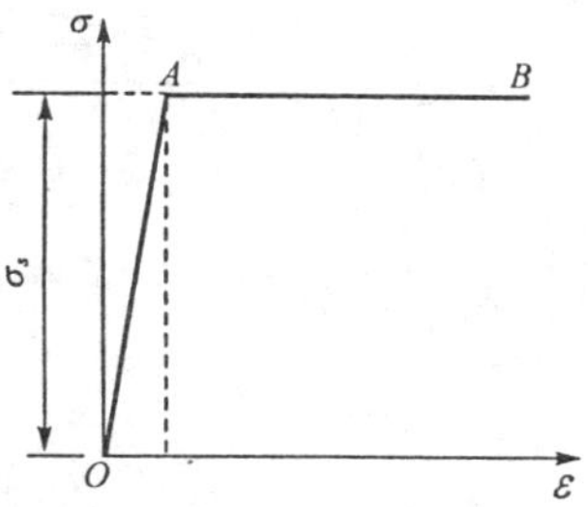

图 4－3

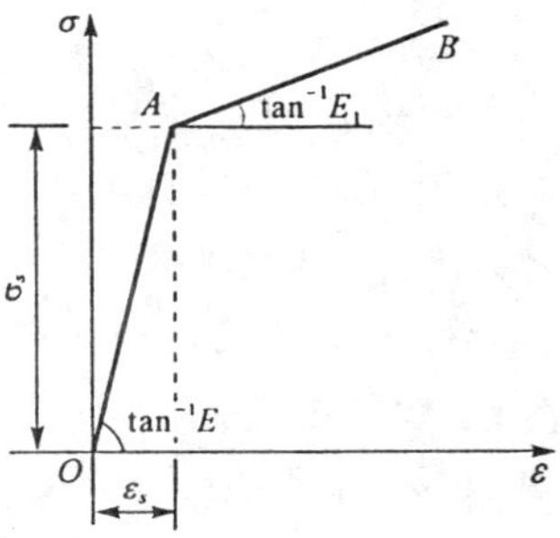

图 4－4

虑材料的塑性流动，而采用如图 4－4 所示线性强化弹塑性力学模型。图中有两条直线，其解析表达式为：

$$\left.\begin{aligned} &\sigma = E\varepsilon, && \text{当 } \varepsilon \leqslant \varepsilon_s \text{ 时} \\ &\sigma = \sigma_s + E_1(\varepsilon - \varepsilon_s), && \text{当 } \varepsilon > \varepsilon_s \text{ 时} \end{aligned}\right\} \qquad (4-3)$$

式中 E 及 E_1 分别表示线段 OA 及 AB 的斜率。具有这种应力应变关系的材料，称为**弹塑性线性强化材料**。由于 OA 和 AB 是两条直线，故有时也称之为**双线性强化模型**。显然，这种模型和理想弹塑性力学模型虽然相差不大，但具体计算却要复杂得多。

在许多实际工程问题中，弹性应变比塑性应变小得多，因而可以忽略弹性应变。于是上述两种力学模型又可简化为理想刚塑性力学模型。

(3)理想刚塑性力学模型　如图 4－5 所示，应力应变关系的数学表达式为：

$$\sigma = \sigma_s, \qquad \text{当 } \varepsilon \geqslant 0 \text{ 时} \qquad (4-4)$$

上式表明在应力到达屈服极限之前，应变为零，这种模型又称为**刚性完全塑性力学模型**，它特别适宜于塑性极限载荷的分析。

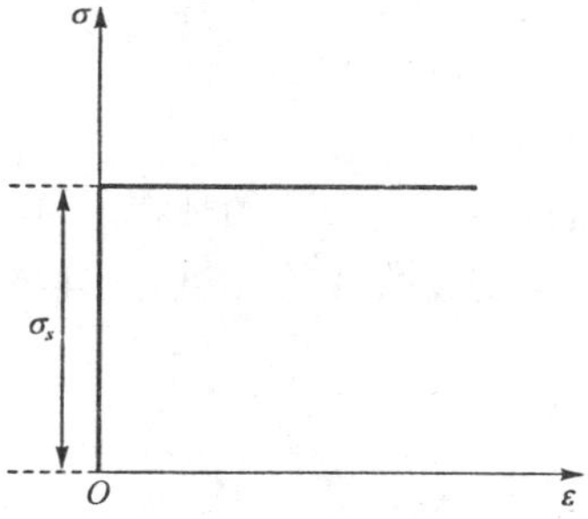

图 4－5

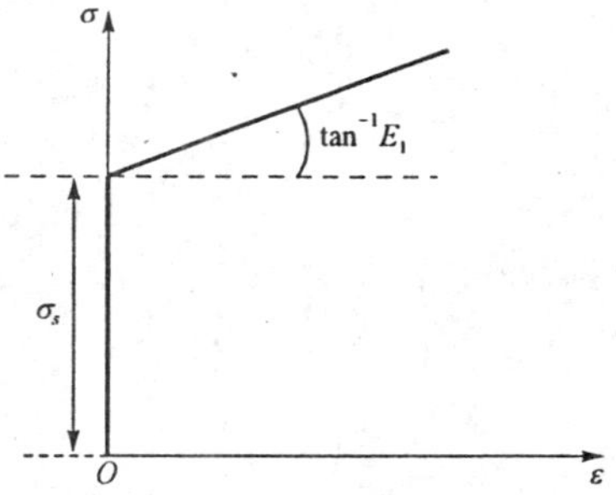

图 4－6

(4)理想线性强化刚塑性力学模型　如图 4－6 所示，其应力应变关系的数学表达式为：

$$\sigma = \sigma_s + E_1\varepsilon, \qquad \text{当 } \varepsilon \geqslant 0 \text{ 时} \qquad (4-5)$$

(5)幂强化力学模型　为了避免在 $\varepsilon = \varepsilon_s$ 处的变化，有时可以采用幂强化力学模型，即取：

$$\sigma = A\varepsilon^n \qquad (4-6)$$

式中 n 为幂强化系数，介于 0 与 1 之间。式(4－6)所代表的曲线(如图 4－7 所示)在 $\varepsilon = 0$ 处与 σ 轴相切，而且有：

$$\left.\begin{aligned}\sigma &= A\varepsilon, \quad \text{当 } n = 1 \text{ 时} \\ \sigma &= A, \quad \text{当 } n = 0 \text{ 时}\end{aligned}\right\} \tag{4-7}$$

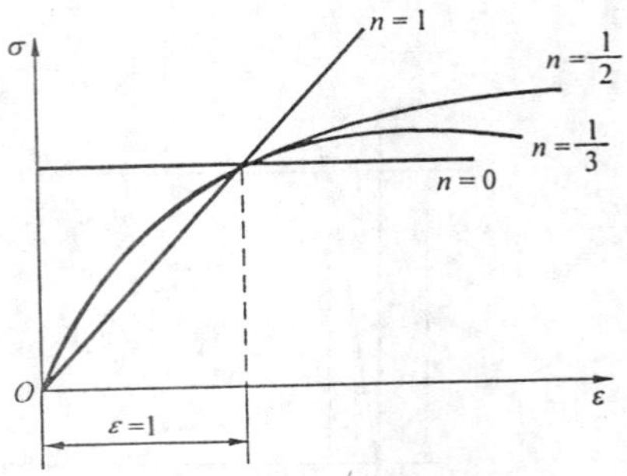

图 4-7

式(4-7)的第一式代表理想弹性模型，若将式中的 A 用弹性模量 E 代替，则为虎克定律式(4-1)；第二式若将 A 用 σ_s 代替，则为理想塑性(或称理想刚塑性)力学模型。通过求解式(4-7)则可得 $\varepsilon=1$，即两条直线在 $\varepsilon=1$ 处相交。由于幂强化模型也只有两个参数 A 和 n，因而也不可能准确地表示材料的所有特征。但由于它的解析式比较简单，而且 n 可以在较大范围内变化，所以也经常被采用。

§4-3 弹性本构方程·弹性应变能函数·弹性常数间的关系

4-3-1 广义虎克定律——弹性本构方程

大量的试验研究结果表明，在许多工程材料的弹性范围内，单向的应力与应变之间存在着线性关系。若取过某点的 x 方向为单轴向力方向，则简单拉(压)时的虎克定律为：$\sigma_x = E\varepsilon_x$。由于这种关系反映出来的材料变形属性，应不随应力状态的不同而变化，因而人们认为，对于各种复杂应力状态也应有性质相同的关系，故可将上述应力应变线性比例关系推广到一般情况，即在弹性变形过程中，任一点的每一应力分量都是六个独立的应变分量的线性函数；反之亦然。这种形式的应力应变关系，称为**广义虎克定律**或**弹性本构方程**①，表达为数学形式则为：

$$\left.\begin{aligned}
\sigma_x &= a_{11}\varepsilon_x + a_{12}\varepsilon_y + a_{13}\varepsilon_z + a_{14}\gamma_{xy} + a_{15}\gamma_{yz} + a_{16}\gamma_{zx} \\
\sigma_y &= a_{21}\varepsilon_x + a_{22}\varepsilon_y + a_{23}\varepsilon_z + a_{24}\gamma_{xy} + a_{25}\gamma_{yz} + a_{26}\gamma_{zx} \\
\sigma_z &= a_{31}\varepsilon_x + a_{32}\varepsilon_y + a_{33}\varepsilon_z + a_{34}\gamma_{xy} + a_{35}\gamma_{yz} + a_{36}\gamma_{zx} \\
\tau_{xy} &= a_{41}\varepsilon_x + a_{42}\varepsilon_y + a_{43}\varepsilon_z + a_{44}\gamma_{xy} + a_{45}\gamma_{yz} + a_{46}\gamma_{zx} \\
\tau_{yz} &= a_{51}\varepsilon_x + a_{52}\varepsilon_y + a_{53}\varepsilon_z + a_{54}\gamma_{xy} + a_{55}\gamma_{yz} + a_{56}\gamma_{zx} \\
\tau_{yx} &= a_{61}\varepsilon_x + a_{62}\varepsilon_y + a_{63}\varepsilon_z + a_{64}\gamma_{xy} + a_{65}\gamma_{yz} + a_{66}\gamma_{zx}
\end{aligned}\right\} \tag{4-8}$$

式中是 $a_{mn}(m、n=1,2,\cdots,6)$ 共 36 个，是材料弹性性质的表征。由均匀性假设知，这种弹性性质应与点的位置坐标无关，于是弹性系数 a_{mn} 都是与位置无关的常数，故称为**弹性常数**。如果采用张量记法，则式(4-8)可缩写为：

$$\sigma_{ij} = a_{ijkl}\varepsilon_{kl} \qquad (i、j、k、l = 1,2,3) \tag{4-9}$$

式(4-9)中的 a_{ijkl} 与式(4-8)中的 a_{mn} 的对应关系如表 4-1 所示。

表 4-1

m,n	1	2	3	4	5	6
ij,kl	11	22	33	12=21	23=32	31=13

例如：$C_{12} = C_{1122}, C_{34} = C_{3312}$ 或 $C_{3321}, \cdots$

① 本构方程有更广的含义。凡介质的应力或应力率与应变或应变率等之间关系的物性方程，统称为本构方程(Constitutive equation)。

现在的问题是：广义虎克定律中的36个弹性常数是否都彼此无关？如果不是，那么在各种情况（如在各向同性体情况等）下，它们之间有什么关系？特别是对各种各向异性材料，它们之间又有什么关系？在回答这些问题之前，我们先引入弹性应变能的概念，并给出在普遍情况下应变能的计算公式。

4－3－2　弹性应变能函数

现设物体在外力作用下处于平衡状态，在物体产生弹性变形的过程中，外力沿其作用线方向的位移上作了功。若对于静载作用下的物体产生弹性变形过程中可以不计能量（包括动能与热量）的损失。于是，根据功能原理可以认为：产生此变形的外力在加载过程中所作的功将以一种能的形式被积累在物体内，此能量称为**弹性应变能**，或称**弹性变形能**，并且物体的弹性应变能在数值上等于外力功。这就是**变形能原理**。若弹性应变能用 U 表示，外力功用 W_e 表示，则有：

$$U = W_e \tag{4-10}$$

在加载过程中，变形体的外力和内力都要作功。在小变形条件下，根据机械能守恒定理，则可认为这一过程中的外力功和内力功（用 W_i 表示）之和为零，也即：

$$W_e + W_i = 0 \tag{4-11}$$

于是有：

$$U = W_e = -W_i \tag{a}$$

因为内力是由于材料对应变的抵抗而产生的，所以在静力加载过程中，内力与形变方向相反，故内力功取负值。

这里所谈的内力实际上就是指物体内的应力，也即一点单元体各微截面上作用的应力。显然，整个物体的内力功，就等于物体内每一点处（单元体）由于变形应力所作的内力功的总和。应当注意到，当我们取物体内一点（单元体）作为研究对象时，则该单元体各微截面上作用的应力，就应视为该单元体的外力了，见图2－12所示，当单元体各边长 dx、dy、dz 因变形都产生有位移分量 δu、δv、δw 时，应力分量 σ_{ij} 和应变分量 ε_{ij} 也应有相应的增量，由此可计算出单元体上应力所作的功。

首先考察单元体上外法线与 x 轴相平行的微截面上拉力（或压力）所作的功，如图4－8(a)所示。当有应变增量 $\delta\varepsilon_x$ 时，则两平行微截面间的相对位移为 $\delta\varepsilon_x dx$ 。略去右侧截面上正应力增量 $\frac{\partial \sigma_x}{\partial x}dx$ 一项（因该项力所作的功为高阶微量），则得单元体 x 方向的拉力（或压力）$\sigma_x dydz$ 所作的功为(b)式第一项。同理可得单元体 y、z 方向上的拉力（或压力）所作的功为(b)式后两项：

$$\sigma_x\delta\varepsilon_x dxdydz \quad ; \quad \sigma_y\delta\varepsilon_y dxdydz \quad ; \quad \sigma_z\delta\varepsilon_z dxdydz \tag{b}$$

再考察单元体 xOy 平面内剪力在剪变形上所作的功。如图4－8(b)所示，当有剪应变增量 $\delta\gamma_{xy}$ 时，同理略去剪应力增量 $\frac{\partial \tau_{xy}}{\partial x}dx$ ，单元体两侧面上作用的剪力 $\tau_{xy}dydz$ 组成力偶 $\tau_{xy}dydzdx$ ，则该力偶所作的功为式(c)第一项。同理再考察单元体 yOz 或 zOx 截面上剪力作的功，可得式(c)后两项：

$$\tau_{xy}\delta\gamma_{xy} dxdydz \quad ; \quad \tau_{yz}\delta\gamma_{yz} dxdydz \quad ; \quad \tau_{zx}\delta\gamma_{zx} dxdydz \tag{c}$$

综上所述，物体内一点单元体各微截面上的全部外力在微小变形增量上所作的功为：

$$(\sigma_x\delta\varepsilon_x + \sigma_y\delta\varepsilon_y + \sigma_z\delta\varepsilon_z + \tau_{xy}\delta\gamma_{xy} + \tau_{yz}\delta\gamma_{yz} + \tau_{zx}\delta\gamma_{zx})dxdydz \tag{d}$$

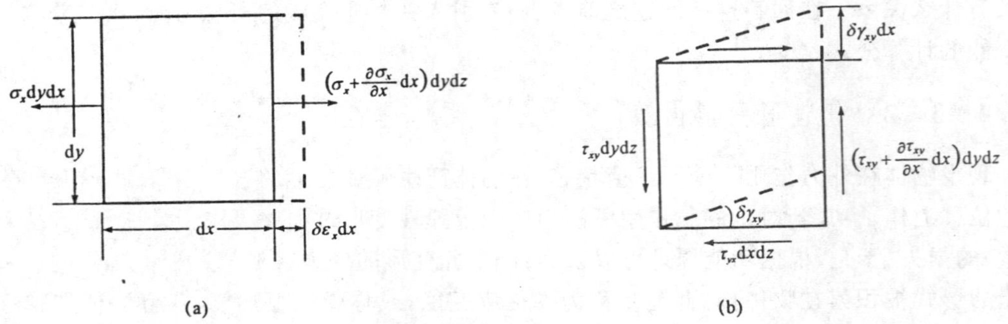

图 4-8

考虑到 $\mathrm{d}x\mathrm{d}y\mathrm{d}z$ 是单元体的体积，因此单元体中单位体积内外力在微小应变增量上所作的功为：

$$\delta A = \sigma_x\delta\varepsilon_x + \sigma_y\delta\varepsilon_y + \sigma_z\delta\varepsilon_z + \tau_{xy}\delta\gamma_{xy} + \tau_{yz}\delta\gamma_{yz} + \tau_{zx}\delta\gamma_{zx} \tag{4-12}$$

根据外力功与应变能的关系，单位体积内外力在微小应变增量上所作的功应等于单位体积内应变能的全部增量 δU_0，即：

$$\delta U_0 = \delta A = \sigma_x\delta\varepsilon_x + \sigma_y\delta\varepsilon_y + \sigma_z\delta\varepsilon_z + \tau_{xy}\delta\gamma_{xy} + \tau_{yz}\delta\gamma_{yz} + \tau_{zx}\delta\gamma_{zx} = \sigma_{ij}\delta\varepsilon_{ij} \tag{4-13}$$

从零应变状态到达某一应变状态 ε_{ij} 的过程中，积累在弹性体单位体积内的应变能，称为**应变能密度或应变比能**，记为 U_0，则为：

$$U_0 = \int_0^{\varepsilon_{ij}}\delta U_0 = \int_0^{\varepsilon_{ij}}\sigma_{ij}\delta\varepsilon_{ij} \tag{4-14}$$

于是整个弹性体内的应变能为：

$$U = \int_V U_0\mathrm{d}V = \int_V\int_0^{\varepsilon_{ij}}\delta U_0\mathrm{d}V = \int_V\int_0^{\varepsilon_{ij}}\sigma_{ij}\delta\varepsilon_{ij}\mathrm{d}V \tag{4-15}$$

由式(4-13)知，δU_0 是单位体积应变能增量，因而由式(4-14)知应变比能 U_0 是应变状态的函数，即：

$$U_0 = U_0(\varepsilon_x, \varepsilon_y, \varepsilon_z, \gamma_{xy}, \gamma_{yz}, \gamma_{zx}) \tag{4-16}$$

则可表示为函数的全微分，也即：

$$\delta U_0 = \frac{\partial U_0}{\partial\varepsilon_x}\delta\varepsilon_x + \frac{\partial U_0}{\partial\varepsilon_y}\delta\varepsilon_y + \frac{\partial U_0}{\partial\varepsilon_z}\delta\varepsilon_z + \frac{\partial U_0}{\partial\gamma_{xy}}\delta\gamma_{xy} + \frac{\partial U_0}{\partial\gamma_{yz}}\delta\gamma_{yz} + \frac{\partial U_0}{\partial\gamma_{zx}}\delta\gamma_{zx} \tag{4-17}$$

与式(4-13)相比较，即得：

$$\left.\begin{array}{lll} \sigma_x = \dfrac{\partial U_0}{\partial\varepsilon_x}, & \sigma_y = \dfrac{\partial U_0}{\partial\varepsilon_y}, & \sigma_z = \dfrac{\partial U_0}{\partial\varepsilon_z} \\ \tau_{xy} = \dfrac{\partial U_0}{\partial\gamma_{xy}}, & \tau_{yz} = \dfrac{\partial U_0}{\partial\gamma_{yz}}, & \tau_{zx} = \dfrac{\partial U_0}{\partial\gamma_{zx}} \end{array}\right\} \tag{4-18}$$

函数 U_0 称为**弹性应变比能函数或弹性势**。此式表明，应力分量等于弹性应变比能函数对相应的应变分量求一阶偏导数，且该式适用于一般弹性体，可缩记为：

$$\sigma_{ij} = \frac{\partial U_0(\varepsilon_{ij})}{\partial\varepsilon_{ij}} \tag{4-19}$$

4-3-3 弹性常数间的关系

现在我们来回答前面提出的问题，即式(4-8)中的 36 个弹性常数之间有什么关系？我们先从最复杂的情况开始，逐个加以讨论。

1　极端各向异性体

如果在物体内的任一点，沿任何两个不同方向上的弹性性质都互不相同时，则称该物体为**极端各向异性体**。在实际工程材料中，这种情况虽然很少见到，但其 36 个弹性常数之间也存在有某些内在联系。

现将式(4－8)中第一式对 ε_y 求偏导，第二式对 ε_x 求偏导，则有：

$$\frac{\partial \sigma_x}{\partial \varepsilon_y}=a_{12} \quad ; \qquad \frac{\partial \sigma_y}{\partial \varepsilon_x}=a_{21} \tag{e}$$

根据式(4－18)的结论有：

$$\frac{\partial \sigma_x}{\partial \varepsilon_y}=\frac{\partial^2 U_0}{\partial \varepsilon_x \partial \varepsilon_y} \quad ; \qquad \frac{\partial \sigma_y}{\partial \varepsilon_x}=\frac{\partial^2 U_0}{\partial \varepsilon_y \partial \varepsilon_x} \tag{f}$$

由于应变比能 U_0 是应变分量的连续函数，故式(f)中两式应相等，联系式(e)得：$a_{12}=a_{21}$。同理可证明 36 个弹性常数之间存在有以下关系：

$$a_{mn}=a_{nm} \qquad (m、n=1,2,\cdots,6) \tag{4-20}$$

因此，可知这 36 个弹性常数中，对极端各向异性体，独立的弹性常数只有 21 个。于是极端各向异性体从零应变状态到应变状态为 ε_{ij} 的过程中，积累在单位体积内的应变能为：

$$\begin{aligned} U_0=\ & \frac{1}{2}a_{11}\varepsilon_x^2+a_{12}\varepsilon_x\varepsilon_y+a_{13}\varepsilon_x\varepsilon_z+a_{14}\varepsilon_x\gamma_{xy}+a_{15}\varepsilon_x\gamma_{yz}+a_{16}\varepsilon_x\gamma_{zx} \\ & +\frac{1}{2}a_{22}\varepsilon_y^2+a_{23}\varepsilon_y\varepsilon_z+a_{24}\varepsilon_y\gamma_{xy}+a_{25}\varepsilon_y\gamma_{yz}+a_{26}\varepsilon_y\gamma_{zx} \\ & +\frac{1}{2}a_{33}\varepsilon_z^2+a_{34}\varepsilon_z\gamma_{xy}+a_{35}\varepsilon_z\gamma_{yz}+a_{36}\varepsilon_z\gamma_{zx} \\ & +\frac{1}{2}a_{44}\gamma_{xy}^2+a_{45}\gamma_{xy}\gamma_{yz}+a_{46}\gamma_{xy}\gamma_{zx} \\ & +\frac{1}{2}a_{55}\gamma_{yz}^2+a_{56}\gamma_{yz}\gamma_{zx} \\ & +\frac{1}{2}a_{66}\gamma_{zx}^2 \end{aligned} \tag{4-21}$$

注意上式中不带系数 $\frac{1}{2}$ 的项均为合并项。

2　正交各向异性体

如果在物体内的每一点都有三个互相正交的弹性对称面，在每个面两边的对称方向上弹性相同，但在这三个方向上弹性各不相同。这种物体就称为**正交各向异性体**。例如工程上常见的双向配筋不同的钢筋混凝土构件、木材以及煤岩等。

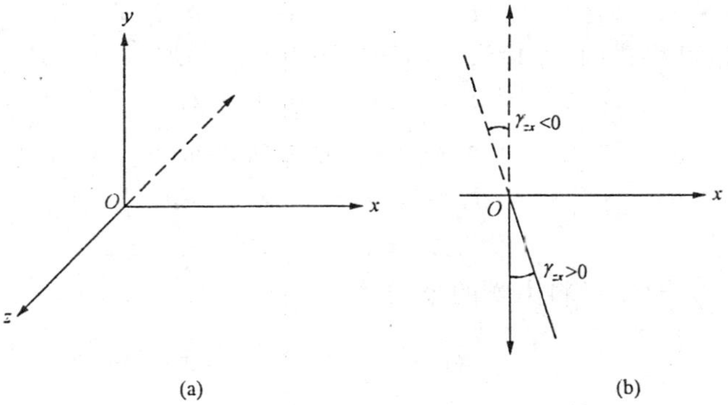

图 4－9

若取 x、y 轴在一弹性对称面内，则 z 轴颠倒方向时，如图 4－9(a)所示，由于 xOy 平面两侧弹性相同，由式(4－21)所得的 U_0 值应不变，因为 U_0 只取决于弹性常数和最终的应变状态，同坐标系的选择无关。因此，只要 xOy 平面两边弹性相同，变形结果也相同。而 U_0 的数值与 z 轴怎样设取无关。于是对于弹性体应有：

$$\left.\begin{aligned} a_{15} = a_{16} = a_{25} = a_{26} = 0 \\ a_{35} = a_{36} = a_{45} = a_{46} = 0 \end{aligned}\right\} \tag{g}$$

若同理再讨论另两个弹性对称平面，则在式(g)所得结果基础上，还应有：

$$a_{14} = a_{24} = a_{34} = a_{56} = 0 \tag{h}$$

因此，对于正交各向异性体，独立的物性参数只剩下 9 个。则由式(4-8)得正交各向异性体的应力应变关系为：

$$\left.\begin{aligned} &\sigma_x = a_{11}\varepsilon_x + a_{12}\varepsilon_y + a_{13}\varepsilon_z \\ &\sigma_y = a_{21}\varepsilon_x + a_{22}\varepsilon_y + a_{23}\varepsilon_z \\ &\sigma_z = a_{31}\varepsilon_x + a_{32}\varepsilon_y + a_{33}\varepsilon_z \\ &\tau_{xy} = a_{44}\gamma_{xy};\quad \tau_{yz} = a_{55}\gamma_{yz};\quad \tau_{zx} = a_{66}\gamma_{zx} \end{aligned}\right\} \tag{4-22}$$

应变比能为：

$$\begin{aligned} U_0 = &\frac{1}{2}a_{11}\varepsilon_x^2 + a_{12}\varepsilon_x\varepsilon_y + a_{13}\varepsilon_x\varepsilon_z + \frac{1}{2}a_{22}\varepsilon_y^2 + a_{23}\varepsilon_y\varepsilon_z + \frac{1}{2}a_{33}\varepsilon_z^2 \\ &+ \frac{1}{2}a_{44}\gamma_{xy}^2 + \frac{1}{2}a_{55}\gamma_{yz}^2 + \frac{1}{2}a_{66}\gamma_{zx}^2 \end{aligned} \tag{4-23}$$

从以上讨论可以看出，如果所设的 x、y、z 轴恰在应变的主方向上，则有 $\gamma_{xy} = \gamma_{yz} = \gamma_{zx} = 0$，同时由式(4-22)可得 $\tau_{xy} = \tau_{yz} = \tau_{zx} = 0$，即所设 x、y、z 方向也恰是应力的主方向。因此结论是：只要是正交各向异性体，其应变主方向与应力主方向相重合。至于下面将讨论的横观各向同性体和各向同性体，则更是如此。

3　横观各向同性体

有一类正交各向异性体，其特点是在平行于某一平面的所有各个方向(即所谓横向)都具有相同的弹性，我们将这类正交异性体称为**横观各向同性体**。许多成层的岩石就属于这一类。

现把 y 轴设在纵向，而 z、x 轴设在上述平面内的横向。由于 xOz 平面内的任意方向弹性都相同，因此把原有的 ε_x 和 ε_z 的数值对调，对 U_0 应无影响。同样把 γ_{xy} 与 γ_{zy} 的数值对调，对 U_0 也应该无影响。于是对照式(4-22)可知：

$$a_{11} = a_{33}. ,\qquad a_{21} = a_{23} ,\qquad a_{44} = a_{55} \tag{i}$$

则相应的应力应变关系为：

$$\left.\begin{aligned} &\sigma_x = a_{11}\varepsilon_x + a_{12}\varepsilon_y + a_{13}\varepsilon_z \\ &\sigma_y = a_{21}\varepsilon_x + a_{22}\varepsilon_y + a_{21}\varepsilon_z \\ &\sigma_z = a_{31}\varepsilon_x + a_{21}\varepsilon_y + a_{11}\varepsilon_z \\ &\tau_{xy} = a_{44}\gamma_{xy};\quad \tau_{yz} = a_{44}\gamma_{yz};\quad \tau_{zx} = a_{66}\gamma_{zx}; \end{aligned}\right\} \tag{4-24}$$

也可将式(4-24)改为用应力表示应变的形式：

$$\left.\begin{aligned} &\varepsilon_x = c_{11}\sigma_x + c_{12}\sigma_y + c_{13}\sigma_z \\ &\varepsilon_y = c_{21}\sigma_x + c_{22}\sigma_y + c_{21}\sigma_z \\ &\varepsilon_z = c_{31}\sigma_x + c_{21}\sigma_y + c_{11}\sigma_z \\ &\gamma_{xy} = c_{44}\tau_{xy};\quad \gamma_{yz} = c_{44}\tau_{yz};\quad \gamma_{zx} = c_{66}\tau_{zx}; \end{aligned}\right\} \tag{4-25}$$

对比材料力学的公式，令：

$$\left.\begin{aligned} &c_{11} = \frac{1}{E_1};\quad c_{22} = \frac{1}{E_2};\quad c_{13} = -\frac{\mu_1}{E_1} \\ &c_{21} = -\frac{\mu_2}{E_2};\quad c_{44} = \frac{1}{G_2};\quad c_{66} = \frac{1}{G_1} \end{aligned}\right\} \tag{j}$$

则式(4-25)可写成：

$$\left.\begin{aligned}
\varepsilon_x &= \frac{1}{E_1}\sigma_x - \frac{\mu_2}{E_2}\sigma_y - \frac{\mu_1}{E_1}\sigma_z \\
\varepsilon_y &= -\frac{\mu_2}{E_2}\sigma_x + \frac{1}{E_2}\sigma_y - \frac{\mu_2}{E_2}\sigma_z \\
\varepsilon_z &= -\frac{\mu_1}{E_1}\sigma_x - \frac{\mu_2}{E_2}\sigma_y + \frac{1}{E_1}\sigma_z \\
\gamma_{xy} &= \frac{1}{G_2}\tau_{xy}\ ;\quad \gamma_{yz} = \frac{1}{G_2}\tau_{yz}\ ;\quad \gamma_{zx} = \frac{1}{G_1}\tau_{zx}\ .
\end{aligned}\right\} \tag{4-26}$$

由于在 xOy 平面内各向同性，故由材料力学的证明知：

$$G_1 = \frac{E_1}{2(1+\mu_1)} \tag{4-27}$$

因此，对于横观各向同性体，独立的弹性常数只有 5 个，它们是：E_1、E_2、μ_1、μ_2、G_2 。

若将式(4-24)中的各系数代入式(4-21)中，则可得横观各向同性体的弹性应变比能表达式。

4　各向同性体

若在物体内的任一点，沿任何方向的物性都相同，则称为**各向同性体**。例如许多金属材料、水泥，以及许多岩石材料等。联系上面对横观各向同性体的讨论可知，对于各向同性体来说，现在不仅在 xOz 平面内各方向弹性相同，而且在空间任何方向上的弹性都相同。采用上面同样的方法可证明：

$$a_{11} = a_{22} = a_{33};\quad a_{12} = a_{13} = a_{23};\quad a_{44} = a_{55} = a_{66} \tag{k}$$

由于是各向同性，故在式(4-26)中令：

$$E_1 = E_2 = E;\qquad \mu_1 = \mu_2 = \mu;\qquad G_1 = G_2 = G \tag{l}$$

于是各向同性体的应力应变关系为：

$$\left.\begin{aligned}
\varepsilon_x &= \frac{1}{E}[\sigma_x - \mu(\sigma_y + \sigma_z)];\qquad \gamma_{xy} = \frac{1}{G}\tau_{xy} \\
\varepsilon_y &= \frac{1}{E}[\sigma_y - \mu(\sigma_z + \sigma_x)];\qquad \gamma_{yz} = \frac{1}{G}\tau_{yz} \\
\varepsilon_z &= \frac{1}{E}[\sigma_z - \mu(\sigma_x + \sigma_y)];\qquad \gamma_{zx} = \frac{1}{G}\tau_{zx}
\end{aligned}\right\} \tag{4-28}$$

式(4-28)可缩写为：

$$\varepsilon_{ij} = \frac{1+\mu}{E}\sigma_{ij} - \frac{\mu}{E}\Theta\delta_{ij} \tag{4-29}$$

式(4-29)中令 $\Theta = \sigma_{ii} = \sigma_x + \sigma_y + \sigma_z = \sigma_1 + \sigma_2 + \sigma_3 = I_1$ 。材料力学中已证明了：

$$G = \frac{E}{2(1+\mu)} \tag{4-30}$$

上式中 G 就是工程中使用的**剪切弹性模量**，E 称为**杨氏弹性模量**，μ 称为**泊松(Poisson)比**。式(4-28)也可改写为用应变表示应力的形式：

$$\left.\begin{aligned}
\sigma_x &= \frac{\mu E}{(1+\mu)(1-2\mu)}(\varepsilon_x + \varepsilon_y + \varepsilon_z) + 2G\varepsilon_x \\
\sigma_y &= \frac{\mu E}{(1+\mu)(1-2\mu)}(\varepsilon_x + \varepsilon_y + \varepsilon_z) + 2G\varepsilon_y \\
\sigma_z &= \frac{\mu E}{(1+\mu)(1-2\mu)}(\varepsilon_x + \varepsilon_y + \varepsilon_z) + 2G\varepsilon_z \\
\tau_{xy} &= G\gamma_{xy};\qquad \tau_{yz} = G\gamma_{yz};\qquad \tau_{zx} = G\gamma_{zx}
\end{aligned}\right\} \tag{4-31}$$

若令：

$$\lambda = \frac{\mu E}{(1+\mu)(1-2\mu)} \tag{4-32}$$

上式中的 λ 称为拉梅(Lame)常数。已知体积应变 $\theta = \varepsilon_x + \varepsilon_y + \varepsilon_z$，则上式可写为：

$$\left.\begin{aligned} \sigma_x &= \lambda\theta + 2G\varepsilon_x; \quad & \tau_{xy} &= G\gamma_{xy} \\ \sigma_y &= \lambda\theta + 2G\varepsilon_y; \quad & \tau_{yz} &= G\gamma_{yz} \\ \sigma_z &= \lambda\theta + 2G\varepsilon_z; \quad & \tau_{zx} &= G\gamma_{zx} \end{aligned}\right\} \tag{4-33}$$

若将式(4-31)中各弹性系数代入式(4-23)，即可得各向同性体的应变比能为：

$$\begin{aligned} U_0 &= \frac{\lambda}{2}(\varepsilon_x + \varepsilon_y + \varepsilon_z)^2 + G(\varepsilon_x^2 + \varepsilon_y^2 + \varepsilon_z^2) + \frac{G}{2}(\gamma_{xy}^2 + \gamma_{yz}^2 + \gamma_{zx}^2) \\ &= \frac{\lambda}{2}(\varepsilon_1 + \varepsilon_2 + \varepsilon_3)^2 + G(\varepsilon_1^2 + \varepsilon_2^2 + \varepsilon_3^2) \end{aligned} \tag{4-34}$$

综上所述，对于各向同性弹性体，弹性常数只有三个，分别是 E、G、μ，由式(4-30)知，独立的弹性常数只有两个，通常选用杨氏弹性模量 E 和泊松比 μ。

若将式(4-28)左边三式相加，则得：

$$\theta = \frac{1-2\mu}{E}\Theta \tag{4-35}$$

于是由平均应力 $\sigma_m = \frac{1}{3}(\sigma_x + \sigma_y + \sigma_z) = \frac{\Theta}{3}$，平均应变 $\varepsilon_m = \frac{1}{3}(\varepsilon_x + \varepsilon_y + \varepsilon_z) = \frac{\theta}{3}$，则得：

$$\varepsilon_m = \frac{1-2\mu}{E}\sigma_m \tag{4-36}$$

若令：

$$K = \frac{E}{3(1-2\mu)} \tag{4-37}$$

则式(4-36)变为：

$$\sigma_m = 3K\varepsilon_m = K\theta \tag{m}$$

式(m)反映了球应力与体积应变的比例关系，式中 K 称为体积弹性模量。再由式(4-29)得：

$$\varepsilon_{ij} = \varepsilon_m\delta_{ij} + e_{ij} = \frac{1+\mu}{E}(\sigma_m\delta_{ij} + S_{ij}) - \frac{3\mu}{E}\sigma_m\delta_{ij} \tag{n}$$

又应用式(4-36)，并加以整理得：

$$e_{ij} = \left[-\frac{1-2\mu}{E}\sigma_m\delta_{ij} + \frac{1+\mu}{E}\sigma_m\delta_{ij} - \frac{3\mu}{E}\sigma_m\delta_{ij}\right] + \frac{1+\mu}{E}S_{ij} \tag{o}$$

显然式(n)方括号项为零，于是得：

$$S_{ij} = 2Ge_{ij} \tag{p}$$

式(p)表明应力偏量与应变偏量成正比。我们注意到第一偏应力不变量 $J_1 = S_{ii} = 0$，因此式(p)中只有5个方程是独立的，必须与式(m)联立，才构成与广义虎克定律式(4-28)或式(4-33)等价的应力应变关系式。于是，关于各向同性体的用球应力和偏应力表示的广义虎克定律为：

$$\sigma_m = 3K\varepsilon_m \quad ; \qquad S_{ij} = 2Ge_{ij} \tag{4-38}$$

若从式(4-30)和式(4-32)求出 μ 和 E，则可得：

$$\mu = \frac{\lambda}{2(\lambda + G)} \quad ; \qquad E = \frac{G(3\lambda + 2G)}{\lambda + G} \tag{4-39}$$

根据材料力学实验知：

$$E > 0 \quad , \quad 0 < \mu < \frac{1}{2} \quad , \qquad 故有\ G > 0 \quad , \qquad \lambda > 0 \tag{q}$$

于是由式(4-34)得到 $U_0 > 0$。这表明，对于各向同性材料，应变能函数 U_0 恒为正值。

例 4-1 将一橡皮方块放入与它等体积的铁盒内，在上面用铁盖封闭，使铁盖承受均匀压力 p，如图 4-10 所示。假设把铁盖和铁盒视为刚体，且不计橡皮与铁之间的摩擦。试求：

(1)铁盒内侧面所受的压力 q 以及橡皮块的体积应变 θ；

(2)若将橡皮换成刚体或不可压缩体时，其体积应变将有什么变化。

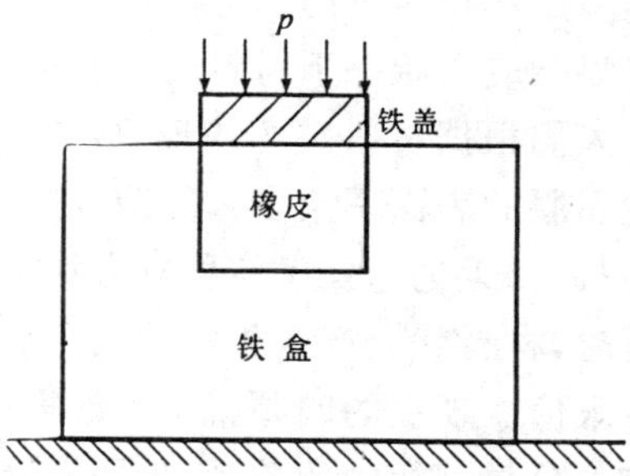

图 4-10

解 取 xyz 坐标系的 z 方向与压力 p 方向一致，则有：

$$\sigma_x = \sigma_y = -q, \qquad \sigma_z = -p$$

因 $\varepsilon_x = \varepsilon_y = 0$，故得到侧向压力 q 为：

$$q = \frac{\mu}{1-\mu}p$$

体积应变为：

$$\theta = \varepsilon_x + \varepsilon_y + \varepsilon_z = \frac{1}{E}[\sigma_z - \mu(\sigma_x + \sigma_y)] = -\frac{(1+\mu)(1-2\mu)}{E(1-\mu)}p$$

当换成刚体时，$E \to \infty$，因此 $\theta = 0$；当换成不可压缩体时，$\mu = \frac{1}{2}$，因此，$\theta = 0$。

§4-4 屈服函数·主应力空间·常用屈服条件

4-4-1 屈服函数与应力空间

由本章中关于材料弹性变形和塑性变形的讨论及其特点的总结可看出，塑性应力应变关系比弹性应力应变关系要复杂得多。并且我们必须要做的一项工作就是首先要判断材料是处于弹性状态还是已经进入到塑性状态，而进行这一判断所依据的准则，就称为**屈服条件**，又称**塑性条件**。当材料处于单向拉伸(或压缩)应力状态时，我们通过简单的试验(如图 4-1 所示)就可使这一问题容易地得到解决：当应力小于屈服极限 σ_s 时，材料处于弹性状态，当达到屈服极限 σ_s 时，便认为材料已进入塑性状态。即便是对那些应力应变曲线上弹塑性分界不明显的材料，通常将对应于塑性应变为 $\varepsilon_s=0.2\%$ 时的应力 $\sigma_{0.2}$ 作为屈服极限来判明，如图 4-11 所示。但是，当材料一旦处于复杂应力状态时，问题就不那么简单了。因为一点的应力状态通常是由六个应力分量所共同确定，因而不能简单地选择其中某一个应力分量的数值来作为判断材料是否进入塑性状态的标准，而是应该考虑到所有这些应力分量对材料进入塑性状态的贡献。当然，也不能采用只根据不同的应力状态进行试验的方法来确定材料的屈服条件。因为要进行次数如此可观

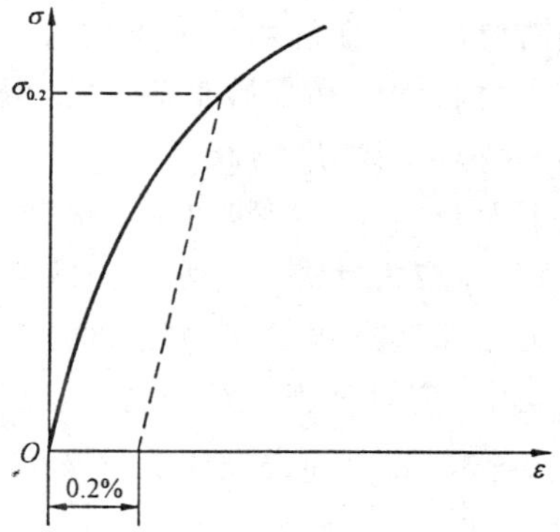

图 4-11

的实验是不切实际的，并且所需实验设备和实验方法也较复杂，甚至是目前根本做不到的。那么在复杂应力状态下材料的屈服条件如何确立呢？

人们根据材料破坏的现象，总结材料破坏的规律，逐渐认识到：不管固体材料产生断裂或塑性屈服的表面现象多么复杂，对应某种破坏形式都具有共同的某一决定强度的因素。对于同一种材料，无论它处于何种应力状态，当导致它产生某种破坏的这一共同的因素达到某一个极限值时，材料就会产生相应的破坏。因此，我们可以通过材料的简单力学试验来确定这个因素的极限值。现在的问题就是考虑根据简单受力状态的试验结果去建立同复杂应力状态下所有的应力分量都相关的关系，也即屈服条件。

在一般情况下，屈服条件与所考虑的应力状态有关，或者说，屈服条件是该点六个独立的应力分量的函数，即为：

$$f(\sigma_{ij}) = 0 \tag{4-40}$$

$f(\sigma_{ij})$ 称为**屈服函数**。式(4-40)表示在一个六维应力空间内的超曲面。所谓**六维应力空间**是以六个应力分量 σ_x,σ_y，…的全体所构成的抽象空间。因为由六个应力分量组成，所以称它为六维应力空间。空间内的任一点都代表一个确定的应力状态。$f(\sigma_{ij})$ 是这个空间内的一个曲面。因为它不同于普通的几何空间内的曲面，所以称为**超曲面**。该曲面上的任意一点(称为**应力点**)都表示一个屈服应力状态，所以又称**屈服面**。例如，在单向拉伸时，屈服应力 σ_s 应在屈服面上，如用六维应力空间来描述，则该点应为超曲面上的一个点，且该点坐标为(σ_s，0，0，0，0，0)。

对于各向同性材料来说，坐标轴的转动不应当影响材料的屈服①。而一点的应力状态可用该点的主单元体来表示，因此可以取三个应力主轴为坐标轴。此时，屈服函数式(4-40)可改写为：

$$f(\sigma_1,\sigma_2,\sigma_3) = 0 \tag{4-41}$$

前面曾经谈到，球形应力状态只引起弹性体积变化，而不影响材料的屈服。所以，可以认为屈服函数中只包含应力偏量，即：

$$f(S_{ij}) = 0 \tag{4-42}$$

这样一来，屈服函数就转化为用应力偏量表示的函数，而且可以在主应力 σ_1、σ_2、σ_3 所构成的空间，即**主应力空间**来讨论。主应力空间是一个三维空间，物体中任意一点的应力状态都可以用主应力空间中相应点的坐标矢量来表示，如图 4-12 所示。因此，我们在这一主应力空间内可以形象地给出屈服函数的几何图象，而直观的几何图形将有助于我们对屈服面的认识。

需要说明，在静水压力不太大的情况下，静水压力不影响材料的塑性性质这一假设，对许多金属材料和饱和土质是适用的，但对于岩土一类材料，这一假定并不符合实际，这时就应对式(4-42)进行相应的修正。

下面介绍几种特殊的应力状态在主应力空间中的轨迹：

1　球应力状态或静水应力状态

关于球应力状态，应力偏量为零，即 $S_1 = S_2 = S_3 = 0$，且 $\sigma_1 = \sigma_2 = \sigma_3 = \sigma_m$。显然在主应力空间中，它的轨迹是经过坐标原点并与 σ_1、σ_2、σ_3 三坐标轴夹角相同的等倾斜直线 On，如图 4-12 所示，其方向余弦为 $l_1 = l_2 = l_3 = 1/\sqrt{3}$。$On$ 直线的方程式为：

$$\sigma_1 = \sigma_2 = \sigma_3 = \sigma_m \tag{a}$$

---

① 原来的各向同性材料，屈服后可能会出现各向异性的性质。这里讨论的是材料的初始屈服状态。

On 直线上各点所对应的应力状态是取不同的 σ_m 值的球应力状态。

2 平均应力为零

平均应力为零，即 $\sigma_m = 0$，应力偏量 S_{ij} 不等于零。在主应力空间中，它的轨迹是一个平面，该平面通过坐标原点并与 On 直线相垂直，也即过原点与坐标平面成等倾斜的平面，我们称它为 π **平面**（图 4-12）。其方程式为：

$$\sigma_1 + \sigma_2 + \sigma_3 = 0 \tag{b}$$

设在主应力空间中，任一点的坐标矢量用 $\overrightarrow{OP}$ 来表示，如图 4-12 所示，它可以分解为在直线 On 方向上的分量 $\overrightarrow{ON}$ 和在 π 平面上的一个分量（即相当于 $\overrightarrow{NP}$）。这就等于把应力张量 σ_{ij} 分解为球应力张量 $\sigma_m\delta_{ij}$ 和偏应力张量 S_{ij}。如果我们所研究的问题希望排除球张量而着重考虑偏张量，那么在主应力空间中，我们只需要分析应力矢量在 π 平面上的投影就可以了。

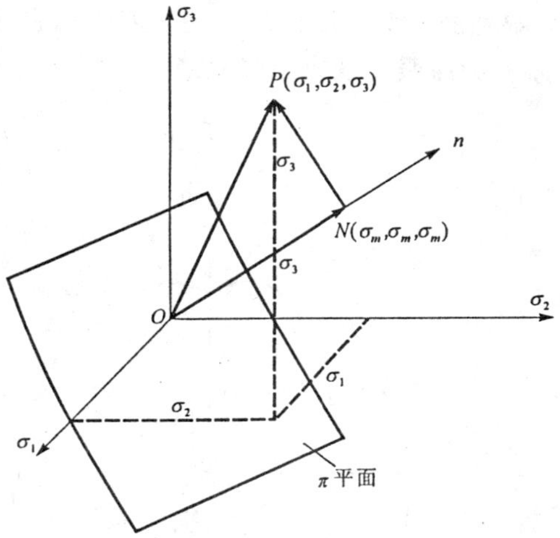

图 4-12

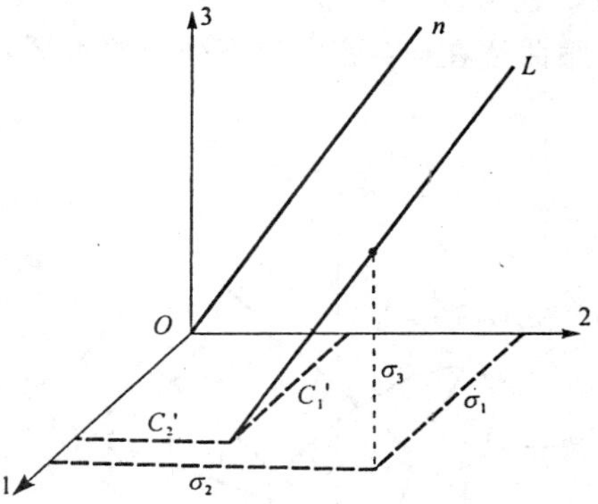

图 4-13

3 应力偏量为常量

应力偏量为常量，即 $S_1=C_1, S_2=C_2, S_3=C_3$，（$C_1$、$C_2$、$C_3$ 为常数）。这时，$\sigma_1-C_1=\sigma_2-C_2=\sigma_3-C_3=\sigma_m$，它在主应力空间中的轨迹是与 On 线平行但不经过坐标原点的直线 L，如图 4-13 所示。其方程为：

$$\sigma_1 - C_1 = \sigma_2 - C_2 = \sigma_3 - C_3 = \sigma_m \tag{c}$$

或写为：

$$\sigma_1 - C'_1 = \sigma_2 - C'_2 = \sigma_3 \tag{d}$$

式(d)中 $C'_1 = C_1 - C_3, C'_2 = C_2 - C_3$。显然，直线 L 上各点对应的应力状态具有相同的偏张量，即：

$$S_{ij} = \begin{bmatrix} C_1 & 0 & 0 \\ 0 & C_2 & 0 \\ 0 & 0 & C_3 \end{bmatrix} \tag{e}$$

4 平均应力为常量

平均应力为常量，即 $\sigma_1 + \sigma_2 + \sigma_3 = C$（$C$ 为常量）。其在主应力空间的轨迹为一个与 On 直线正交但不通过坐标原点的平面。显然该平面与 π 平面平行。其方程为：

$$\sigma_1 + \sigma_2 + \sigma_3 = \sqrt{3}\,d \tag{f}$$

式(f)中的 d 为该平面与 π 平面间的距离。显然，该平面上的各点所对应的应力状态具有相同的球张量 $\frac{\sqrt{3}}{3}d\delta_{ij}$ 。

我们知道，当应力 σ_{ij} 较小时，材料处于弹性状态。这就是说，在主应力空间中，围绕着坐标原点有一个弹性变形区域。在这个区域内，应力的无限小增量 $d\sigma_{ij}$ 不会引起塑性变形。当应力增大到一定程度，材料便进入了塑性状态，这时应力的增量 $d\sigma_{ij}$ 就将引起塑性变形(或使塑性变形发生变化)。因此，我们可以设想：在主应力空间中，坐标原点附近的弹性区是被塑性区包围着的，若仅从 π 平面上来看，弹性区与塑性区的分界为一条曲线，而在主应力空间中，弹性区与塑性区的分界则为一曲面，该曲面就称为**屈服面**。它是屈服条件式(4－41)在主应力空间中的轨迹。屈服面的概念是拉伸(或压缩)应力应变曲线的屈服极限概念的推广。

若我们认为球应力(静水压力)状态不影响材料的屈服，则上述屈服面必定是一个与坐标轴呈等倾斜的柱体表面，其母线垂直于 π 平面。显然我们对屈服面的讨论只需研究它与 π 平面的截迹 C 就可以了，如图 4－14 所示。曲线 C 就称为**屈服曲线**或**屈服轨迹**。

屈服曲线在 π 平面内有下列重要性质：

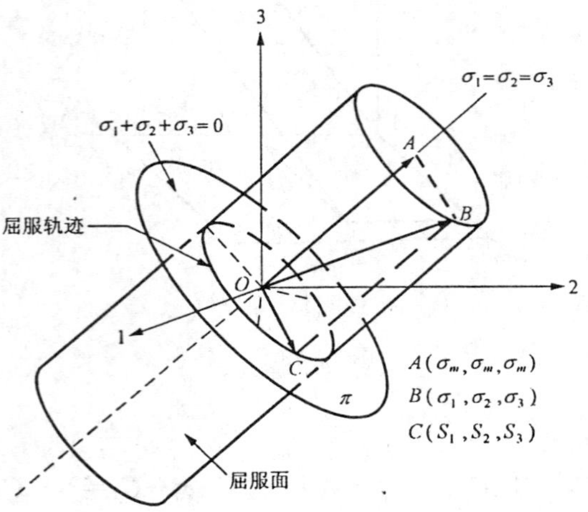

图 4－14

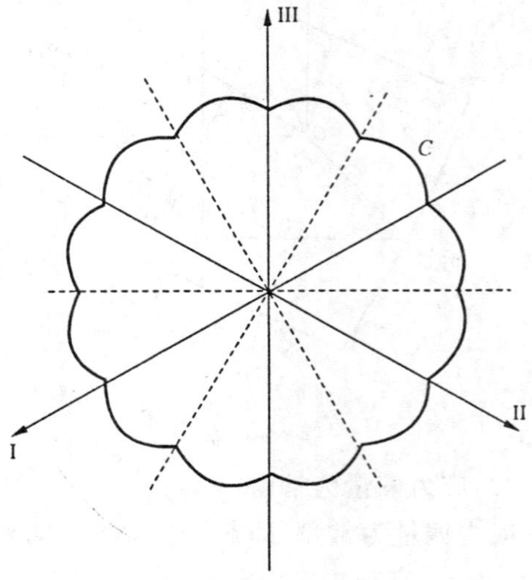

图 4－15

(1)屈服曲线是一条封闭曲线，并且坐标原点被包围在内。容易理解，坐标原点是一个无应力状态，材料不可能在无应力状态下屈服，所以屈服曲线必定不过坐标原点。同时，初始屈服面内是弹性状态，所以屈服曲线必定是封闭的，否则将出现在某种应力状态下材料不屈服的情况，这是不可能的。

(2)屈服曲线与任一从坐标原点出发的向径必相交一次，且仅有一次。在只讨论初始屈服的条件下，材料既然在一种应力状态下达到屈服，就不可能又在与同一应力状态相差若干倍的另一应力状态下再次达到屈服。初始屈服只有一次。

(3)屈服曲线对三个坐标轴的正负方向均为对称。因为材料认为是各向同性的，所以如果 $(\sigma_1,\sigma_2,\sigma_3)$ 是屈服时的应力状态，那么 $(\sigma_1,\sigma_3,\sigma_2)$ 必定也是屈服时的应力状态。这就表明，屈服轨迹应当对称于 I 轴(即坐标轴 1 在 π 平面上的投影)。同样道理，轨迹 C 也对称于 Ⅱ 轴和 Ⅲ 轴，如图 4－15 所示。这里需要指出的是图 4－15 所示仅表示理论曲线，未考虑其外凸性。由于我们假定当应力分量改变符号时，屈服函数 $f(\sigma_{ij})$ 的值保持不变，即 $f(\sigma_{ij})=f(-\sigma_{ij})$，所以，如果我们从屈服轨迹上任一点引一条过原点的线段（表示应力按比例卸载，并按同样的比例向反方向加载），那末它必定在对称于原点的那一点处与轨迹 C 相交。由此可见，轨迹 C 不仅对称于轴 Ⅰ、Ⅱ、Ⅲ，而且还对称于与它们垂直的三条直径，如图 4-15 中虚线所示。这就是说，由这六条线段所分割的 12 个 30°幅角中，轨迹的形状是相同的，因此，我们只需要考虑其中任一幅角里的应力矢量就可以了。

(4)屈服曲线对坐标原点为外凸曲线，屈服面为外凸曲面。可以证明，屈服曲线必定是外凸的（殷绥域，1990），这就意味着在 π 平面内任何一根直线至多与屈服曲线相交于两点（除非该直线本身就是屈服轨迹 C 上的一部分）。

下面再讨论一下屈服曲线的可能位置。

为不失一般性，可以假设轨迹 C 通过 Ⅲ 轴上的 A 点，如图 4-16 所示。那么，根据上面讨论过的对称条件，可知 B、F 点（它们分别在 Ⅰ、Ⅱ 轴上，且 $\overline{OA}=\overline{OB}=\overline{OF}$）同样也是轨迹 C 上的两个点，而且连接 A、B 和 A、F 点的两条直线就是外凸的逐段光滑曲线。它通过 A、B 及 F 点，并对称于 Ⅲ 轴，同时也对称于与 Ⅲ 轴相邻的两轴（它们分别垂直于 Ⅰ 轴和 Ⅱ 轴，图中用虚线表示）。显然，具有上述特征的其他曲线不可能位于折线 FAB 的内侧。

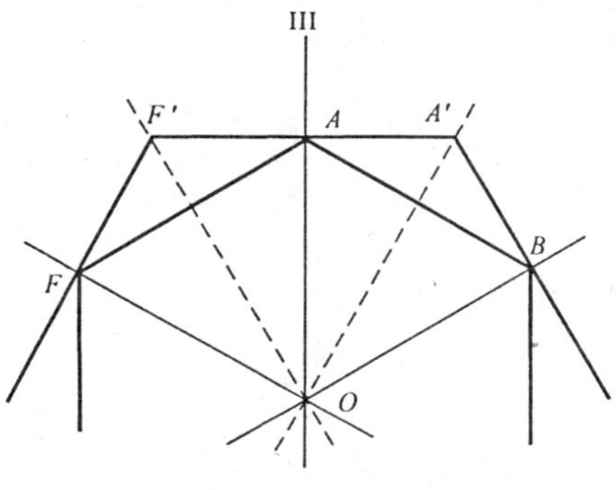

图 4-16

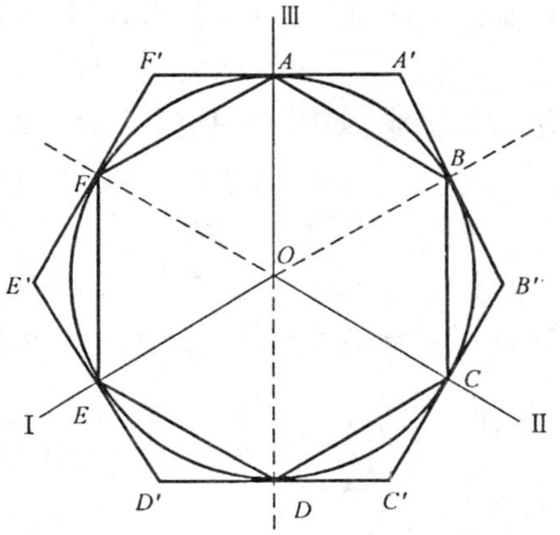

图 4-17

其次，考虑到对 Ⅲ 轴的对称性，凡是经过 A 点并且是外凸的分段光滑的曲线不可能在直线 $F'AA'$ 的外侧。因此从图 4-17 可知，一切满足各向同性、不计包辛格效应、与球应力状态无关，并且外凸等条件的可能的屈服轨迹一定位于正六边形 $ABCDEFA$ 与 $A'B'C'D'E'F'A'$ 之间。必须强调指出，并非位于两个六边形之间的一切曲线都是许可的，只有外凸的曲线才是可能的屈服轨迹。

4-4-2 常用屈服条件

历史上（从 19 世纪中叶开始）曾经先后提出许多不同形式的屈服条件，如最大正应力条件（G. Galileo）、最大弹性应变条件（B. Saint Venant）、弹性总能量条件（E. Beltrami）、最大剪应力条件（H. Tresca）、歪形能条件（R. Von Mises）、Mohr 条件（O. Mohr）等等。但经过大量的实验验证及工程实践的检验，证明符合工程材料特性，又便于在工程中应用的常用屈服条件有以下两种：

1　Tresca 屈服条件

1864 年，法国工程师屈雷斯卡(H. Tresca)在做了一系列金属挤压实验的基础上，发现在变形的金属表面有很细的痕纹，而这些痕纹的方向很接近于最大剪应力的方向，因此他认为金属的塑性变形是由于剪切应力引起金属中晶格滑移而形成的。Tresca 提出：在物体中，当最大剪应力 τ_{max}(指绝对值)达到某一极限值时，材料便进入塑性状态。当 $\sigma_1 \geqslant \sigma_2 \geqslant \sigma_3$ 时，这个条件可写为如下形式：

$$\sigma_1 - \sigma_3 = 2k \tag{4-43}$$

如果不知道主应力的大小和次序，则在主应力空间应将 Tresca 条件写为：

$$\left.\begin{aligned} |\sigma_1 - \sigma_2| &\leqslant 2k \\ |\sigma_2 - \sigma_3| &\leqslant 2k \\ |\sigma_3 - \sigma_1| &\leqslant 2k \end{aligned}\right\} \tag{4-44}$$

在式(4-44)中，如果有一个式子为等式时，则材料便已进入塑性状态。若将式(4-44)改写为一般性公式，则为：

$$[(\sigma_1 - \sigma_2)^2 - 4k^2][(\sigma_2 - \sigma_3)^2 - 4k^2][(\sigma_3 - \sigma_1)^2 - 4k^2] = 0 \tag{4-45}$$

在主应力空间中，式(4-45)的几何轨迹相当于图 4-18(a)中所示正六角柱体。该柱体与 $\sigma_1\sigma_2$ 平面的截迹[将 $\sigma_3 = 0$ 代入式(4-45)即得]为：

$$[(\sigma_1 - \sigma_2)^2 - 4k^2](\sigma_2^2 - 4k^2)(\sigma_1^2 - 4k^2) = 0 \tag{4-46}$$

这表示六条直线，如图 4-18(b)所示，也即：

$$\left.\begin{aligned} |\sigma_1 - \sigma_2| &\leqslant 2k \\ |\sigma_1| &\leqslant 2k \\ |\sigma_2| &\leqslant 2k \end{aligned}\right\} \tag{4-47}$$

该柱体与 π 平面的截迹则为一正六边形，如图 4-18(c)所示。

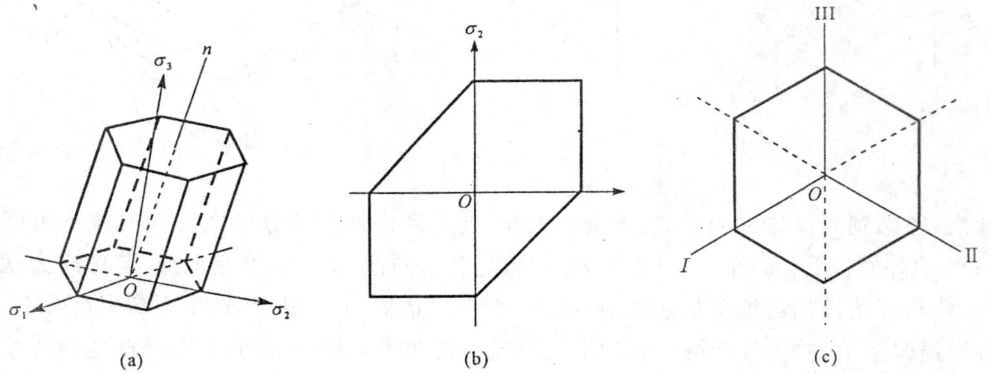

图 4-18

上面出现的 k 值，只需通过简单受力状态的试验来测定。如采用单向拉伸试验，则 σ_s 为屈服极限，于是有 $\sigma_1 = \sigma_s, \sigma_2 = \sigma_3 = 0$，则由式(4-43)得出：

$$k = \frac{\sigma_s}{2} \tag{4-48}$$

若采用纯剪切试验，则 τ_s 为剪切屈服极限，于是有 $\sigma_1 = \tau_s, \sigma_2 = 0, \sigma_3 = -\tau_s$，则由式(4-43)得出

$$k = \tau_s \tag{4-49}$$

比较式(4-48)与式(4-49)，若 Tresca 屈服条件正确，则必有：

$$\sigma_s = 2\tau_s \tag{4-50}$$

最大剪应力的假设，由于和实验结果比较一致，因而一般是被接受的。但在使用 Tresca 条件时，主应力的大小和次序应该知道，因为这样才能求出最大剪应力 τ_{max}，如果能知道主应力的次序，则使用 Tresca 条件是很方便的。因为从数学表达式来看，它是个线性的简单公式，使用它求解问题是非常方便的。此外，Tresca 的最大剪应力屈服条件忽略了中间主应力 σ_2 对材料屈服的贡献，这是它的不足之处。

2　Mises 屈服条件

上面已经指出，Tresca 条件在预知主应力大小次序的问题中，应用起来很方便。但在一般情况下却相当麻烦。1913 年德国力学家米塞斯(R. Von Mises)指出：在等倾面上，Tresca 条件六边形的六个顶点是由实验得到的，但是连接六个顶点的直线段却包含了假定(认为中间主应力不影响屈服)，这种假定是否合适，需经实验证明。Mises 认为：用一个圆来连接这六个顶点似乎更合理，并且可避免因曲线不光滑而造成的数学上的困难。Mises 屈服条件在主应力空间中的轨迹是外接于 Tresca 六角柱体的圆柱体，如图 4-19(a)所示，该圆柱体垂直于正八面体斜面或 π 平面。因此它在 π 平面上的截迹则为一半径等于$\sqrt{\frac{2}{3}}\sigma_s$ 的圆，如图 4-19(c)所示，它在 $\sigma_1\sigma_2$ 平面的截迹为外接于六角形的椭圆，如图 4-19(b)所示。如用方程表示，Mises 条件可写成：

$$(\sigma_1 - \sigma_2)^2 + (\sigma_2 - \sigma_3)^2 + (\sigma_3 - \sigma_1)^2 = 6k^2 \tag{4-51}$$

或者写成为

$$J_2 = k^2 \tag{4-52}$$

上两式中的 k 为常量，其值可通过简单应力状态的试验来测定。若采用单向拉伸试验，σ_s 为屈服极限，则 $\sigma_1 = \sigma_s, \sigma_2 = \sigma_3 = 0$，由式(4-51)得：

$$k = \frac{\sigma_s}{\sqrt{3}} \tag{4-53}$$

若采用纯剪切试验，同理得 $\tau_s = k$，于是知：

$$\sigma_s = \sqrt{3}\tau_s \tag{4-54}$$

也就是说 $\tau_s \approx 0.577\sigma_s$。

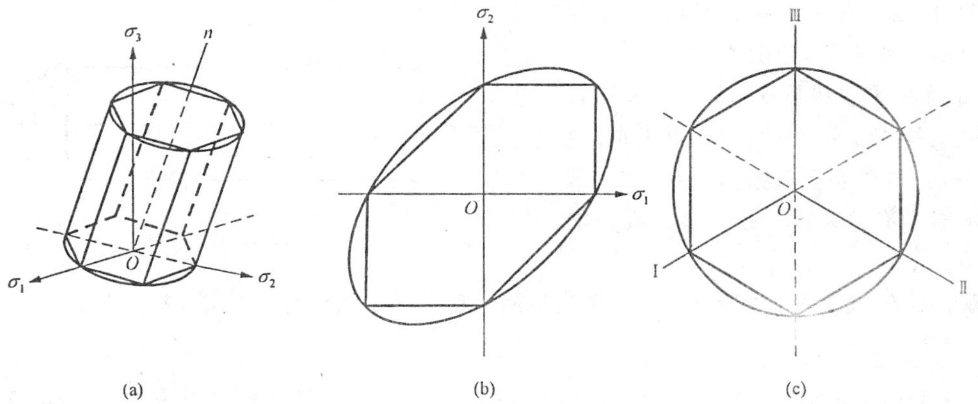

图 4-19

1924 年汉基(H. Hencky)对 Mises 条件的物理意义做了解释。他指出式(4-51)相当于形状改变应变能密度①等于某一定值,即:

$$U_{0d}=\frac{1+\mu}{6E}[(\sigma_1-\sigma_2)^2+(\sigma_2-\sigma_3)^2+(\sigma_3-\sigma_1)^2]=k' \tag{4-55}$$

Hencky 认为:当韧性材料的形状改变应变能密度 U_{0d} 达到一定数值 k' 时,材料便开始屈服。若采用单向拉伸试验,则材料屈服时的 $U_{0d}=\frac{(1+\mu)\sigma_s^2}{3E}$,于是知式(4-51)同式(4-55)是一致的。故也常将 Mises 屈服条件称为**畸变能条件**。

1937 年纳达依(A. Nadai)对 Mises 条件的物理意义提出了另外的解释。Nadai 认为式(4-51)相当于八面体剪应力 τ_8 等于某一定值,即

$$\tau_8=\frac{1}{3}\sqrt{(\sigma_1-\sigma_2)^2+(\sigma_2-\sigma_3)^2+(\sigma_3-\sigma_1)^2}=k'' \tag{4-56}$$

也就是说,当八面体剪应力达到一定数值时,材料开始屈服。1952 年诺沃日洛夫(B. B. Новожипов)又对 Mises 条件的物理意义用剪应力的均方值给了又一种解释(此略)。总之,以上三种解释虽然表达形式不同,但实际上,它们之间是存在有内在联系的。

有关验证上述屈服条件的试验资料很多。此处不再详细介绍。实验证明:畸变能条件比最大剪应力条件更接近于实验结果,并且不需要预先知道主应力的大小次序,也考虑到了中间主应力 σ_2 对屈服的贡献。图 4-20 给出了薄管实验与拉扭实验的结果。图 4-20(a)为泰勒等人(G. I. Taylor, H. Quinney)的拉扭试验结果;图 4-20(b)为洛德(W. Lode)薄管试验结果。

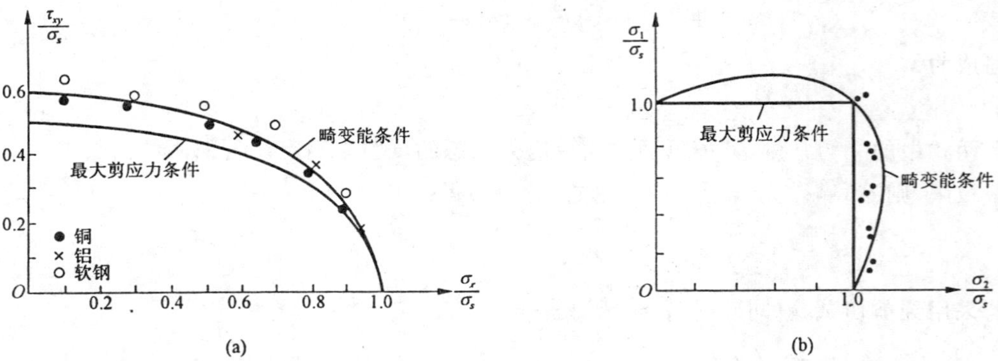

图 4-20

例 4-2 有一等截面圆轴,处于弯扭组合应力状态下,如图 4-21 所示。已测得材料的屈服极限为 $\sigma_s=300\text{MPa}$,且已知弯矩 $M_W=10\text{kN}\cdot\text{m}$,扭矩 $M_n=30\text{kN}\cdot\text{m}$。若取安全系数为 $n=1.2$,试按材料力学有关公式和强度理论设计轴的直径。

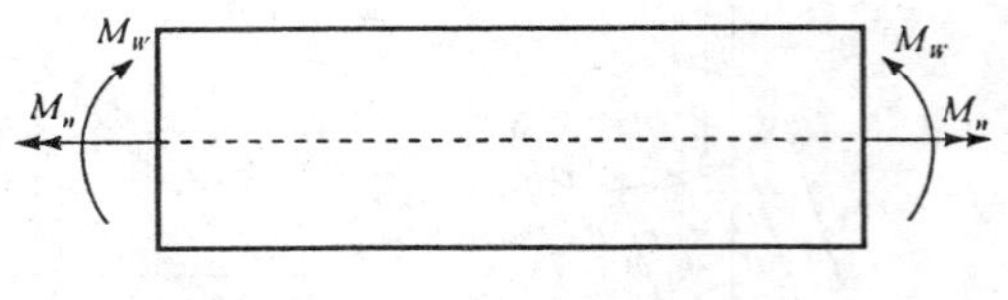

图 4-21

解 圆轴处于弯扭联合作用,故轴内危险点横截面上的两应力分量为:

① 关于应变比能 U_0,可以将其再分解为体积改变比能 U_{0v} 和形状改变比能 U_{0d} 两部分,即:$U_0=U_{0v}+U_{0d}$。经推导得:

$$U_{0v}=\frac{1-2\mu}{6E}(\sigma_1+\sigma_2+\sigma_3)^2;\qquad U_{0d}=\frac{1+\mu}{6E}[(\sigma_1-\sigma_2)^2+(\sigma_2-\sigma_3)^2+(\sigma_3-\sigma_1)^2]$$

$$\left.\begin{aligned} \sigma &= \frac{M_W y}{J_z} = \frac{32M_W}{\pi d^3} \\ \tau &= \frac{M_n r}{J_p} = \frac{16M_n}{\pi d^3} \end{aligned}\right\} \tag{1}$$

上式中 $y = \dfrac{d}{2}$，$r = \dfrac{d}{2}$。而主应力为：

$$\begin{matrix}\sigma_{\max} \\ \sigma_{\min}\end{matrix} = \frac{\sigma}{2} \pm \frac{1}{2}\sqrt{\sigma^2 + 4\tau^2} \tag{2}$$

显然，该圆轴内某点的应力状态为 $\sigma_1 = \sigma_{\max}$，$\sigma_2 = 0$，$\sigma_3 = \sigma_{\min}$。且 σ_1、σ_3 分别为：

$$\left.\begin{aligned} \sigma_1 &= \frac{16}{\pi d^3}(M_W + \sqrt{M_W^2 + M_n^2}) \\ \sigma_3 &= \frac{16}{\pi d^3}(M_W - \sqrt{M_W^2 + M_n^2}) \end{aligned}\right\} \tag{3}$$

根据 Tresca 条件知：$\sigma_1 - \sigma_3 = \sigma_s$，将式(3)代入，并考虑安全系数后得：

$$\frac{32}{\pi d^3}\sqrt{M_W^2 + M_n^2} = \frac{\sigma_n}{n} = \frac{300 \times 10^6}{1.2} \tag{4}$$

解得：

$$d^3 = \frac{32 \times 1.2}{300 \times 10^6 \times \pi}\sqrt{(100 + 900) \times 10^3} = 1.29 \times 10^{-3}(\text{m}^3) \tag{5}$$

所以轴径可取 $d \geqslant 10.9$ cm。

根据 Mises 条件知：$\sigma_1^2 - \sigma_1\sigma_3 + \sigma_3^2 = \sigma_s^2$，将式(3)及安全系数计入并化简得：

$$\frac{1}{\pi d^3}\sqrt{(32M_W)^2 + 3(16M_n)^2} = \frac{\sigma_s}{n} = \frac{300 \times 10^6}{1.2} \tag{6}$$

由式(6)解得：

$$d^3 = \frac{1.2 \times 10^3}{300 \times 10^6 \times \pi}\sqrt{320^2 + 3 \times 16^2 \times 30^2} = 1.125 \times 10^{-3}(\text{m}^3)$$

所以轴径可取 $d \geqslant 10.4$cm。

§4－5　岩土材料的变形模型与强度准则

4－5－1　岩土材料的变形特点及主要假设

地质或采掘工程中的岩土、煤炭、土壤，结构工程中的混凝土、石料以及工业陶瓷等材料统称为**岩土材料**。

在一般的常规材料试验机上，进行岩土类介质的材料力学实验时，由于试验机压头的位移量大于试件的变形量，试件在破坏时，试验机贮存的弹性变形能立即释放，对试件产生冲击作用并导致剧烈破坏，因此得不到材料应变软化阶段的规律，即不能得到全应力应变曲线。若采用刚性试验机，并能控制加载速度以适应试件的变形速度，就可获得全应力应变曲线。岩石和混凝土等材料的具代表性的全应力应变曲线如图 4－22 所示。实验表明，当应力较低时，试件材料的内部裂隙被压实，在这个阶段（OA 段），应力的数值增加不大，而压缩应变较大；在内部裂隙被压实之后，应力与应变呈现近似线性增长，在这个阶段（AB 段）中，伴有体积变化，而 B 点的应力值称为**屈服强度**，随着应力的增加，材料的微裂纹也在不断发生与扩展，因此应力和应变之间表现出明显的非线性增长，也表现出一定的应变硬化特性（BC 段），C 点的应力值称为强度极限(压缩强度极限 σ_{bc} 或拉伸强度极限 σ_{bt});在 C 点附近,试件总的体积变形从收缩转入扩胀,即材料出现宏观裂纹,裂纹的扩展使得材料的变形不断增加,而应力不断下降,将这一阶段(CD 段)称为应变软化阶段;DE 阶段则显示出了材料的剩余强度。在达到强度极限时积蓄于材料内的应变能的数值为峰值左侧曲线 $OABCF$ 所包围的面积,记为 U_1,从裂缝到破坏整个过程所消耗的能量为峰值右侧曲线($FCDE$)所包围的面积 U_2。若 $U_1 > U_2$,则材料破坏后仍剩余一部分能量,这部分变形能的突然释放会伴随有"岩爆";若 $U_1 < U_2$,则变形能在试件破坏过程中全部释放,不会出现岩爆。

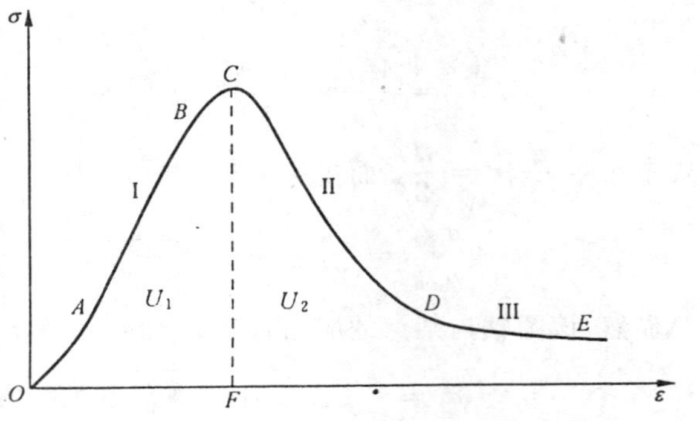

图 4-22

综上所述,可将岩土材料的应力应变曲线大体分为三段。第Ⅰ阶段($OABC$)为应力应变非线性上升,第 Ⅱ 阶段(CD)为应变软化阶段,而第Ⅲ阶段(DE)为剩余强度阶段,在有些材料中并不出现该阶段。通常在拉伸情况下,材料的应力应变曲线的变化规律与压缩时相似,但表征各阶段的应力和应变的数值与压缩时有很大的差别。岩土材料的受压强度比受拉时要高得多。

关于岩土类材料,通常是处于三向或双向受压状态下。在岩石力学和土力学中,模拟三向受力状态的试验被称为"三轴试验"。三轴试验中最常见的是模拟三向受力状态的一种特殊情况,即在三个相互垂直方向上保持两方向上的压力值相等,而改变另一方向上的压力的大小。这种试验可以在三轴实验机上完成,图 4-23 为这种三轴实验机的主体构造原理示意图。试验时在圆柱体试件周围环绕着流体,把这种流体施以高压来向试件提供围压。在试验过程中,通常使围压保持到某一恒定值,用一个可以推进的活塞压头向试件施加轴向压力,不断增大压力,直到试件产生破坏。一般可以彼此独立地控制围压和轴向载荷,并且设有专门的装置来测量试验时的轴向载荷、围压以及变形量。一般围压愈低,材料屈服强度也愈低,应变软化阶段也愈明显,随着围压的增大,屈服强度增大,塑性性质也明显增加。图 4-24 是伍姆比杨(Wombeyan)大理岩在常规实验机上进行的三轴试验的结果。图 4-24(a)为伍姆比杨(Wombeyan)大理岩的三轴压缩试验中,随围压增加,应力-应变曲线的演变;图 4-24(b)为不同围压下伍姆比杨大理岩的破裂或流动类型。

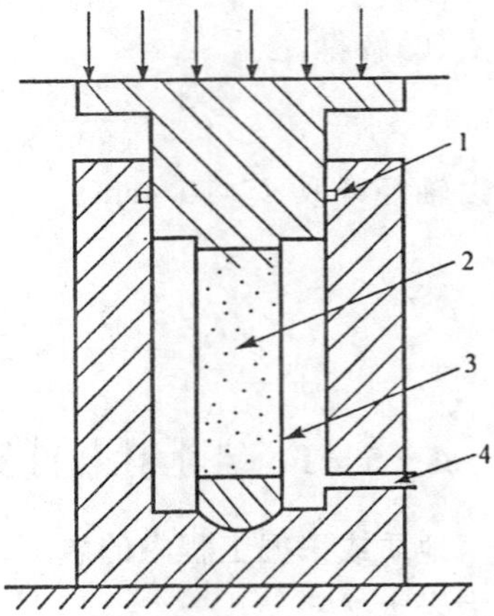

图 4-23
1—密封;2—试件;3—胶皮套;4—围压

另一种三轴试验就是模拟三个相互垂直方向的压力各自独立变化。为了和上述三轴试验相区别,通常称之为"真三轴试验"。真三轴试验通常是在立方体岩石试件的三组相互正交对应的表面上,独立地加载来进行的。试验时要特别注意减小受载岩石试件表面上的摩擦,以使试件获得三向受力状态的良好近似值。可想而知,进行真三轴试验要比三轴试验复杂和困难得

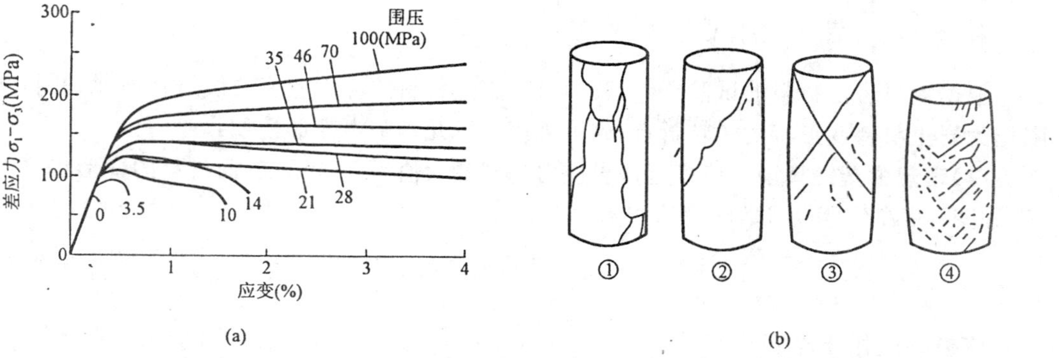

①—常压下的轴向劈裂；②—围压为3.5MPa时的单个剪切破坏；③—围压为35MPa时的共轭剪切；
④—围压为100MPa时的塑性变形及两组剪切滑移线的发育情况

图4-24

(据M.S.Paterson，1958)

多，目前这方面还有许多问题有待解决。

通过以上讨论和对大量岩土材料的试验资料的分析，人们认识到，由于岩土材料组成上的不均匀性、缺陷以及有裂隙的分布，使得材料在受载过程中细微裂隙进一步扩展与运动，并导致材料的宏观强度和刚度的降低。因此，材料的非弹性变形主要是由微裂隙和缺陷的产生与扩展所引起的。岩土材料的压硬性(抗剪强度随压应力的增高而提高)、剪胀性(在剪应力作用下产生塑性体积应变)、等压屈服(在各向相等的压力作用下产生塑性屈服)，使得岩土塑性理论与金属塑性理论有着重要的差异。这些差异主要表现为：

(1)在静水压力不太大或环境温度不太高的工程环境下，岩土类介质表现出应变软化的特性。

(2)岩土材料的压硬性决定了岩土的剪切屈服与破坏必须考虑平均应力与材料的内摩擦性能。

(3)材料的弹性系数与塑性变形无关是金属材料的特点，而岩土材料则需考虑弹塑性的耦合。

(4)在岩土材料中需考虑奇异屈服面。

(5)金属材料中的正交流动法则在岩土材料中亦不再适用。

由于岩土材料与金属材料在变形特性上的显著差异，岩土材料的强度准则(在金属塑性理论中称屈服条件，在岩土塑性理论中也可称为塑性条件)，应包含平均应力；并且能反映应力、应变张量中球形分量与偏斜分量之间存在着交叉影响；体积应变的屈服则使强度准则曲面的端部是封闭的，等等。材料变形的复杂性与描述应力应变模型的多样性，是求解岩土材料承载能力时首先遇到的问题。合理简化应力应变曲线，正确选择强度准则，对求解具有重要意义。由于影响岩土塑性变形的因素较多，且有些因素是不能忽略的，因此岩土塑性理论中的假设相对较少，主要假设有：

(1)连续性假设　虽然岩土介质在肉眼可见的尺度内呈现不均匀性和不连续性，但是在进行工程问题的力学分析时，可作为连续介质岩土力学问题，即在更大的尺度范围内来描述各种力学量时，取其统计平均值。

(2)不计时间与温度的影响　在多数情况下，可以忽略蠕变与松弛效应，并可略去应变率对变形规律的影响。在一般工程问题中，温度的变化是不大的，可以不计温度的影响。

4-5-2 岩土材料的变形模型

根据大量岩土材料的试验资料，我们可对岩土材料的应力应变曲线进行简化，并将强度极限作为岩土材料变形特性的转折点，则可采用以下几种基本变形模型：

(1)理想弹塑性模型 该模型假设应力达到最大值后保持不变，而材料的变形仍可继续增长，如图 4-25(a)所示，数学表达式为：

$$\left.\begin{aligned} \sigma &= E\varepsilon \quad ; \qquad \text{当 } \varepsilon < \varepsilon_b \\ \sigma &= \sigma_b = \text{const} \quad ; \qquad \text{当 } \varepsilon > \varepsilon_b \end{aligned}\right\} \tag{4-57}$$

该模型适用于材料应变软化不明显时，即在 C 点附近存在着一段应力下降不明显的情况。

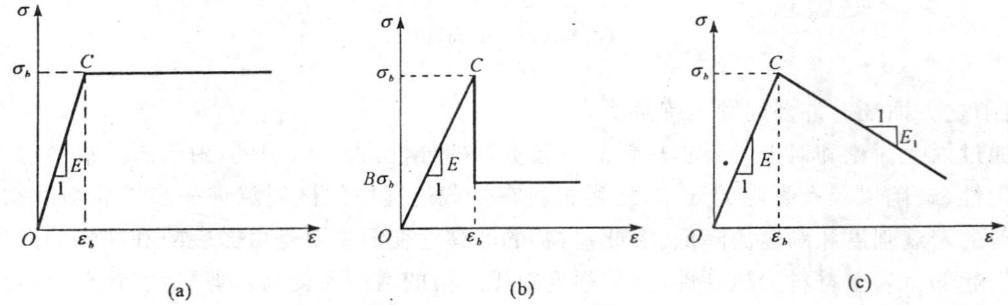

图 4-25

(2)脆塑性模型 如图 4-25(b)所示，在该模型中，应力达到最大值时产生“跌落”，下降后的应力值称为**剩余强度**，数学表达式为：

$$\left.\begin{aligned} \sigma &= E\varepsilon \quad ; \qquad \text{当 } \varepsilon < \varepsilon_b \\ \sigma &= B\sigma_b \quad ; \qquad \text{当 } \varepsilon = \varepsilon_b \end{aligned}\right\} \tag{4-58}$$

其中 B 称为剩余强度系数，且 $0 \leqslant B < 1$。当应变软化剧烈时，采用该模型可以反映出应力跌落的特性。

(3)线性软化模型 如图 4-25(c)所示，将应变软化过程近似为线性的，即：

$$\left.\begin{aligned} \sigma &= E\varepsilon \quad ; \qquad \text{当 } \varepsilon < \varepsilon_b \\ \sigma &= \sigma_b - E_1(\varepsilon - \varepsilon_b) \quad ; \qquad \text{当 } \varepsilon > \varepsilon_b \end{aligned}\right\} \tag{4-59}$$

选取不同的斜率 E_1，可以描述材料的不同软化特性。

考虑到岩土材料应力应变实验曲线的多样性，也可将上述变形模型进行不同的组合。

4-5-3 岩土材料的强度准则

在岩土材料实验中，当 $\sigma = \sigma_b$ 时，材料出现宏观裂纹。在复杂应力状态下，将材料出现宏观裂纹时，应力之间所满足的条件称为**强度准则**。这种提法与金属塑性理论中的屈服条件相类似，所以也可将强度准则称为塑性条件，该条件表示材料将由弹性状态进入非弹性变形状态，两者的临界状态即表示材料进入塑性或出现宏观裂纹，其应变与变形模型相关，对于理想弹塑性模型则表示进入无约束塑性变形状态；对于脆塑性模型和线性软化模型则分别代表将产生应力跌落和进入线性软化状态。在 C 点(见图 4-22)以后的应力组合仍满足强度准则，但这时表征材料力学性能参数的数值按不同模型有所差别，例如，对于理想弹塑性模型，力学性能参数的值 σ_b 不变，而在脆塑性模型中强度值由 σ_b 降为 $K\sigma_b$，线性软化模型中强度值的下降与 ε 及 E_1 有关。因此岩土材料的承载特性不仅与变形模型相关，也与强度准则有关。

对于一般岩土材料来说，随着静水压力的增加，屈服应力和破坏应力都有很大增长。即使在初始各向同性的假定下，也应该对式(4-42)进行修正，而采用形式为：

$$f(I_1, J_2, J_3) = 0 \tag{4-60}$$

的屈服条件。

岩土力学中的强度准则通常可表述如下：在介质一点单元体的任何微截面上，其剪应力 τ_n 的大小都不能超过某一临界值。当 $|\tau_n|$ 达到该临界值时，材料就要产生剪切滑移。在最简单的情况下，上述的临界值和破裂面上的正应力 σ_n 之间呈线性关系，即有：

$$|\tau_n| = C - \sigma_n \tan\varphi \tag{4-61}$$

这就是**库伦(C. A. Coulomb)剪切强度准则**。上式中：C 通常为一常量，是固体材料在 $\sigma_n = 0$ 微截面上的抗剪强度。在岩石力学中常称为**粘聚力**；φ 为**内摩擦角**(在岩土力学中，一般取压应力为正，此时 σ_n 前的负号应改为正号)。在更一般的情况下，式(4-61)中的 φ 将随($-\sigma_n$)的增加而减小，也即：

$$\tau_n = f(\sigma_n) \tag{4-62}$$

这就是**莫尔强度准则**。莫尔强度准则可用曲线(如双曲线、抛物线、摆线等)来表示 φ 值随 σ_n 的增加而变化的情况如图 4-26(b)所示。当我们仅考虑 φ 值为常数的情形时，就是库伦剪断裂准

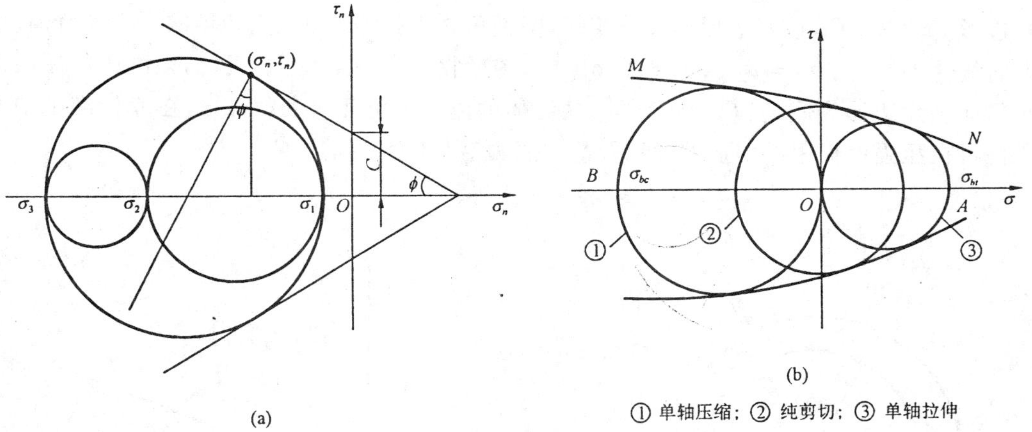

(a)

(b)

① 单轴压缩；② 纯剪切；③ 单轴拉伸

图 4-26

则式(4-61)，表示的是一对射线，如图 4-26(a)所示。介质应力状态的最大应力圆应处于由这两条射线或莫尔包络线 MN 和 $M'N'$ 所包围的区域内。当材料产生剪切滑移时，极限应力圆应与射线或包络线相切。莫尔强度准则的包络线可以通过材料的一系列不同应力状态下的试验，材料产生破坏时的极限应力圆来确定。而在库伦剪切强度准则中，则可用单向抗拉强度 σ_{bt} 与单向抗压强度 σ_{bc} 来表示粘聚力 C 和内摩擦角 φ，它们之间的关系为：

$$\tan\varphi = \frac{\sigma_{bc} - \sigma_{bt}}{2\sqrt{\sigma_{bt}\sigma_{bc}}}; \qquad C = \frac{\sqrt{\sigma_{bt}\sigma_{bc}}}{2} \tag{4-63}$$

实验表明，用式(4-61)或式(4-62)表示材料中的微裂纹即将开始活动可能更恰当些，故

通常以它们来作为岩土材料的屈服条件。经研究证明，库伦剪切强度准则实际上可认为是莫尔强度准则的线性化表示，所以也常称之为莫尔－库伦准则。

为了用主应力($\sigma_1 \geqslant \sigma_2 \geqslant \sigma_3$)表示库伦剪切强度准则，将：

$$\left.\begin{aligned}\sigma_n &= \frac{1}{2}(\sigma_1 + \sigma_3) + \frac{1}{2}(\sigma_1 - \sigma_3)\sin\varphi \\ \tau_n &= \frac{1}{2}(\sigma_1 - \sigma_3)\cos\varphi\end{aligned}\right\} \tag{a}$$

代入式(4－61)得：

$$\frac{1}{2}(\sigma_1 - \sigma_3) = C\cos\varphi - \frac{1}{2}(\sigma_1 + \sigma_3)\sin\varphi \tag{b}$$

或写成

$$f(\sigma_{ij}) = \frac{1}{2}(\sigma_1 - \sigma_3) + \frac{1}{2}(\sigma_1 + \sigma_3)\sin\varphi - C\cos\varphi = 0 \tag{4-64}$$

式(4－64)中的两个主应力应分别用 σ_1、σ_2 和 σ_3 轮换，则可分别得到六个表达式。而式(4－64)左端的第二项则反映了静水压力对屈服条件的影响。我们注意到

$$\sigma_m = \frac{1}{3}(\sigma_1 + \sigma_2 + \sigma_3) \quad ; \qquad S_j = \sigma_j - \sigma_m \qquad (j = 1,2,3) \tag{c}$$

则式(4－64)还可写成为：

$$\frac{1}{2}(S_1 - S_3) + \frac{1}{2}(S_1 + S_3)\sin\varphi + \sigma_m\sin\varphi - C\cos\varphi = 0 \tag{4-65}$$

式(4－64)或式(4－65)在 σ_1、σ_2、σ_3 主应力空间中形成的屈服面与 π 平面的截迹为图 4－27 所示六边形 $ABCDEF$，该六边形的边长相等，但夹角并不相等。而且六边形的大小是随着 σ_m 的增大而线性缩小，当 $\sigma_1 = \sigma_2 = \sigma_3 = C\cot\varphi$ 时，图形收缩成一点 O^*。因此，该准则的屈服面为以 π 平面上六边形为底，以 O^* 为顶的六棱锥体的侧面。由几何表示可知，在库伦准则中考虑到了材料拉压强度极限的明显差异以及静水压力对强度准则的影响。

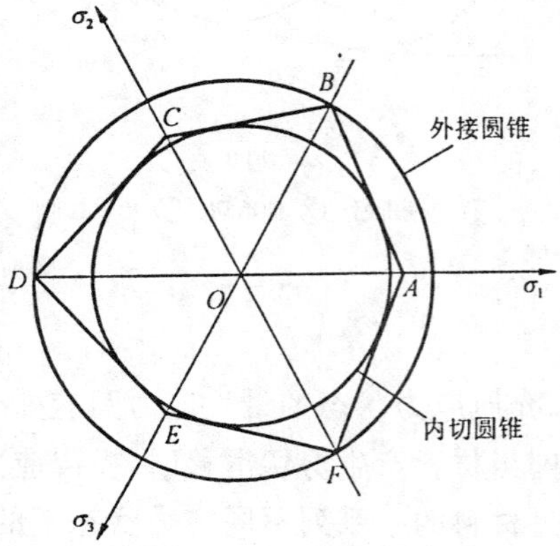

图 4－27

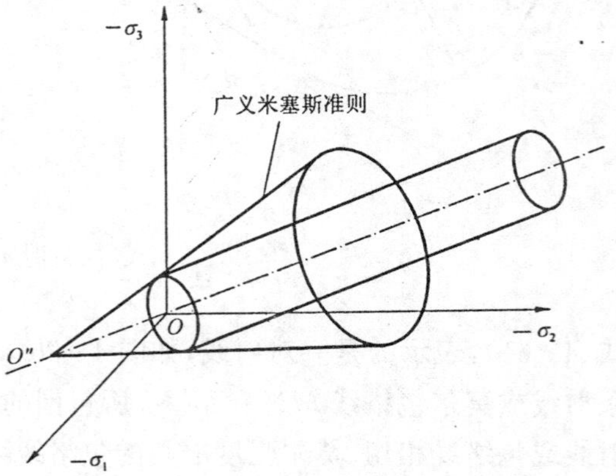

图 4－28

另一种考虑静水压力影响的强度准则是卓柯－普拉格(Drucker-Prager，1952)准则，它是 Mises 条件的推广，如图 4－28 所示，可写成：

$$f = \alpha I_1 + \sqrt{J_2} - K = 0 \tag{4-66}$$

式中 $I_1 = \sigma_1 + \sigma_2 + \sigma_3$；$\alpha$ 和 K 均为正的材料常数，它们与 C 和 φ 的关系取决于圆锥面与六棱锥面之间的相互关系。若取两个锥面的顶点重合，当 Mises 圆的半径与图 4-27 中 OB 的长度相等，即为外接圆锥时有：

$$\alpha = \frac{2\sin\varphi}{\sqrt{3}(3-\sin\varphi)};\qquad K = \frac{6C\cos\varphi}{\sqrt{3}(3-\sin\varphi)} \tag{4-67}$$

当为内切圆锥时有：

$$\alpha = \frac{2\sin\varphi}{\sqrt{3}(3+\sin\varphi)};\qquad K = \frac{6C\cos\varphi}{\sqrt{3}(3+\sin\varphi)} \tag{4-68}$$

关于材料的屈服条件或强度准则，除已经介绍的 Tresca 条件、Mises 条件、Coulomb 准则、Mohr 准则和 Drucker-Prager 准则外，还有选用材料的单拉屈服极限 σ_s 或剪切屈服极限 K 来表示的双剪应力屈服条件（俞茂宏等，1988），选用单拉强度极限 σ_{bt}、单压强度极限 σ_{bc} 以及双压强度极限 σ_{2bc} 来描述的强度准则，以及根据混凝土破坏包络面的几何特性，建议采用以八面体应力表达的强度准则（过镇海等，1991）等，此处由于篇幅所限，就不一一介绍了。

§4-6　加载准则·加载曲面·加载方式

4-6-1　判别加载与卸载的准则

在§4-1 中已经指出，当材料进入塑性状态以后，其应力应变关系对于加载过程和御载过程是不同的，需分别进行研究。因此，我们在具体讨论塑性应力应变关系之前，还需要明确按照什么准则来区分加载过程和卸载过程。

在单向拉伸中，当应力 σ 小于 σ_s 时，材料是处于弹性状态的，应力应变关系服从虎克定律。这时不必区分加载和卸载的过程。但是，当应力大于 σ_s 后，材料便处于塑性状态，这时应力应变关系对加载过程和卸载过程便遵循不同的规律。如图 4-29(a)所示，设 M 点的应力为 σ^*，如果再附加上一个无限小的增量 $d\sigma$ 时，那么根据拉伸试验的结果可知，当 $d\sigma>0$ 时，在拉伸曲线上表征应力状态的点从 M 变化到 M'，引起了塑性变形的增长[相应的塑性应变的增量 $d\varepsilon^p$ 如图 4-29(a)中 NN' 所示]；同时材料的屈服极限也提高了，这是强化材料的重要特性，由此而形成的新的屈服点（如图中 M' 点）称为**后继屈服点**。应力的这种变化（即 $d\sigma>0$）称为**加载**。如果 $d\sigma<0$，那末新的应力状态便不是 M' 点，而是图 4-29(b)中的 M'' 点。这时材料不会产生新的塑性变形，而且只要应力不超过 σ^*，应力应变关系的变化总是遵循弹性规律，这种情况（即 $d\sigma<0$）称为**卸载**。

由以上分析可知，在简单受力情况下（例如单向拉伸、单向压缩、纯剪切等），加载过程和卸载过程是容易区分的。但是，对于复杂应力状态，如何来判别加载和卸载呢？这个问题就要困难得多。当材料已进入塑性状态，设其中某一点的应力状态为 σ_{ij}，如果给应力状态 σ_{ij} 一个无限小的增量 $d\sigma_{ij}$，则是否会引起新的塑性变形呢？换言之，这个过程是属于加载呢？还是卸载呢？由于塑性变形时所产生的物理过程的复杂性以及实验资料的不充分，目前还不能够较完善地回答这个问题。但是，人们还是建立了一些加载准则，使之能相当广泛地适用于各种加载情况，下面介绍一种最简单的加载准则。

因为在单向拉伸（$\sigma>0$）时，$d\sigma>0$ 为加载，$d\sigma<0$ 为卸载；而在单向压缩（$\sigma<0$）时，$d\sigma>$

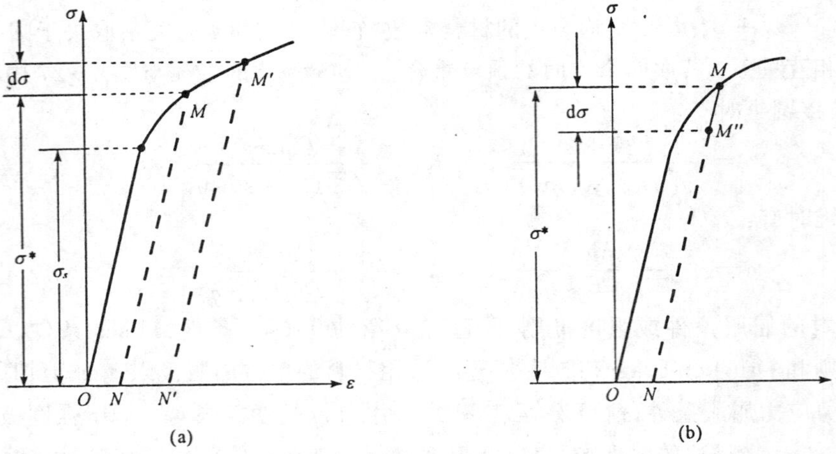

图 4-29

0 为卸载,$d\sigma<0$ 则为加载。如果把这两种情况结合起来,即可得单向受力状态的加载准则如式(4-69)左半部分所示。若将这一加载准则加以推广,则对于复杂应力状态加载准则也许具有类似于单向受力状态加载准则的形式(当然,在这个设想的基础上得出的推论,必须经过实验的验证),也即如式(4-69)右半部分所示:

$$\left.\begin{array}{ll}\sigma d\sigma>0 & \text{加载}\\ \sigma d\sigma<0 & \text{卸载}\\ \sigma d\sigma=0 & \text{载荷不变}\end{array}\right\}\xrightarrow{\text{加以推广}}\begin{array}{ll}\sigma_{ij}d\sigma_{ij}>0 & \text{加载}\\ \sigma_{ij}d\sigma_{ij}<0 & \text{卸载}\\ \sigma_{ij}d\sigma_{ij}=0 & \text{中性变载}^{①}\end{array}\Bigg\} \tag{4-69}$$

关于中性变载的解释,可参见本节加载曲面的讨论。此外,由于:

$$\begin{aligned}\sigma_{ij}d\sigma_{ij}&=(S_{ij}+\sigma_m\delta_{ij})d(S_{ij}+\sigma_m\delta_{ij})\\&=S_{ij}dS_{ij}+3\sigma_m d\sigma_m+\sigma_m\delta_{ij}dS_{ij}+S_{ij}d\sigma_m\delta_{ij}\end{aligned} \tag{a}$$

若考虑平均应力 σ_m 对塑性变形的影响可以忽略不计,则式(a)中后三项均为零,则上式等号右边只需考虑第一项 $S_{ij}dS_{ij}$ 就可以了,于是式(4-69)又可写成式(4-70)左半部分所示。由于

$$S_{ij}dS_{ij}=d\left(\frac{1}{2}S_{ij}S_{ij}\right)=dJ_2 \tag{b}$$

所以加载准则可以用应力偏量的第二不变量 J_2 来表示,即如式(4-70)右半部分所示:

$$\left.\begin{array}{l}S_{ij}dS_{ij}>0\\ S_{ij}dS_{ij}<0\\ S_{ij}dS_{ij}=0\end{array}\right\}\xrightarrow{\text{等价于}}\begin{array}{ll}dJ_2>0 & \text{加载}\\ dJ_2<0 & \text{卸载}\\ dJ_2=0 & \text{中性变载}\end{array}\Bigg\} \tag{4-70}$$

上述结果,在加载路径不太复杂(没有突然高低的反复变化,并且加载路径的方向没有大的改变)的情况下已为实验所证实。

4-6-2 加载曲面

对于复杂应力状态,引入**加载曲面**(有时也称**后继屈服面**)的概念。加载曲面是主应力空间中的曲面,它对应于材料的给定应力状态,将主应力空间划分为弹性区和塑性区,如图 4-30 所示,坐标原点相应于零应力。如果应力状态的增量 $d\sigma_{ij}$ 由加载曲面指向其外部,则表示加载,

将进一步引起材料产生塑性变形；如果 $d\sigma_{ij}$指向曲面内部，则表示卸载，则只引起弹性变形；若增量 $d\sigma_{ij}$位于加载曲面的切平面内时，则表示中性变载，也只引起弹性变形。

加载曲面并不是固定不变的，它是随着材料强化的发展而产生形状和位置的变化。一般来说，加载曲面的形状与位置不仅依赖于相应的应力状态，而且还依赖于整个变形历史。

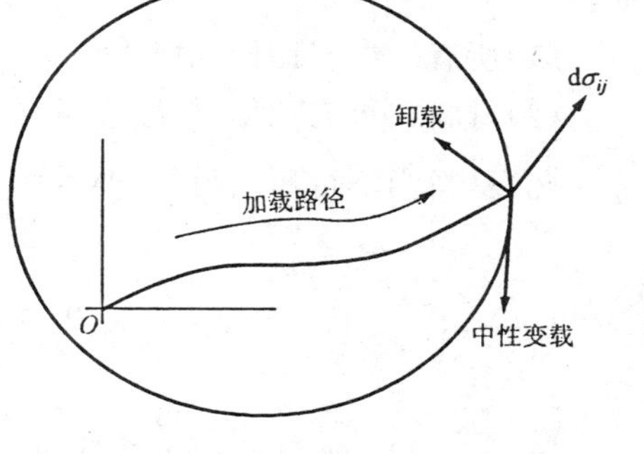

图 4－30

应当注意，加载和加载曲面的概念是对强化材料而言的。对于理想弹塑性材料，一旦材料达到屈服，就不能再继续加载，但塑性变形却在继续增长（即所谓塑性流动），在主应力空间中，区分弹性区和塑性区的曲面始终是**初始屈服面**（一些文献中简称为屈服面）。对于理想弹塑性材料，只有中性变载与卸载，卸载时只引起弹性变形，可是中性变载时塑性变形继续增长（塑性流动），这一点与强化材料是不同的。

4－6－3 加载方式

加载方式可分为简单加载和复杂加载两种情况。这里只介绍简单加载。

如果在加载（或卸载）过程中，试件内各点应力状态 σ_{ij}的各应力分量都随着某参数 λ 成比例地改变，即：

$$\left.\begin{aligned}\sigma_x &= \lambda\sigma_x^*(x,y,z) \quad ; \quad \tau_{xy} = \lambda\tau_{xy}^*(x,y,z)\\ \sigma_y &= \lambda\sigma_y^*(x,y,z) \quad ; \quad \tau_{yz} = \lambda\tau_{yz}^*(x,y,z)\\ \sigma_z &= \lambda\sigma_z^*(x,y,z) \quad ; \quad \tau_{zx} = \lambda\tau_{zx}^*(x,y,z)\end{aligned}\right\} \tag{4-71}$$

或简写为：

$$\sigma_{ij} = \lambda\sigma_{ij}^* \tag{4-72}$$

这种加载（或卸载）方式称为**简单加载（或简单卸载）**，也称作**比例加载（或比例卸载）**。凡不属于这种方式的加载（或卸载）都称为**复杂加载（或复杂卸载）**。

式（4－72）中的 λ 是表征加载（或卸载）过程的一个比例系数，可看作是时间的函数。而 σ_{ij}^* 只是坐标的函数，与加载（卸载）的过程无关。如果试件中某一点的坐标已经给定，那么在简单加载过程中，该点的各应力分量之间始终保持固定的比值。在主应力空间中，该点应力矢量的轨迹必为通过坐标原点的一射线，如图 4－31 所示。

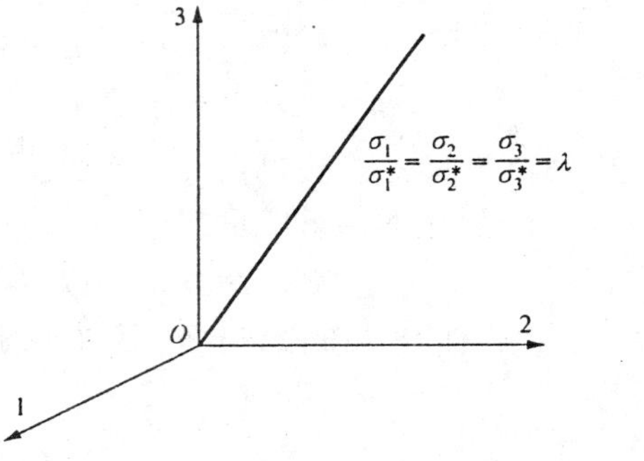

图 4－31

目前已建立的便于实用的应力应变关系，主要适用于简单加载的情况，对于复杂加载，无论在理论上或实验研究方面，都还有许多问题尚未完善地得到解决。关于在复杂加载下应力应变关系的研究，迄今为止仍是塑性力学发展中的一个主要研究课题。

上述简单加载的特征是：在加载过程中，试件内各点的应力主方向和主应力之间的比值可以随空间位置而不同，但不随时间而改变。那么在什么样的条件下才能实现简单加载呢？依留申（А. А. Ипъющин）对这一问题做了初步研究，提出简单加载定理。关于简单加载定理的证明，请参见有关弹塑性力学教材。他证明了如果同时满足下列三个条件，便能实现简单加载。也即：

(1)所有外力成比例地增长；

(2)材料在单向拉伸时，应力与应变呈幂函数关系；

(3)材料为不可压缩材料，即 $\mu = \frac{1}{2}$。

§4－7 塑性本构方程

4－7－1 增量理论（流动理论）

在§4－1概述中已阐明材料的塑性应力应变关系的重要特点是它的非线性和不唯一性。所谓非线性是指应力应变关系不是线性比例关系；所谓不唯一性是指应变不能由应力唯一确定。因此，在塑性变形阶段，应变不仅和应力状态有关，而且还和变形历史有关。如果不知道变形的历史，便不能只根据即时应力状态唯一地确定塑性应变状态。而且只知道最终的应变状态，也不能唯一地确定应力状态。考虑应变历史，研究应力和应变增量之间的关系，以这种关系为基础的理论称为**增量理论（或流动理论）**。鉴于本课程学时所限，这里仅对增量理论和下文讨论的全量理论做简略介绍。

弹塑性物体内任一点处应力状态进入塑性状态以后，相应的应变 ε_{ij} 总可以分解成为两部分：弹性应变部分 ε_{ij}^e 和塑性应变部分 ε_{ij}^p，即：

$$\varepsilon_{ij} = \varepsilon_{ij}^e + \varepsilon_{ij}^p \tag{4-73}$$

当外载荷有微小增量时，总应变也要有微小增量 $d\varepsilon_{ij}$。同理可得：

$$d\varepsilon_{ij}^p = d\varepsilon_{ij} - d\varepsilon_{ij}^e \tag{a}$$

若认为球应力作用下物体只产生弹性的体变（即体积改变）；而偏应力作用下物体只产生畸变（即形状的改变），但畸变包括有弹性畸变和塑性畸变两部分。这就是说塑性变形仅由应力偏量所引起。且在塑性状态，若认为材料不可压缩，则体积变形为零，即：

$$d\varepsilon_{ii}^p = d\varepsilon_x^p + d\varepsilon_y^p + d\varepsilon_z^p = 0 \tag{b}$$

而

$$d\varepsilon_m = \frac{1}{3}(d\varepsilon_x + d\varepsilon_y + d\varepsilon_z) = \frac{1}{3}d\varepsilon_{ii}^e = d\varepsilon_m^e \tag{c}$$

于是，应变偏量增量为：

$$de_{ij} = d\varepsilon_{ij} - \delta_{ij}d\varepsilon_m \tag{d}$$

在弹性变形阶段，根据广义虎克定律，有：

$$\frac{dS_{ij}}{de_{ij}^e} = 2G \tag{e}$$

再由式(4－36)、式(4－37)和式(c)得：

$$\frac{d\sigma_m}{d\varepsilon_m} = 3K \tag{f}$$

式(e)、式(f)分别表明：在弹性阶段，应力偏量增量与应变偏量增量以及平均正应力增量与平均正应变增量成比例，比例常数分别为 $2G$ 和 $3K$，也即：

$$\frac{\mathrm{d}S_{ij}}{\mathrm{d}e_{ij}^{e}} = 2G; \qquad \frac{\mathrm{d}\sigma_m}{\mathrm{d}\varepsilon_m} = 3K \tag{4-74}$$

由此，塑性应变增量考虑式(a)经推导得：

$$\mathrm{d}\varepsilon_{ij}^{p} = \mathrm{d}e_{ij} - \mathrm{d}e_{ij}^{e} = \mathrm{d}e_{ij} - \frac{1}{2G}\mathrm{d}S_{ij} \tag{4-75}$$

增量理论基于以下假定：**在塑性变形过程中的任一微小时间增量内，塑性应变增量与瞬时应力偏量成比例**，即：

$$\mathrm{d}\varepsilon_{ij}^{p} = S_{ij}\mathrm{d}\lambda \tag{4-76}$$

式中 $\mathrm{d}\lambda$ 为正比例常数，且可根据加载历史的不同而变化。将式(4-76)代入(4-75)后，得总应变增量与应力偏量之间的关系为：

$$\mathrm{d}e_{ij} = \frac{1}{2G}\mathrm{d}S_{ij} + S_{ij}\mathrm{d}\lambda \tag{4-77}$$

展开式(4-77)得：

$$\left.\begin{aligned}
\mathrm{d}e_x &= \frac{1}{2G}\mathrm{d}S_x + S_x\mathrm{d}\lambda; & \mathrm{d}\gamma_{xy} &= \frac{1}{G}\mathrm{d}\tau_{xy} + 2\tau_{xy}\mathrm{d}\lambda \\
\mathrm{d}e_y &= \frac{1}{2G}\mathrm{d}S_y + S_y\mathrm{d}\lambda; & \mathrm{d}\gamma_{yz} &= \frac{1}{G}\mathrm{d}\tau_{yz} + 2\tau_{yz}\mathrm{d}\lambda \\
\mathrm{d}e_z &= \frac{1}{2G}\mathrm{d}S_z + S_z\mathrm{d}\lambda; & \mathrm{d}\gamma_{zx} &= \frac{1}{G}\mathrm{d}\tau_{zx} + 2\tau_{zx}\mathrm{d}\lambda
\end{aligned}\right\} \tag{4-78}$$

式(4-77)或式(4-78)称为普朗特—罗伊斯(L. Prandtl-A. Reuss)方程。该方程表明：**塑性应变增量依赖于该瞬时的应力偏量，而不是达到该状态所需的应力增量**。整个变形过程可以由各瞬时变形的累积求出。因此，增量理论可以描述加载过程对变形的影响，能反映复杂加载的情况。在以上推导中引入一个参数 $\mathrm{d}\lambda$，$\mathrm{d}\lambda$ 可以通过屈服条件来确定。若采用 Mises 屈服条件，经推导得：

$$\mathrm{d}\lambda = \frac{\mathrm{d}\gamma_8^p}{2\tau_8} = \frac{1}{2}\sqrt{\frac{3}{2}}\frac{\mathrm{d}\gamma_8^p}{\sqrt{J_2}} \tag{g}$$

式中 γ_8^p 为八面体剪应变的塑性部分。再由式(2-44)和式(3-32)知有效应力 $\bar{\sigma}$ 和有效塑性应变增量分别为

$$\bar{\sigma} = \frac{3}{\sqrt{2}}\tau_8 = \sqrt{3J_2} \quad ; \qquad \mathrm{d}\bar{\varepsilon} = \frac{1}{\sqrt{2}}\mathrm{d}\gamma_8^p \tag{h}$$

将式(h)代入式(g)得：

$$\mathrm{d}\lambda = \frac{3}{2}\frac{\mathrm{d}\bar{\varepsilon}}{\bar{\sigma}} \tag{i}$$

于是由式(4-76)得：

$$\mathrm{d}\varepsilon_{ij}^{p} = \frac{3}{2}\frac{\mathrm{d}\bar{\varepsilon}}{\bar{\sigma}}S_{ij} \tag{4-79}$$

展开式(4-79)得：

$$\left.\begin{aligned}
\mathrm{d}\varepsilon_x^p &= \frac{\mathrm{d}\bar{\varepsilon}}{\bar{\sigma}}\left[\sigma_x - \frac{1}{2}(\sigma_y + \sigma_z)\right]; & \mathrm{d}\varepsilon_{xy}^p &= \frac{3}{2}\frac{\mathrm{d}\bar{\varepsilon}}{\bar{\sigma}}\tau_{xy} \\
\mathrm{d}\varepsilon_y^p &= \frac{\mathrm{d}\bar{\varepsilon}}{\bar{\sigma}}\left[\sigma_y - \frac{1}{2}(\sigma_z + \sigma_x)\right]; & \mathrm{d}\varepsilon_{yz}^p &= \frac{3}{2}\frac{\mathrm{d}\bar{\varepsilon}}{\bar{\sigma}}\tau_{yz} \\
\mathrm{d}\varepsilon_z^p &= \frac{\mathrm{d}\bar{\varepsilon}}{\bar{\sigma}}\left[\sigma_z - \frac{1}{2}(\sigma_x + \sigma_y)\right]; & \mathrm{d}\varepsilon_{zx}^p &= \frac{3}{2}\frac{\mathrm{d}\bar{\varepsilon}}{\bar{\sigma}}\tau_{zx}
\end{aligned}\right\} \tag{4-80}$$

式(4-79)或式(4-80)为普朗特—罗伊斯方程的另一种表达式。如在上式中将塑性应变增量

换成总应变增量，亦即忽略弹性应变部分，则得**莱维—米塞斯**(M. Levy-R. Von. Mises)**方程**：

$$d\varepsilon_{ij}=\frac{3}{2}\frac{d\bar{\varepsilon}}{\bar{\sigma}}S_{ij} \tag{4-81}$$

由方程(4-80)和式(4-81)看出，增量理论的本构方程与广义虎克定律式(4-28)在形式上十分相似，除含应变增量外，所不同的是系数部分。如将虎克定律中的泊松比 $\mu=\frac{1}{2}$，$\frac{1}{E}$ 用 $\frac{d\bar{\varepsilon}}{\bar{\sigma}}$ 来代替，便得到流动理论的本构方程。**这反映了塑性变形过程的不可压缩性和塑性变形的非线性，及其对加载路径的依赖性等**。在此方程中，若应变增量为已知，则可唯一地求出应力偏量。

方程(4-80)和式(4-81)为 $\bar{\sigma}$(即 J_2) 的函数，这就是说，上述方程要用到 Mises 屈服条件。所以这两式是与 Mises 屈服条件相关连的本构方程。

以上讨论未涉及强化问题。Prandtl-Reuss 理论和 Levy-Mises 理论也都可以应用于强化材料，有关这方面的研究可参阅有关文献。

4-7-2　全量理论(形变理论)

在塑性力学中，有一种特殊的变形情况，即各应变分量自始至终都按同一比例增加或减少，这种情况称为**比例变形**。在此情况下，应变强度增量可以积分求得应变强度，从而建立了**全量理论**的应力应变关系，因为这个理论考虑的是应变分量而不是应变分量的增量。全量理论是以比例变形为基础的理论，有时亦称为**形变理论**。这一理论首先是由亨奇(H. Hencky)提出的，后来又由原苏联的伊留申(A. Аилъющдн)将它整理得更完善，问题提得更明确，并给出了使用条件，因此这一理论亦称为**亨奇—伊留申理论**。伊留申给出的形变理论应满足的几个条件是：

(1)外载荷(包括体力)按比例增加，变形体处于主动变形的过程(即应力强度 $\bar{\sigma}$ 不断增加，在变形过程中不出现中间卸载的情况)；

(2)材料的体积是不可压缩的，计算时取泊松比 $\mu=\frac{1}{2}$；

(3)材料的应力应变曲线具有幂强化形式，即 $\sigma=A\varepsilon^m$ 或 $\bar{\sigma}=A\bar{\varepsilon}^m$；

(4)满足小弹塑性变形的各项条件，塑性变形与弹性变形属同一量级。

在满足以上几个条件后，形变理论将给出正确的结果。外载荷按比例增加是满足简单加载的必要条件，如果载荷不按比例增加。则不仅保证不了物体内部的简单加载状态，而且在物体的表面也满足不了简单加载的条件。采用体积不可压缩假设，并取泊松比 $\mu=\frac{1}{2}$，不仅简化了具体计算，而且基本上与实验结果相符，使形变理论的物理关系主要表示为应力偏量与应变偏量之间的关系，并使之满足 $\bar{\sigma}=A\bar{\varepsilon}^m$ 的规律。采用幂强化模型可以避免区分弹性区和塑性区，而实际上这一模型对不同材料的限制并不大，因为各种材料都可以通过选取公式中的常数 A 的指数 m 来拟合拉伸曲线。采用小变形条件是因为平衡方程和几何方程都是在小变形条件下推导出来的，而物理关系也是小变形条件下的关系式。

伊留申不仅对亨奇形变理论的适用条件做了明确规定，还证明了简单加载定理。他提出在小弹塑性变形的情况下，总应变与应力偏量成比例，即：

$$\frac{e_x}{S_x}=\frac{e_y}{S_y}=\frac{e_z}{S_z}=\frac{\gamma_{xy}}{2\tau_{xy}}=\frac{\gamma_{yz}}{2\tau_{yz}}=\frac{\gamma_{zx}}{2\tau_{zx}}=\lambda \tag{4-82}$$

若采用主应力表示，有

$$\frac{e_1}{S_1}=\frac{e_2}{S_2}=\frac{e_3}{S_3}=\lambda \tag{j}$$

等效应变 $\bar{\varepsilon}$ 的表达式为：

$$\begin{aligned}\bar{\varepsilon}&=\frac{\sqrt{2}}{3}\sqrt{(e_1-e_2)^2+(e_2-e_3)^2+(e_3-e_1)^2}\\&=\frac{\sqrt{2}}{3}\lambda\sqrt{(S_1-S_2)^2+(S_2-S_3)^2+(S_3-S_1)^2}\\&=\frac{\sqrt{2}}{3}\lambda\sqrt{2}\,\bar{\sigma}\end{aligned} \tag{k}$$

由此得

$$\lambda=\frac{3}{2}\frac{\bar{\varepsilon}}{\bar{\sigma}} \tag{4-83}$$

因此，亨奇一伊留申理论的应力应变关系可写成：

$$e_{ij}=\frac{3}{2}\frac{\bar{\varepsilon}}{\bar{\sigma}}S_{ij} \tag{4-84}$$

将式(4-84)展开：

$$\left.\begin{aligned}e_x&=\frac{3}{2}\frac{\bar{\varepsilon}}{\bar{\sigma}}S_x\ ;\quad \gamma_{xy}=\frac{3\bar{\varepsilon}}{\bar{\sigma}}\tau_{xy}\\e_y&=\frac{3}{2}\frac{\bar{\varepsilon}}{\bar{\sigma}}S_y\ ;\quad \gamma_{yz}=\frac{3\bar{\varepsilon}}{\bar{\sigma}}\tau_{yz}\\e_z&=\frac{3}{2}\frac{\bar{\varepsilon}}{\bar{\sigma}}S_z\ ;\quad \gamma_{zx}=\frac{3\bar{\varepsilon}}{\bar{\sigma}}\tau_{zx}\end{aligned}\right\} \tag{4-85}$$

根据虎克定律式(4-33)，弹性应变为：

$$\left.\begin{aligned}e_x^e&=\frac{1}{2G}S_x\ ;\quad \gamma_{xy}^e=\frac{1}{G}\tau_{xy}\\e_y^e&=\frac{1}{2G}S_y\ ;\quad \gamma_{yz}^e=\frac{1}{G}\tau_{yz}\\e_z^e&=\frac{1}{2G}S_z\ ;\quad \gamma_{zx}^e=\frac{1}{G}\tau_{zx}\end{aligned}\right\} \tag{l}$$

由于塑性应变为总应变与弹性应变之差，故由式(4-85)和式(l)得：

$$\left.\begin{aligned}e_x^p&=\left(\frac{3\bar{\varepsilon}}{2\bar{\sigma}}-\frac{1}{2G}\right)S_x\ ;\quad \gamma_{xy}^p=\left(\frac{3\bar{\varepsilon}}{\bar{\sigma}}-\frac{1}{G}\right)\tau_{xy}\\e_y^p&=\left(\frac{3\bar{\varepsilon}}{2\bar{\sigma}}-\frac{1}{2G}\right)S_y\ ;\quad \gamma_{yz}^p=\left(\frac{3\bar{\varepsilon}}{\bar{\sigma}}-\frac{1}{G}\right)\tau_{yz}\\e_z^p&=\left(\frac{3\bar{\varepsilon}}{2\bar{\sigma}}-\frac{1}{2G}\right)S_z\ ;\quad \gamma_{zx}^p=\left(\frac{3\bar{\varepsilon}}{\bar{\sigma}}-\frac{1}{G}\right)\tau_{zx}\end{aligned}\right\} \tag{4-86}$$

式(4-86)可缩写为：

$$e_{ij}^p=e_{ij}-e_{ij}^e=\left(\frac{3\bar{\varepsilon}}{2\bar{\sigma}}-\frac{1}{2G}\right)S_{ij} \tag{4-87}$$

例 4-3 已知一根两端封闭的薄壁圆筒，平均半径为 r，平均直径为 d，壁厚为 t，筒长为 l，承受内压力 P 的作用而产生塑性变形。材料为各向同性体。试求：

(1)如忽略弹性应变，筒壁上一点处的周向、轴向和径向的应变增量之比；

(2)若材料为不可压缩材料，即 $\mu=\frac{1}{2}$，筒壁上一点处的周向、轴向和径向应变的全量之比。

解 由于 $\frac{t}{r}\ll 1$，则可近似地认为筒壁内各点的径向应力 $\sigma_r=0$。若设圆筒横截面上轴向

合力为 p，横截面面积为 A，纵向截面合力为 p_1，一侧纵向截面面积为 A_1，则各点的周向和轴向应力分别为：

$$\left.\begin{aligned}\sigma_z &= \frac{P}{A} = \frac{pS}{2\pi rt} = \frac{p\pi r^2}{2\pi rt} = \frac{pr}{2t} \\ \sigma_\theta &= \frac{P_1}{A_1} = \frac{pld}{2}\frac{1}{tl} = \frac{p\cdot 2r}{2t} = \frac{pr}{t}\end{aligned}\right\} \tag{1}$$

则知 $\sigma_1 = \sigma_\theta, \sigma_2 = \sigma_z, \sigma_3 = \sigma_r$；而球应力分量为：

$$\sigma_m = \frac{\sigma_z + \sigma_\theta + \sigma_r}{3} = \frac{pr}{2t} \tag{2}$$

应力偏量分量为

$$S_1 = \sigma_1 - \sigma_m = \frac{pr}{2t};\quad S_2 = \sigma_2 - \sigma_m = 0;\quad S_3 = \sigma_3 - \sigma_m = -\frac{pr}{2t} \tag{3}$$

据增量理论可得(忽略弹性变形)：

$$\left.\begin{aligned}d\varepsilon_1 &= d\varepsilon_\theta = S_1 d\lambda = \frac{pr}{2t}d\lambda \\ d\varepsilon_2 &= d\varepsilon_z = S_2 d\lambda = 0 \\ d\varepsilon_3 &= d\varepsilon_r = S_3 d\lambda = -\frac{pr}{2t}d\lambda\end{aligned}\right\} \tag{4}$$

故得：

$$d\varepsilon_1 : d\varepsilon_2 : d\varepsilon_3 = d\varepsilon_\theta : d\varepsilon_z : d\varepsilon_r = \frac{pr}{2t}d\lambda : 0 : (-\frac{pr}{2t})d\lambda$$

也即：

$$d\varepsilon_\theta : d\varepsilon_z : d\varepsilon_r = 1 : 0 : (-1)$$

由全量理论式(4-84)及 $\mu = 1/2, \varepsilon_m = 0, e_{ij} = \varepsilon_{ij}$，得：

$$\varepsilon_\theta : \varepsilon_z : \varepsilon_r = \varepsilon_1 : \varepsilon_2 : \varepsilon_3 = S_1 : S_2 : S_3 = 1 : 0 : (-1)$$

习　题

4-1　试证明在弹性变形的应力状态下，下式成立：

(1) $\gamma_8 = \frac{1}{G}\tau_8$；　(2) $\bar{\sigma} = E\bar{\varepsilon}$　$\left(设\ \mu = \frac{1}{2}\right)$。

4-2　试以等值拉压应力状态与纯剪切应力状态的关系，由应变能公式证明弹性常数 E、G、μ 之间满足关系式：$G = \frac{E}{2(1+\mu)}$。

4-3　试证明：关于各向同性弹性体，如泊松比 $\mu = \frac{1}{2}$，则 $G = \frac{E}{3}, \lambda \to \infty, K \to \infty, \theta = 0$；并说明此时上述各弹性常数的物理意义。

4-4　如设材料屈服的原因是形状改变比能(畸变能) U_d 达到某一极限值时而发生的。试根据单向拉伸与纯剪切应力状态确定屈服极限 σ_s 和 τ_s 之间的关系。

4-5　试根据物体三向等值受拉，体积不会缩小的体积应变规律，来证明泊松比 μ 的上下限为：$0 < \mu < \frac{1}{2}$。

4-6 试由物体的三向等值压缩应力状态来推证，$K=\frac{2}{3}G+\lambda$ 的关系式，并验证是否与 $K=\frac{E}{3(1-2\mu)}$ 符合，K 为体积弹性模量。

4-7 已知钢材的弹性常数 $E=2.1\times10^5\text{N/mm}^2$，$\mu=0.3$；橡皮的弹性常数为 $E=5\text{N/mm}^2$，$\mu=0.47$。试比较它们的体积弹性常数（K_1、K_2 分别为钢材、橡皮的体积弹性常数）。

4-8 有一处于二向拉伸应力状态的各向同性单元体（$\sigma_1\neq0,\sigma_2\neq0,\sigma_3=0$），其主应变为 $\varepsilon_1=1.7\times10^{-4}$，$\varepsilon_2=0.4\times10^{-4}$，已知泊松比 $\mu=0.3$。试求主应变 ε_3。

4-9 尺寸为 1cm×1cm×1cm 的铝块，紧密地嵌入刚性模块中。铝块上表面受到均布压力作用时（均布压力合力 $P=6\text{kN}$），其主应力、主应变各为多少？铝块的弹性常数 $E=70\text{GPa}$，$\mu=0.33$。

4-10 直径 $D=40\text{mm}$ 的铝圆柱体，紧密地放入厚度为 $\delta=2\text{mm}$ 的钢套管中，圆柱受轴向压力 $P=40\text{kN}$ 作用。若铝的弹性常数 $E_1=70\text{GPa}$，$\mu_1=0.35$；钢的弹性常数 $E=210\text{GPa}$。试求钢套筒力的周向应力。

4-11 试证明各向同性弹性体的应力主方向与相应的应变主方向相重合。

4-12 将某一小的物体放入高压容器内，在静水压力 $P=0.45\text{N/mm}^2$ 作用下，测得体积应变 $\theta=-3.6\times10^{-5}$。若物体的泊松比 $\mu=0.3$，试求物体的杨氏弹性模量 E。

4-13 各向同性物体中某一点的 x 和 y 方向的正应力分量分别为 $\sigma_x=35\text{N/mm}^2$，$\sigma_y=25\text{N/mm}^2$，而沿 z 方向的应变完全被限制住。设 $E=2.1\times10^5\text{N/mm}^2$，$\mu=0.3$，试求 σ_z 和 ε_y、ε_x 的值。

4-14 在体力不计的情况下，若位移分量为 $u=Ayz$，$v=Axz$，$w=AKxy$，其中 A、K 为常数，且 $K\neq1$。试求应力分量，并验证此组应力分量能否作为弹性力学问题的可能解答。

4-15 物体中某点的应力状态为：

$$\sigma_{ij}=\begin{bmatrix}-100 & 0 & 0\\ 0 & -200 & 0\\ 0 & 0 & -300\end{bmatrix}\quad(\text{MPa})$$

该物体在单向拉伸时屈服极限 $\sigma_s=190\text{MPa}$，试用 Tresca 和 Mises 屈服条件判断该点处于何种变形状态。如主应力方向均做相反改变（即同值异号），则对被研究点所处变形状态的判断有无变化。

4-16 求如图所示 Tresca 条件所示 D 点处的流动法则（即 $\mathrm{d}\varepsilon_1^p:\mathrm{d}\varepsilon_2^p:\mathrm{d}\varepsilon_3^p$）。

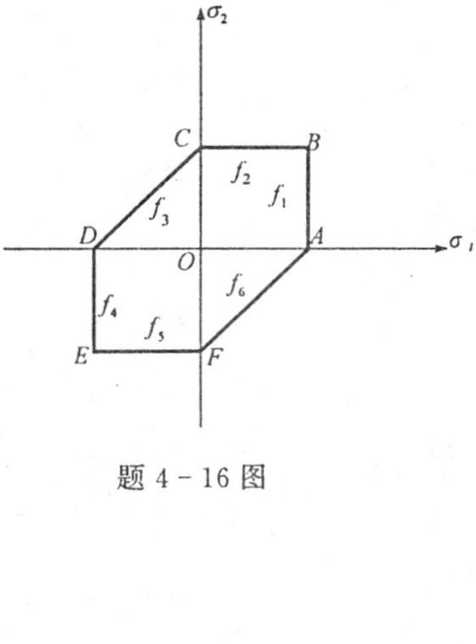

题 4-16 图

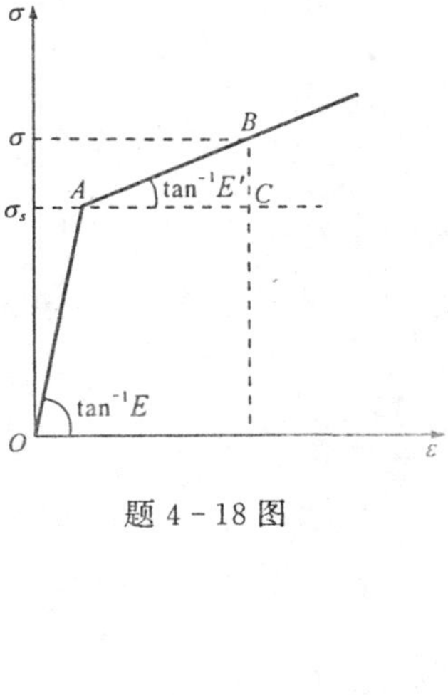

题 4-18 图

4-17 将 Mises 条件用主应力写出，并研究两种特殊情况：(1) $\sigma_1 = \sigma_2$；(2) $\sigma_2 = \sigma_3$。试将列出的 Mises 条件与 Tresca 条件相比较。

4-18 给定单向拉伸曲线如图所示，ε_s、E、E' 均为已知，当知道 B 点的应变为 ε 时，试求该点的塑性应变。

4-19 给定下列主应力，试求：$\mathrm{d}\varepsilon_1^p : \mathrm{d}\varepsilon_2^p : \mathrm{d}\varepsilon_3^p$； $\mathrm{d}\varepsilon_1 : \mathrm{d}\varepsilon_2 : \mathrm{d}\varepsilon_3$ 以及 $\varepsilon_1^p : \varepsilon_2^p : \varepsilon_3^p$。

(1) $\sigma_1 = 3\sigma, \sigma_2 = \sigma, \sigma_3 = -\sigma$；

(2) $\sigma_1 = 2\sigma, \sigma_2 = 0, \sigma_3 = 0$。

4-20 已知薄壁圆筒承受轴向拉应力 $\sigma_z = \dfrac{\sigma_s}{2}$ 及扭矩的作用，若使用 Mises 条件，试求屈服时扭转应力的大小？并求出此时塑性应变增量的比值。

4-21 一薄壁圆筒，平均半径为 r，壁厚为 t，承受内压力 P 作用，且材料是不可压缩的，即 $\mu = \dfrac{1}{2}$；讨论下列三种情况：

(1)管的两端是自由的； (2)管的两端是固定的； (3)管的两端是封闭的。

分别用 Mises 和 Tresca 条件讨论 P 多大时，管子开始屈服，设已知管子单向拉伸试验 σ_s 值。

4-22 按题 4-21，如已知管子纯剪切试验的 τ_s 值，结果又如何？

4-23 给出下列问题的 Mises 和 Tresca 条件：

(1)受内压作用的封闭薄壁圆管。设内压为 q，平均半径为 r，壁厚为 t，材料为理想弹塑性。

(2)受拉力 P 和弯矩 M 作用的等直杆件，横截面为矩形，宽为 b，高为 h（垂直中性轴方向尺寸），材料为理想弹塑性。

4-24 设材料为理想弹塑性，$\mu = \dfrac{1}{2}$，当材料加载进入弹塑性状态时，试给出简单拉伸时的 Prandtl-Reuss 理论与 Hencky-Илъющин 理论的本构方程，以及塑性应变增量分量之间和应变分量之间的比值。

4-25 设已知薄壁圆管受拉伸与扭转，其横截面上一点处的应力为 $\sigma_z = \sigma, \tau_{z\theta} = \tau$，其他应力分量均为零。若使 $\dfrac{\gamma}{\varepsilon} = \sqrt{3}$ 保持为常数的情况下材料进入塑性状态，试分别应用增量理论和全量理论求圆管中的应力值。

4-26 已知某材料在纯剪切时的应力应变曲线为 $\tau = f(\gamma)$。试问 $\bar{\sigma} - \bar{\varepsilon}$ 曲线是什么形式？

第五章　弹性与塑性力学的基本解法

§5-1　概　述

弹塑性力学是研究弹性和弹塑性物体在外力作用下的应力、应变及变形规律的一门科学。所以弹塑性力学解决的任何一个具体的问题，最终都是为了确定物体的六个应力分量函数(应力分布规律)、六个应变分量函数(应变变化规律)和三个位移分量函数(变形的规律)。由于我们假设物体在变形前后均为连续体，因而上述应力分量、应变分量和位移分量都应当是物体内某点位置坐标的单值连续函数。当我们采用 $Oxyz$ 笛卡尔直角坐标系来表征时，关于弹塑性力学的这 15 个基本未知函数可表示为：

$$\left.\begin{aligned}\sigma_{ij} &= \sigma_{ij}(x,y,z)\\ \varepsilon_{ij} &= \varepsilon_{ij}(x,y,z)\\ u_i &= u_i(x,y,z)\end{aligned}\right\}\quad (i、j = x,y,z) \tag{5-1}$$

令人欣慰的是，关于求解这 15 个基本未知量所需的 15 个基本方程式，我们已在第二、三和四章按照固体力学分析问题求解问题的基本思路，通过三个方面(静力平衡方面、几何变形方面和物理方面)的分析研究而获得，它们分别为：

1　静力平衡微分方程

$$\sigma_{ij,j} + F_i = 0 \qquad (i、j = x,y,z) \tag{5-2}$$

2　几何方程

$$\varepsilon_{ij} = \frac{1}{2}(u_{i,j} + u_{j,i}) \qquad (i、j = x,y,z) \tag{5-3}$$

3　本构方程

(1)材料处于弹性状态：应力满足屈服函数 $f(\sigma_{ij}) \leqslant 0$，在此条件下，本构关系为广义虎克定律(均质各向同性体材料)：

$$\varepsilon_{ij} = \frac{1+\mu}{E}\sigma_{ij} - \frac{\mu}{E}\Theta\delta_{ij} \qquad (i、j = x,y,z) \tag{5-4}$$

式(5-4)中 $\Theta = \sigma_{ii} = \sigma_x + \sigma_y + \sigma_z$。若用应变表示应力，则式(5-4)可改写为：

$$\sigma_{ij} = \frac{E}{1+\mu}\varepsilon_{ij} + \frac{E\mu}{(1+\mu)(1-2\mu)}\theta\delta_{ij} \qquad (i、j = x,y,z) \tag{5-5}$$

式(5-5)中 $\theta = \varepsilon_{ij} = \varepsilon_x + \varepsilon_y + \varepsilon_z$。

(2)材料处于塑性状态：应力满足屈服函数 $f(\sigma_{ij}) \geqslant 0$，在此条件下，根据流动理论有：

$$\mathrm{d}\varepsilon_{ij} = \frac{1}{2G}\mathrm{d}S_{ij} + S_{ij}\mathrm{d}\lambda \qquad (i、j = x,y,z) \tag{5-6}$$

式(5-6)中 $\mathrm{d}\lambda = \dfrac{3\mathrm{d}\bar{\varepsilon}}{2\bar{\sigma}}$。若采用全量理论，则为：

$$e_{ij} = \frac{3\bar{\varepsilon}}{2\bar{\sigma}}S_{ij} \qquad (i、j = x,y,z) \tag{5-7}$$

综上所述，当材料处于弹性状态时，我们有三个平衡微分方程(5-2)，六个几何方程(5-3)和六个本构方程(5-4)或式(5-5)，共15个方程。当材料处于塑性状态时，我们有三个平衡微分方程(5-2)，六个几何方程(5-3)和六个本构方程(5-6)或式(5-7)，也是共15方程。尽管在式(5-6)中多引进了一个参数 $d\lambda$，但同时也增加了一个屈服条件 $f(\sigma_{ij})=0$，且只有在应力满足屈服条件时，$d\lambda$ 才不等于零。应当再次明确，由于塑性应力应变关系的非线性，加载过程中的弹塑性问题可作为非线性弹性力学问题来处理，而卸载过程中则要遵守卸载规律。

总之，无论是弹性力学问题，还是塑性力学问题，共15个基本未知量，同时也有15个基本方程(统称**泛定方程**)，因此，只要给定具体问题的边界条件，从理论上讲，问题是完全可以求解的。所以弹塑性静力学的这种问题在数学上称为**求解边值问题**。

在研究弹塑性小变形平衡问题的范围内，上述弹塑性力学问题的解，必须满足边界上给定的应力边界条件：

$$\overline{F}_i=\sigma_{ij}l_j \qquad (\text{在边界 } S_T \text{ 上}) \tag{5-8}$$

或者位移边界条件：

$$u_i=\overline{u}_i \qquad (\text{在边界 } S_u \text{ 上}) \tag{5-9}$$

这里需要说明，上述方程的解答从理论上已证明(王龙甫，1979)是唯一的。

弹塑性力学泛定方程是一个封闭的方程组，它只有在定解条件(如上文所述边界条件等)下才能用以求解一个具体的问题。因此，弹塑性力学的这组泛定方程一般地控制了物体内部应力、应变和位移之间相互关系的普遍规律，而定解条件则具体地给出了每个边值问题的特定规律。每个具体的问题反映在各自的边界条件上。于是弹塑性力学的基本方程组和边界条件一起构成了弹塑性力学边值问题的严格完整的提法。

应当强调指出，边界条件的个数必须给得不多也不少，才能得出正确的解答。例如对于空间问题的应力边界，必须在边界上的每一点有三个应力边界条件，如果条件给多了，就找不到满足全部条件的解，如果给少了，就会有许多解满足所给的条件，因而也就无法判断哪些是正确的解。

由此可见，通常在求解弹塑性静力学问题时，已知的条件是：

(1)物体的形状、尺寸和材料的物性参数；

(2)物体所受的载荷(包括体力和面力)，以及物体的约束条件。

根据具体问题边界条件类型的不同，常把边值问题分为以下三类：

第一类边值问题：给定物体的体力和面力，求在平衡状态下的应力场和位移场，即所谓边界应力已知的问题。

第二类边值问题：给定物体的体力和物体表面各点的位移，求在平衡状态下的应力场和物体内部的位移场，即所谓边界位移已知的问题。

第三类边值问题：在物体表面上，一部分边界(S_T)上给定面力，其余部分边界 S_u 上给定位移(或在一部分边界上既给定外力又给定位移)的条件下求解上述问题，即所谓混合边值问题。

通常在给定边界条件下求解上述泛定偏微分方程组，在数学上是十分困难的。弹塑性力学往往采用消去某些方程中的未知量，使未知量减少的办法来求解。具体处理办法如下：

(1)位移法　即以位移分量作为基本未知量，来求解边值问题。此时将一切未知量和基本方程都转换成用位移分量来表示。通常给定位移边界条件的边值问题，宜用此法。

(2)应力法　即以应力分量作为基本未知量，来求解边值问题。此时将一切未知量和基本方程都转换成用应力分量来表示。通常当给定应力边界条件时，宜用此法。

(3)混合法 即以一部分位移分量和一部分应力分量作为基本未知量，来混合求解边值问题。显然，这种方法适宜于求解混合边值问题。

尽管利用上述三种求解方法，可以求解一些简单的弹塑性力学问题，但每种解法都需求解二次偏微分方程组，在数学上仍然存在有很大的困难。对许多较复杂的弹性力学问题，仍然不能获得满意的解答。特别是在求解塑性力学的边值问题时，由于塑性应力应变关系的非线性等问题，求解往往更加困难。因此在弹性力学和塑性力学中，发展了许多行之有效的研究方法，例如弹性力学中的有限差分法、有限单元法、变分法等，以及塑性力学中的求解静定问题、界限法、滑移线法、主应力法、有限单元法、变分法等。鉴于篇幅及学时所限，本教程则以讨论弹性力学的基本解法为主，适当地介绍一些塑性力学的求解静定问题，以便为更深入学习弹塑性力学后续课程奠定基础。关于塑性力学的种种解法，请读者参见有关弹塑性力学或塑性力学教材，此处不再详细介绍。

§5-2 按位移求解弹性力学问题

为用位移作为基本未知量，必须将泛定方程改用位移 u、v 和 w 来表示。为此，由方程(4-31)再利用式(3-2)可得：

$$\left.\begin{aligned}
\sigma_x &= 2G\left(\frac{\partial u}{\partial x}+\frac{\mu}{1-2\mu}\theta\right); \quad & \tau_{xy} &= G\left(\frac{\partial u}{\partial y}+\frac{\partial v}{\partial x}\right)\\
\sigma_y &= 2G\left(\frac{\partial v}{\partial y}+\frac{\mu}{1-2\mu}\theta\right); \quad & \tau_{yz} &= G\left(\frac{\partial v}{\partial z}+\frac{\partial w}{\partial y}\right)\\
\sigma_z &= 2G\left(\frac{\partial w}{\partial z}+\frac{\mu}{1-2\mu}\theta\right); \quad & \tau_{zx} &= G\left(\frac{\partial w}{\partial x}+\frac{\partial u}{\partial z}\right)
\end{aligned}\right\} \tag{5-10}$$

将式(5-10)代入平衡微分方程式(5-2)第一式得：

$$2G\left(\frac{\partial^2 u}{\partial x^2}+\frac{\mu}{1-2\mu}\frac{\partial \theta}{\partial x}\right)+G\left(\frac{\partial^2 u}{\partial y^2}+\frac{\partial^2 v}{\partial x\partial y}\right)+G\left(\frac{\partial^2 u}{\partial z^2}+\frac{\partial^2 w}{\partial x\partial z}\right)+F_x=0 \tag{a}$$

余类推。注意到 $\theta=\varepsilon_x+\varepsilon_y+\varepsilon_z$，则

$$\frac{\partial \theta}{\partial x}=\frac{\partial^2 u}{\partial x^2}+\frac{\partial^2 v}{\partial x\partial y}+\frac{\partial^2 w}{\partial x\partial z} \tag{b}$$

并采用拉普拉斯算符：

$$\nabla^2 u=\frac{\partial^2 u}{\partial x^2}+\frac{\partial^2 u}{\partial y^2}+\frac{\partial^2 u}{\partial z^2} \tag{c}$$

可得下列用位移表示的平衡微分方程，也称**拉梅位移方程**，其形式为：

$$\left.\begin{aligned}
(\lambda+G)\frac{\partial \theta}{\partial x}+G\nabla^2 u+F_x=0\\
(\lambda+G)\frac{\partial \theta}{\partial y}+G\nabla^2 v+F_y=0\\
(\lambda+G)\frac{\partial \theta}{\partial z}+G\nabla^2 w+F_z=0
\end{aligned}\right\} \tag{5-11}$$

式(5-11)可缩记为：

$$(\lambda+G)u_{j,ji}+Gu_{i,jj}+F_i=0 \tag{5-12}$$

由于，

$$\lambda + G = \frac{E\mu}{(1+\mu)(1-2\mu)} + G = G\left(\frac{2\mu}{1-2\mu}+1\right) = \frac{G}{1-2\mu} \tag{d}$$

因而式(5－11)也可写为：

$$\left.\begin{aligned}
&\frac{G}{1-2\mu}\frac{\partial\theta}{\partial x} + G\nabla^2 u + F_x = 0\\
&\frac{G}{1-2\mu}\frac{\partial\theta}{\partial y} + G\nabla^2 v + F_y = 0\\
&\frac{G}{1-2\mu}\frac{\partial\theta}{\partial z} + G\nabla^2 w + F_z = 0
\end{aligned}\right\} \tag{5-13}$$

式(5－13)可缩记为：

$$\frac{G}{1-2\mu}\theta_{,i} + G\nabla^2 u_i + F_i = 0 \tag{5-14}$$

若已知物体表面的位移，则位移边界条件很容易列出。若在物体表面上给定了表面力，则需要按照式(5－10)所给应力代入应力边界条件表达式(2－46)，则得用位移分量表示的应力边界条件为：

$$\left.\begin{aligned}
&l_1G\left(\lambda\theta + 2G\frac{\partial u}{\partial x}\right) + l_2G\left(\frac{\partial v}{\partial x}+\frac{\partial u}{\partial y}\right) + l_3G\left(\frac{\partial w}{\partial x}+\frac{\partial u}{\partial z}\right) = \overline{F}_x\\
&l_1G\left(\frac{\partial u}{\partial y}+\frac{\partial v}{\partial x}\right) + l_2G\left(\lambda\theta + 2G\frac{\partial v}{\partial y}\right) + l_3G\left(\frac{\partial w}{\partial y}+\frac{\partial v}{\partial z}\right) = \overline{F}_y\\
&l_1G\left(\frac{\partial u}{\partial z}+\frac{\partial w}{\partial x}\right) + l_2G\left(\frac{\partial v}{\partial z}+\frac{\partial w}{\partial y}\right) + l_3G\left(\lambda\theta + 2G\frac{\partial w}{\partial z}\right) = \overline{F}_z
\end{aligned}\right\} \tag{5-15}$$

在求解问题时，要使所求的位移函数 u、v、w 在物体内部满足方程式(5－11)，在边界上满足边界条件(5－15)或满足直接给出的位移边界条件，再将所求得的位移分量代入几何方程便可求出应变分量，再代入方程(5－10)求出应力分量。

按位移求解弹性力学问题时，未知函数的个数比较少，即仅有三个未知量 u、v、w。但必须求解三个联立的二阶偏微分方程，而不能像按应力求解问题那样简化为求解一个单独的微分方程，这是按位移求解问题的缺点。但是从原则上讲，按位移求解问题是普遍适用的方法，特别是在数值解中得到了广泛的应用，例如在有限单元法、差分法等数值计算方法中，得到了很好的应用。

例 5－1 设有半空间体，单位体积的质量为 ρ，在水平边界面上受均布压力 q 的作用，试用位移法求各位移分量和应力分量，并假设在 $z=h$ 处 z 方向的位移 $w=0$，如图 5－1 所示。

解 由于载荷和弹性体关于 z 轴对称，并且是半空间体，可以假设 $u=0$，$v=0$，$w=w(z)$。因此体积应变为：

$$\theta = \frac{\partial u}{\partial x}+\frac{\partial v}{\partial y}+\frac{\partial w}{\partial z} = \frac{\mathrm{d}w}{\mathrm{d}z} \tag{1}$$

而

$$\nabla^2 w = \left(\frac{\partial^2}{\partial x^2}+\frac{\partial^2}{\partial y^2}+\frac{\partial^2}{\partial z^2}\right)w = \frac{\mathrm{d}^2 w}{\mathrm{d}z^2} \tag{2}$$

将式(1)、(2)代入拉梅方程式(5－11)的前两式后，可得恒等式，而第三式则为：

$$(\lambda + 2G)\frac{\mathrm{d}^2 w}{\mathrm{d}z^2} + \rho g = 0 \tag{3}$$

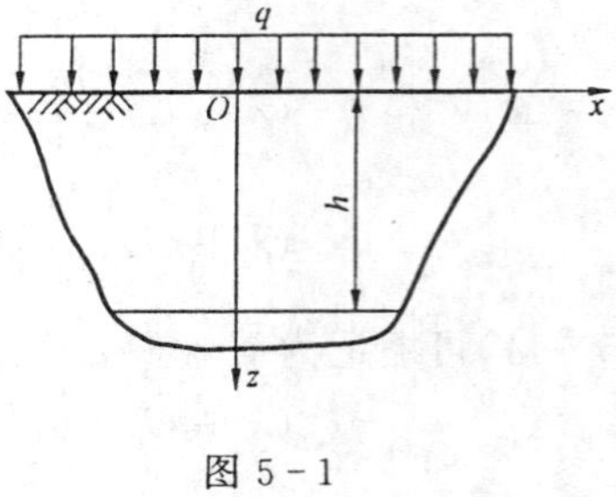

图 5－1

或

$$\frac{\mathrm{d}^2 w}{\mathrm{d}z^2}=-\frac{\rho g}{\lambda+2G}=-\frac{1-2\mu}{2(1-\mu)G}\rho g \tag{4}$$

将(4)式积分后得：

$$w=-\frac{1-2\mu}{4(1-\mu)G}\rho g z^2+Az+B \tag{5}$$

式(5)中常数 A、B 可由边界条件确定。在边界上，$l_1=l_2=0$，$l_3=-1$，$\overline{F}_x=\overline{F}_y=0$，$\overline{F}_z=q$，代入式(5-15)的前两式得恒等式，第三式为：

$$-\left(\lambda\frac{\mathrm{d}w}{\mathrm{d}z}+2G\frac{\mathrm{d}w}{\mathrm{d}z}\right)_{z=0}=q \tag{6}$$

化简后得：

$$\left(\frac{\mathrm{d}w}{\mathrm{d}z}\right)_{z=0}=-\frac{1-2\mu}{2(1-\mu)G}q \tag{7}$$

由前面所得 w 的表达式(5)可得

$$\left[-\frac{1-2\mu}{2(1-\mu)G}\rho g z+A\right]_{z=0}=-\frac{1-2\mu}{2(1-\mu)G}q \tag{8}$$

由上式得：

$$A=-\frac{1-2\mu}{2(1-\mu)G}q \tag{9}$$

由条件 $(w)_{z=h}=0$ 得：

$$B=\frac{1-2\mu}{2(1-\mu)G}qh+\frac{1-2\mu}{4(1-\mu)G}\rho g h^2 \tag{10}$$

将常数 A 和 B 代入 w 的表达式(5)后，得：

$$\left.\begin{aligned}&u=0\\&v=0\\&w=\frac{1-2\mu}{4G(1-\mu)}[\rho g(h^2-z^2)+2q(h-z)]\end{aligned}\right\} \tag{11}$$

将上式代入式(5-10)后得：

$$\left.\begin{aligned}&\sigma_x=\sigma_y=-\frac{\lambda}{\lambda+2G}(q+\rho g z)=-\frac{\mu}{1-\mu}(q+\rho g z)\\&\sigma_z=(\lambda+2G)\frac{\mathrm{d}w}{\mathrm{d}z}=-(q+\rho g z)\\&\tau_{xy}=\tau_{yz}=\tau_{zx}=0\end{aligned}\right\} \tag{12}$$

§5-3 按应力求解弹性力学问题

对于在物体的边界上给定了表面力的问题，除可以按位移求解外，也可以按应力去求解，此时以六个应力分量作为基本未知量，从基本方程中消去位移和应变，得到关于应力的偏微分方程组。

首先，待求的应力分量应满足平衡微分方程，仅平衡微分方程还不足以求解应力分量，必须建立有关应力的补充方程。为此要从应变和位移关系中消去位移 u、v、w，这就是第三章中所推导的应变谐调方程(3-35)：

$$
\left.\begin{aligned}
&\frac{\partial^2\varepsilon_y}{\partial x^2}+\frac{\partial^2\varepsilon_x}{\partial y^2}=\frac{\partial^2\gamma_{xy}}{\partial x\partial y}\\
&\frac{\partial^2\varepsilon_z}{\partial y^2}+\frac{\partial^2\varepsilon_y}{\partial z^2}=\frac{\partial^2\gamma_{yz}}{\partial y\partial z}\\
&\frac{\partial^2\varepsilon_x}{\partial z^2}+\frac{\partial^2\varepsilon_z}{\partial x^2}=\frac{\partial^2\gamma_{zx}}{\partial z\partial x}\\
&\frac{\partial}{\partial x}\left(\frac{\partial\gamma_{zx}}{\partial y}+\frac{\partial\gamma_{xy}}{\partial z}-\frac{\partial\gamma_{yz}}{\partial x}\right)=2\,\frac{\partial^2\varepsilon_x}{\partial y\partial z}\\
&\frac{\partial}{\partial y}\left(\frac{\partial\gamma_{xy}}{\partial z}+\frac{\partial\gamma_{yz}}{\partial x}-\frac{\partial\gamma_{zx}}{\partial y}\right)=2\,\frac{\partial^2\varepsilon_y}{\partial z\partial x}\\
&\frac{\partial}{\partial z}\left(\frac{\partial\gamma_{yz}}{\partial x}+\frac{\partial\gamma_{zx}}{\partial y}-\frac{\partial\gamma_{xy}}{\partial z}\right)=2\,\frac{\partial^2\varepsilon_z}{\partial x\partial y}
\end{aligned}\right\}\tag{a}
$$

将(a)式第二式中的应变分量用广义虎克定律式(4-28)代入得：

$$
(1+\mu)\left(\frac{\partial^2\sigma_y}{\partial z^2}+\frac{\partial^2\sigma_z}{\partial y^2}\right)-\mu\left(\frac{\partial^2\Theta}{\partial z^2}+\frac{\partial^2\Theta}{\partial y^2}\right)=2(1+\mu)\,\frac{\partial^2\tau_{yz}}{\partial y\partial z}\tag{b}
$$

式中 $\Theta=\sigma_x+\sigma_y+\sigma_z$。再利用平衡方程式(5-2)，式(b)等号右边可写为：

$$
\begin{aligned}
\frac{\partial^2\tau_{yz}}{\partial y\partial z}&=\frac{\partial}{\partial z}\left(\frac{\partial\tau_{yz}}{\partial y}\right)=\frac{\partial}{\partial z}\left(-\frac{\partial\sigma_z}{\partial z}-\frac{\partial\tau_{zx}}{\partial x}-F_z\right)\\
&=\frac{\partial}{\partial y}\left(\frac{\partial\tau_{yz}}{\partial z}\right)=\frac{\partial}{\partial y}\left(-\frac{\partial\sigma_y}{\partial y}-\frac{\partial\tau_{yx}}{\partial x}-F_y\right)
\end{aligned}\tag{c}
$$

于是(b)式可写为：

$$
\begin{aligned}
&(1+\mu)\left(\frac{\partial^2}{\partial y^2}+\frac{\partial^2}{\partial z^2}\right)(\sigma_z+\sigma_y)-\mu\left(\frac{\partial^2\Theta}{\partial z^2}+\frac{\partial^2\Theta}{\partial y^2}\right)\\
&=-(1+\mu)\left[\frac{\partial}{\partial x}\left(\frac{\partial\tau_{zx}}{\partial z}+\frac{\partial\tau_{xy}}{\partial y}\right)+\frac{\partial F_z}{\partial z}+\frac{\partial F_y}{\partial y}\right]
\end{aligned}\tag{d}
$$

或改写为：

$$
(1+\mu)\left(\nabla^2\Theta-\nabla^2\sigma_x-\frac{\partial^2\Theta}{\partial x^2}\right)-\mu\left(\nabla^2\Theta-\frac{\partial^2\Theta}{\partial x^2}\right)=(1+\mu)\left(\frac{\partial F_x}{\partial x}-\frac{\partial F_y}{\partial y}-\frac{\partial F_z}{\partial z}\right)\tag{e}
$$

式(e)中的 ∇^2 为拉普拉斯算子。对于式(a)中的第一、三两式，可得类似于式(e)的两个方程，将此三式相加得：

$$
\nabla^2\Theta=-\frac{1+\mu}{1-\mu}\left(\frac{\partial F_x}{\partial x}+\frac{\partial F_y}{\partial y}+\frac{\partial F_z}{\partial z}\right)\tag{f}
$$

将式(f)代入式(e)，最终得：

$$
\nabla^2\sigma_x+\frac{1}{1+\mu}\frac{\partial^2\Theta}{\partial x^2}=-\frac{\mu}{1-\mu}\left(\frac{\partial F_x}{\partial x}+\frac{\partial F_y}{\partial y}+\frac{\partial F_z}{\partial z}\right)-2\,\frac{\partial F_x}{\partial x}\tag{g}
$$

类似地可得其他五个方程。于是得到用应力分量表示的六个变形谐调方程：

$$
\left.\begin{aligned}
&\nabla^2\sigma_x+\frac{1}{1+\mu}\frac{\partial^2\Theta}{\partial x^2}=-\frac{\mu}{1-\mu}\left(\frac{\partial F_x}{\partial x}+\frac{\partial F_y}{\partial y}+\frac{\partial F_z}{\partial z}\right)-2\,\frac{\partial F_x}{\partial x}\\
&\nabla^2\sigma_y+\frac{1}{1+\mu}\frac{\partial^2\Theta}{\partial y^2}=-\frac{\mu}{1-\mu}\left(\frac{\partial F_x}{\partial x}+\frac{\partial F_y}{\partial y}+\frac{\partial F_z}{\partial z}\right)-2\,\frac{\partial F_y}{\partial y}\\
&\nabla^2\sigma_z+\frac{1}{1+\mu}\frac{\partial^2\Theta}{\partial z^2}=-\frac{\mu}{1-\mu}\left(\frac{\partial F_x}{\partial x}+\frac{\partial F_y}{\partial y}+\frac{\partial F_z}{\partial z}\right)-2\,\frac{\partial F_z}{\partial z}\\
&\nabla^2\tau_{xy}+\frac{1}{1+\mu}\frac{\partial^2\Theta}{\partial x\partial y}=-\left(\frac{\partial F_y}{\partial x}+\frac{\partial F_x}{\partial y}\right)\\
&\nabla^2\tau_{yz}+\frac{1}{1+\mu}\frac{\partial^2\Theta}{\partial y\partial z}=-\left(\frac{\partial F_z}{\partial y}+\frac{\partial F_y}{\partial z}\right)\\
&\nabla^2\tau_{zx}+\frac{1}{1+\mu}\frac{\partial^2\Theta}{\partial z\partial x}=-\left(\frac{\partial F_x}{\partial z}+\frac{\partial F_z}{\partial x}\right)
\end{aligned}\right\}\tag{5-16}
$$

式(5－16)称为拜尔特拉米-密乞尔(Beltrami-Michell)方程。当体力为零或为常量时，式(5－16)可简化为：

$$\left.\begin{aligned}&(1+\mu)\nabla^2\sigma_x+\frac{\partial^2\Theta}{\partial x^2}=0;\quad (1+\mu)\nabla^2\tau_{xy}+\frac{\partial^2\Theta}{\partial x\partial y}=0\\&(1+\mu)\nabla^2\sigma_y+\frac{\partial^2\Theta}{\partial y^2}=0;\quad (1+\mu)\nabla^2\tau_{yz}+\frac{\partial^2\Theta}{\partial y\partial z}=0\\&(1+\mu)\nabla^2\sigma_z+\frac{\partial^2\Theta}{\partial z^2}=0;\quad (1+\mu)\nabla^2\tau_{zx}+\frac{\partial^2\Theta}{\partial z\partial x}=0\end{aligned}\right\}\tag{5-17}$$

式(5－17)可缩写为：

$$\nabla^2\sigma_{ij}+\frac{1}{1+\mu}\Theta_{,ij}=0\tag{5-18}$$

此时，可根据式(f)得出 $\nabla^2\Theta=0$，即应力第一不变量 Θ 是调和函数。如对式(5－17)中每一等式两边分别作拉普拉斯运算，则可得到：

$$\left.\begin{aligned}&\nabla^2\nabla^2\sigma_x=0;\quad \nabla^2\nabla^2\sigma_y=0;\quad \nabla^2\nabla^2\sigma_z=0\\&\nabla^2\nabla^2\tau_{xy}=0;\quad \nabla^2\nabla^2\tau_{yz}=0;\quad \nabla^2\nabla^2\tau_{zx}=0\end{aligned}\right\}\tag{5-19}$$

式(5－19)可缩记为：

$$\nabla^2\nabla^2\sigma_{ij}=0\tag{5-20}$$

即所有的应力分量都是双调和函数。这些双调和函数不是互相独立的，而是必须满足平衡微分方程式(5－2)。

按应力求解弹性力学问题时，所求的应力分量应满足平衡微分方程(5－2)和变形谐调方程(5－16)，应力分量在边界上应满足应力边界条件式(5－8)。在求得应力分量后，通过应力应变关系式(4－28)可求出应变分量，再根据应变与位移的关系式(3－2)求出位移。

按应力求解弹性力学问题时，除了满足以上所述条件外，还须注意所谓位移单值性的问题。因为由应变求位移时，需要进行积分运算，这就涉及积分的连续条件问题。对于单连体，即只具有一个连续边界的物体(内部无孔洞的物体)，满足方程(5－16)和方程(5－2)，也满足应力边界条件，则应力分量完全确定，即解是唯一确定的。而对于多连体(即内部有孔洞的物体)问题，除了满足相应方程和边界条件外，还要考虑位移的单值性条件(即物体中任意一点的位移必须是单值的)，这样才可能完全确定应力分量。

按应力求解弹性力学问题，一般说来，未知函数较多，所要求解的二阶偏微分方程组比较复杂，但边界条件比较简单，并且得到的应力表达式在大多数具体问题中比位移表达式简单。因此按应力求解比按位移求解一般来说要来得容易些。但就解决弹性体问题的普遍性而言，按位移求解更具有普遍适用性。对于实际问题应根据问题的特点，适当地选择求解方法。

由以上讨论可以看出，对于弹性力学问题需要在严格的边界条件下解复杂的微分方程组。在一般情况下，这是一件很不容易的事，因为常常难以克服数学上的困难。因而，人们又研究了各种解题方法。如逆解法、半逆解法等。

所谓**逆解法**，就是选取一组位移分量函数(或应力分量函数)做为已知量，然后代入有关方程中求出应变分量和应力分量(或应变分量和位移分量)。并要求它们满足边界条件。如果验证能满足或近似满足一切基本方程和边界条件，则可把所选取的解作为所要求的解。

所谓**半逆解法**，又称凑合解法，就是在基本未知量中，根据问题的特点假设出一部分位移分量(或应力分量)函数作为已知量，然后再根据基本方程和边界条件确定剩余的另一部分位移分量(或应力分量)，进而代入有关方程，最终得到全部未知量的解。

例 5-2 当不计体力时，若应力分量为：$\sigma_x=\sigma_y=\tau_{xy}=0,\tau_{yz}=-C(x^2+y^2),\sigma_z=4(1+\mu)Cyz,\tau_{zx}=-Cxy,C\neq 0$，验证此组应力分量能否作为弹性力学问题的可能解。

解 一组应力分量能否作为弹性力学问题的可能解，需验证它是否满足平衡微分方程和用应力表示的变形谐调方程。

现将给定的应力分量及 $\Theta=\sigma_x+\sigma_y+\sigma_z=4(1+\mu)Cyz$ 代入式(5-17)，各式均能满足。

再将给定的应力分量代入式(5-2)，前两式恒等地满足，而第三式成为：

$$\frac{\partial\tau_{xz}}{\partial x}+\frac{\partial\tau_{yz}}{\partial y}+\frac{\partial\sigma_z}{\partial z}=-Cy-2Cy+4(1+\mu)Cy=(1+4\mu)Cy\neq 0$$

可见，不能全部满足平衡微分方程。故此组应力分量不能作为弹性力学问题的可能解。

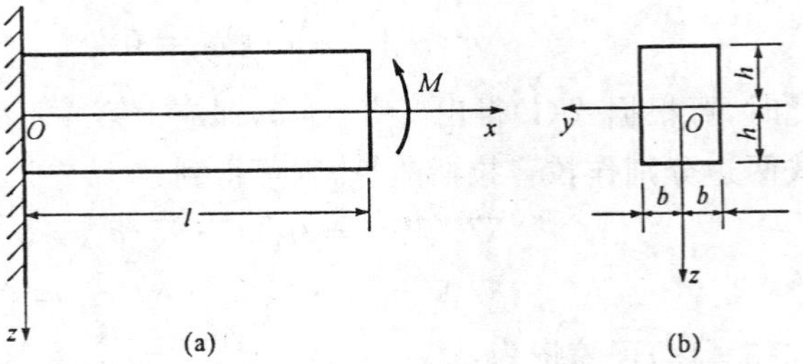

图 5-2

例 5-3 长度为 l 的等直杆件，其截面为 $2b\times 2h$，杆端受弯矩 M 的作用，不计体力，如图 5-2 所示。试求应力分量。

解 用半逆解法。建立如图所示坐标系，据材料力学中关于梁纯弯曲时应力的分析，可设梁内任一点处应力状态的六个独立应力分量除 $\sigma_x\neq 0$ 外，其余均为零，也即：

$$\left.\begin{aligned}&\sigma_x=\sigma_x(x,y,z)\\&\sigma_y=\sigma_z=\tau_{xy}=\tau_{yz}=\tau_{zx}=0\end{aligned}\right\}\qquad(1)$$

将式(1)代入平衡微分方程，得：

$$\frac{\partial\sigma_x}{\partial x}=0\qquad(2)$$

亦即 σ_x 与 x 无关，它仅是坐标 y 和 z 的函数。再将式(1)代入变形谐调条件式(5-17)得：$\nabla^2\sigma_x=0$；即：

$$\frac{\partial^2\sigma_x}{\partial y^2}=0;\quad\frac{\partial^2\sigma_x}{\partial z^2}=0;\quad\frac{\partial^2\sigma_x}{\partial y\partial z}=0\qquad(3)$$

由式(3)第一式得：

$$\sigma_x=yf_1(z)+f_2(z)\qquad(4)$$

将式(4)代入式(3)第三式，得：

$$\frac{\mathrm{d}f_1}{\mathrm{d}z}=0,\quad\text{即：}\ f_1(z)=0\qquad(5)$$

将式(4)再代入式(3)第二式，得：

$$\frac{\mathrm{d}^2f_2}{\mathrm{d}z^2}=0,\quad\text{即：}f_2(z)=c_2z+c_3\qquad(6)$$

因此，式(4)可写成：

$$\sigma_x=c_1y+c_2z+c_3\qquad(7)$$

式(7)中 c_1、c_2 和 c_3 为待定常数，由问题的边界条件来确定。

若将坐标原点取在横截面的形心上，并设 Oxz 平面为弯矩 M 作用平面，则在平行于 Oyz 的平面上，梁自由端处局部边界上应满足的静力合成积分形式的边界条件为：

$$
\left.\begin{aligned}
F_x &= \iint_A \sigma_x \mathrm{d}A \\
M_y &= \iint_A \sigma_x z \mathrm{d}Z = M \\
M_z &= \iint_A \sigma_x y \mathrm{d}A = 0
\end{aligned}\right\} \tag{8}
$$

将式(7)代入式(8)第一式，得 $c_3=0$；再代入第三式，则由于横截面的对称性，得 $c_1=0$；再代入第二式，并考虑到 $c_1=c_3=0$，则得 $c_2=\dfrac{M}{I_y}$，而 I_y 为杆件横截面面积对 y 轴的二次矩(惯性矩)，且 $I_y=\dfrac{4}{3}bh^3$。将所得常数 c_1、c_2 和 c_3 代入式(7)，得该问题的应力分量为：

$$
\left.\begin{aligned}
\sigma_x &= \frac{Mz}{I_y} \\
\sigma_y &= \sigma_z = \tau_{xy} = \tau_{yz} = \tau_{zx} = 0
\end{aligned}\right\} \tag{9}
$$

§5-4 圣文南原理·叠加原理

5-4-1 圣文南原理

当用弹塑性力学的方法求解实际问题时，如何正确地选定边界条件，以获得问题的真实解，是一个极为重要的课题。如果边界条件严格按表面力的真实分布情况给出，则在数学上将变得非常复杂。而只要稍改变一下边界条件，用静力等效力系代替真实的边界力，则问题将大为简化。除此之外，在许多实际问题中，也很难确切地知道边界力的真实分布情况，但往往与真实情况静力等效的力系却易于确定。上述情况都带来了一个问题，即当用静力等效的力系代替原有表面力时，对求解的结果将有多大的影响？对此，圣文南首先提出了**局部性原理或圣文南原理**，该原理指出：**分别作用于弹性体同一局部表面上的静力等效力系所产生的应力场(或应变场)，只在力系直接作用的小区域及其附近才有明显的差别，而在离该区域较远处，这种差别便急剧减小，可忽略不计。也就是说，作用于物体局部表面上的外力系，无论其分布情况如何，都可用与之静力等效的力系代替。**

应当指出，所谓"静力等效"，就是有相同的主矢和主矩。上文提到的所谓"局部表面"系指该表面的面积远小于物体的总表面积，且其线性尺寸一般不超过物体的最小特征尺寸，如板与壳的厚度，杆件横截面的最小尺寸等。

现用一个通俗的实例来说明圣文南原理的正确性。设用一把钳子夹持一长金属条，如图 5-3(a)所示，则可认为这是在该细长杆的局部表面上施加了一对互相平衡的集中力，如图 5-3(b)所示。此时所解得正应力 σ_y，在 $y=0$ 的平面上的分布情况如图 5-3(c)所示。图中表明，在加力点附近产生很大的应力，而沿 x 轴离开加力点 $0.5h$ 处的应力已变得很小，再稍远一点，应力几乎消失，那里的金属条不显示任何应力和变形的迹象。因此，作用力的影响范围如图 5-3(a)中虚线所示。

利用上述结果容易得知，对于图 5-4(a)、(b)、(c)、(d)所示的四种加载情况，如果梁的高度远小于梁的长度，则这些静力等效的外力引起的应力和变形，除在靠近自由端的一个小区域(阴影部分)有明显的差异外，在其余地方均基本相同，故图示的四种情况可互相代替。圣文南

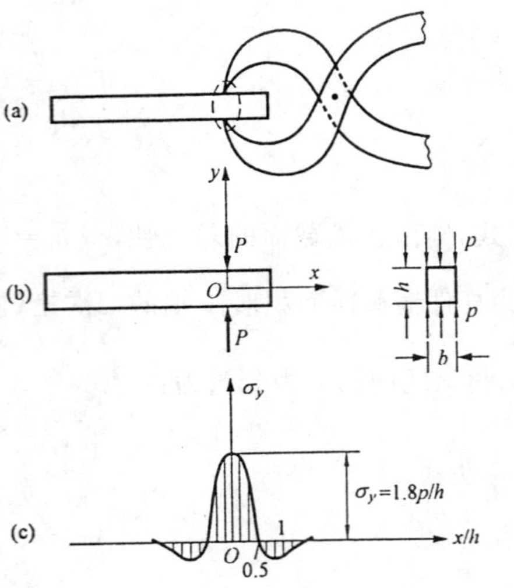

图 5-3

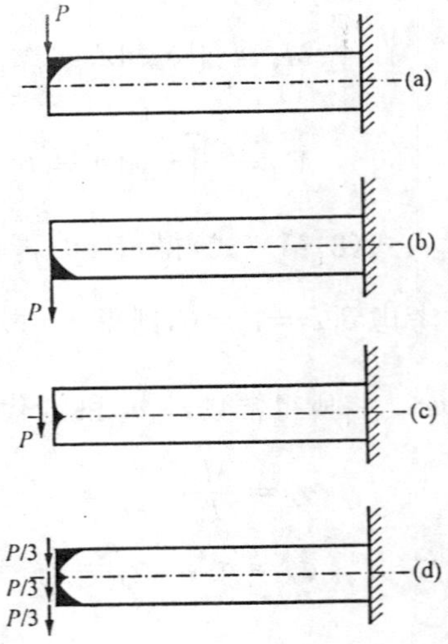

图 5-4

原理的应用,意味着可将边界条件的限制放松,即可允许用静力等效的力系来代替边界上实际的分布外力,从而使许多具体问题的求解成为可能。

5-4-2 叠加原理

如前所述,弹性力学边值问题的解,必须满足基本方程与边界条件。如采用应力法,则所得应力分量 σ_{ij} 必须满足平衡微分方程(2-45)、协调方程(3-35)和边界条件。设某一弹性体在面力和体力分别为 $\overline{F}_i$、F_i 作用下的应力分量为 σ_{ij},在同一弹性体内由另一组面力 $\overline{F}'_i$ 和体力 F'_i 所引起的另一组应力分量 σ'_{ij}。则 $\sigma_{ij}+\sigma'_{ij}$ 就一定是由于面力 $\overline{F}_i$ 与 $\overline{F}'_i$ 和体力 F_i 与 F'_i 的共同作用时所引起的应力。这是因为定解条件和泛定方程都是线性的。在这种情况下:

$$\sigma_{ij,j}+F_i=0\ ;\qquad \sigma'_{ij,j}+F'_i=0 \tag{a}$$

成立,以上两式相加后有:

$$(\sigma_{ij}+\sigma'_{ij})_{,j}+(F_i+F'_i)=0 \tag{b}$$

此外,由于

$$\overline{F}_i=\sigma_{ij}l_j\ ;\qquad \overline{F}'_i=\sigma'_{ij}l_j \tag{c}$$

故在边界上有:

$$\overline{F}_i+\overline{F}'_i=(\sigma_{ij}+\sigma'_{ij}l_j) \tag{d}$$

同样,变形谐调方程也可以合并。显然,$(\sigma_{ij}+\sigma'_{ij})$ 满足由 $(\overline{F}_i+\overline{F}'_i)$ 和 $(F_i+F'_i)$ 作用下的边值问题。**这就是叠加原理,即弹性体在数个载荷共同作用下所产生的力学响应(内力、应力及位移),等于每一载荷单独作用时所产生的力学响应的总和。**

必须指出,叠加原理成立的条件为:小变形,线性弹性本构方程。对于大变形情况,物体的变形将影响外力的作用。如受纵向和横向载荷作用的梁,就必须考虑变形的影响,此时,叠加原理便不再适用。此外,对于弹性稳定问题、非线性弹性或塑性力学问题,叠加原理都不适用。

习　题

5－1　已知如图所示厚度为1的杆件，两端作用着均匀压力 p，在 $y=\pm h$ 的边界上为刚性平面约束，其位移分量为：

$$u=-\frac{1-\mu^2}{E}px$$

$$v=0$$

$$w=\frac{\mu(1+\mu)}{E}pz$$

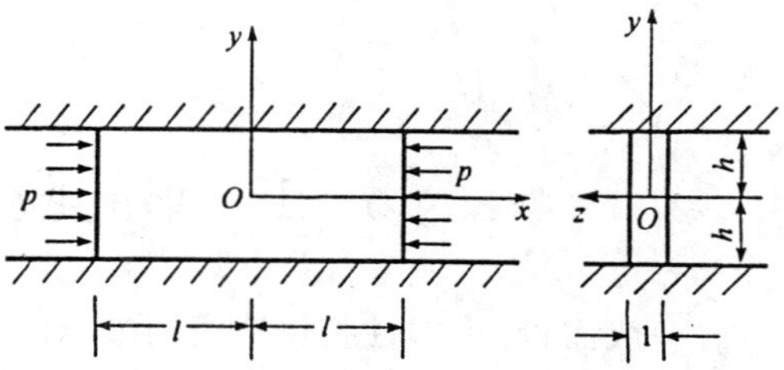

题5－1图

试求其应力分量。

5－2　设某一物体内的位移分量为：$u=v=0$，$w=w(z)$。试求位移函数 $w(z)$。

5－3　当体力为零时，应力分量为：

$$\sigma_x=a[y^2+\mu(x^2-y^2)];\qquad \tau_{xy}=-2a\mu xy$$

$$\sigma_y=a[x^2+\mu(y^2-x^2)];\qquad \tau_{yz}=0$$

$$\sigma_z=a\mu(x^2+y^2);\qquad \tau_{zx}=0$$

式中 $a\neq 0$。试检查它们是否是弹性力学问题的可能解。

5－4　由材料力学求得圆截面杆件在扭矩 M_t 作用下的剪应力 $\tau=G\theta r$（式中 θ 为圆截面杆件单位长度的扭转角）。试证明该应力分量满足弹性力学的基本方程，从而也就是弹性力学的解答。

第六章　平面问题直角坐标解答

§6－1　平面应变问题·平面应力问题

一般而论，弹塑性物体在空间力系的作用下，其应力和应变状态均为空间坐标的函数，称为弹塑性力学的**空间问题**。但是，当弹塑性物体具有某种特殊形状，且受到某一具有特定分布规律的载荷作用时，空间问题便可近似地简化为平面问题来处理，而所得结果仍能满足工程要求的精度。以下采用直角坐标来讨论平面问题。**平面问题分为两大类，一类是平面应变问题，另一类是平面应力问题。**

6－1－1　平面应变问题

设有一等截面的长柱体，其受力特点是所有面力和体力都平行于横截面，且沿其长度方向不变，如图 6－1 所示。若其端部因受约束而在 z 轴方向不能移动，则每个横截面上各点位移分量 w 均为零，且位移分量 u 与 v 仅是坐标 x、y 的函数，即有：

$$\left.\begin{aligned} u &= u(x,y) \\ v &= v(x,y) \\ w &= 0 \end{aligned}\right\} \tag{a}$$

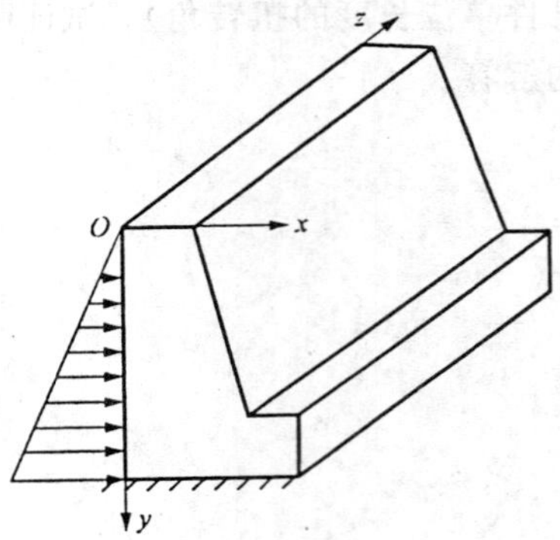

图 6－1

将式(a)代入几何方程(3－2)有 $\varepsilon_z = \gamma_{yz} = \gamma_{zx} = 0$，且有：

$$\varepsilon_x = \frac{\partial u}{\partial x};\quad \varepsilon_y = \frac{\partial v}{\partial y};\quad \gamma_{xy} = \frac{\partial v}{\partial x} + \frac{\partial u}{\partial y} \tag{6-1}$$

显然，其中 ε_x、ε_y、γ_{xy} 也仅是坐标 x、y 的函数。可见，应变只限于 xOy 平面内。凡符合条件(a)或式(6－1)的问题，称为**平面应变问题**。在工程结构中，内表面承受均匀压力的长厚壁筒、长辊轴以及水坝等一类物体，因其共同的特点是横截面与载荷分布均沿长度方向不变，故除端部区域外，均可看成为平面应变问题。

现考察平面应变问题中的物理方程。根据方程(4－28)，由 $\varepsilon_z = \gamma_{yz} = \gamma_{zx} = 0$，得到：

$$\sigma_z = \mu(\sigma_x + \sigma_y);\qquad \tau_{yz} = \tau_{zx} = 0 \tag{6-2}$$

可见在平面应变问题中，虽有 $\varepsilon_z = 0$，但 $\sigma_z \neq 0$，故有四个应力分量 σ_x、σ_y、τ_{xy} 和 σ_z，而 σ_z 不是独立的。于是有：

$$\left.\begin{aligned} \varepsilon_x &= \frac{1-\mu^2}{E}\left(\sigma_x - \frac{\mu}{1-\mu}\sigma_y\right) = \frac{1}{E_1}(\sigma_x - \mu_1\sigma_y) \\ \varepsilon_y &= \frac{1-\mu^2}{E}\left(\sigma_y - \frac{\mu}{1-\mu}\sigma_x\right) = \frac{1}{E_1}(\sigma_y - \mu_1\sigma_x) \\ \gamma_{xy} &= \frac{2(1+\mu)}{E}\tau_{xy} = \frac{2(1+\mu_1)}{E_1}\tau_{xy} \end{aligned}\right\} \tag{6-3}$$

上式中：

$$E_1 = \frac{E}{1-\mu^2}; \qquad \mu_1 = \frac{\mu}{1-\mu} \tag{6-4}$$

如用应变来表示应力，则可得物理方程的另一形式为：

$$\left.\begin{aligned} \sigma_x &= \frac{E_1}{1-\mu_1^2}(\varepsilon_x + \mu_1 \varepsilon_y) \\ \sigma_y &= \frac{E_1}{1-\mu_1^2}(\varepsilon_y + \mu_1 \varepsilon_x) \\ \tau_{xy} &= \frac{E_1}{2(1+\mu_1)}\gamma_{xy} \end{aligned}\right\} \tag{6-5}$$

关于平衡微分方程，因 $\tau_{yz} = \tau_{zx} = 0$，且其他应力分量均与坐标 z 无关，同时有体力分量 $F_z = 0$，故式(2-44)可简化为：

$$\left.\begin{aligned} \frac{\partial \sigma_x}{\partial x} + \frac{\partial \tau_{xy}}{\partial y} + F_x = 0\left(= \rho\frac{\partial^2 u}{\partial t^2}\right) \\ \frac{\partial \tau_{yx}}{\partial x} + \frac{\partial \sigma_y}{\partial y} + F_y = 0\left(= \rho\frac{\partial^2 v}{\partial t^2}\right) \end{aligned}\right\} \tag{6-6}$$

6-1-2 平面应力问题

现考虑厚度远小于其他两方向尺寸的一等厚薄平板。取平分厚度的平面(称为中面)作为xOy坐标面。设在板面上不受任何外力，全部面力和体力都平行于中面，且沿厚度不变，如图 6-2 所示。于是，在板面上应有：

$$(\sigma_z)_{z=\pm\frac{h}{2}} = 0; \quad (\tau_{yz})_{z=\pm\frac{h}{2}} = 0; \quad (\tau_{zx})_{z=\pm\frac{h}{2}} = 0 \tag{b}$$

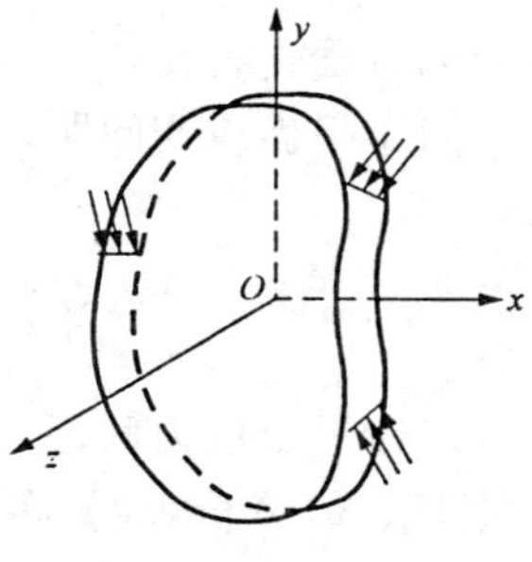

图 6-2

其中，h 为薄板的厚度。当 h 很小而板又不发生屈曲时，位移分量 w 的值将很小，u 和 v 沿板厚的变化也将很小。如果忽略位移和应变分量沿厚度的变化，则可近似地认为在板内所有各点处都有：

$$\left.\begin{aligned} \sigma_z &= \tau_{yz} = \tau_{zx} = 0 \\ \sigma_x &= \sigma_x(x,y) \\ \sigma_y &= \sigma_y(x,y) \\ \tau_{xy} &= \tau_{xy}(x,y) \end{aligned}\right\} \tag{c}$$

即全部应力分量仅为 x、y 的函数，在任何点处均为平面应力状态，故称为**平面应力问题**。

因 $\sigma_z = \tau_{yz} = \tau_{zx} = 0$，则由虎克定律(4-28)得：

$$\varepsilon_z = -\frac{\mu}{E}(\sigma_x + \sigma_y); \qquad \gamma_{yz} = 0; \qquad \gamma_{zx} = 0 \tag{6-7}$$

可见，在平面应力问题中，虽有 $\sigma_z = 0$，但 $\varepsilon_z \neq 0$。因而有四个应变分量 ε_x、ε_y、γ_{xy} 和 ε_z，且 ε_z 不独立。方程(4-28)成为：

$$\left.\begin{aligned} \varepsilon_x &= \frac{1}{E}(\sigma_x - \mu\sigma_y) \\ \varepsilon_y &= \frac{1}{E}(\sigma_y - \mu\sigma_x) \\ \gamma_{xy} &= \frac{2(1+\mu)}{E}\tau_{xy} \end{aligned}\right\} \tag{6-8}$$

由此可知，应变分量也都是坐标 x、y 的函数。比较式(6-8)和式(6-3)，它们具有完全相同的形式，差别在于平面应力情况是 E、μ，而平面应变情况是 E_1、μ_1 。

根据以上讨论，比较两类平面问题，可得如下结论：

(1)所有应力、应变和位移分量均为坐标 x、y 的函数，与坐标 z 无关；

(2)独立的应力分量均为 σ_x、σ_y、τ_{xy}，故两类问题中的平衡微分方程应相同，见式(6-6)；

(3)独立的应变分量均为 ε_x、ε_y、γ_{xy}，故两类问题中的几何方程也应相同；

(4)两类问题中的物理方程形式相同，但对于平面应变，须将平面应力物理方程中的 E、μ 换成 E_1、μ_1，两者间的关系见式(6-4)。

综上所述，这两类问题在数学的处理上是一样的。因此，对于两类平面问题的解，可作统一的考察。

§6-2　平面问题的应力解·应力函数

在平面问题中，有八个未知函数：σ_x、σ_y、τ_{xy}、ε_x、ε_y、γ_{xy}、u、v，而基本方程也有八个，即两个平衡微分方程(6-6)、三个几何方程(6-1)和三个物理方程(6-3)或方程(6-8)，因而问题是可解的。若采用应力解法，基本未知量有三个：σ_x、σ_y、τ_{xy}，而平衡微分方程只有两个，故需用变形谐调方程作补充。

对于平面应变问题，将应变分量代入变形谐调方程(3-35)，其中五个方程恒等满足，仅留下：

$$\frac{\partial^2 \varepsilon_x}{\partial y^2}+\frac{\partial^2 \varepsilon_y}{\partial x^2}=\frac{\partial^2 \gamma_{xy}}{\partial x \partial y} \tag{6-9}$$

对于平面应力问题，因为 ε_z 存在，则变形谐调方程(3-35)中只有两式恒等满足，其余四式不满足。但分析表明，在一般平面应力问题中，可放松式(3-35)的限制(徐芝纶、吴永祯译，1964)，近似地认为平面应力问题只要满足式(6-9)，就完全满足式(3-35)。

现将变形谐调方程(6-9)改用应力分量来表示。对于平面应力问题，将式(6-8)代入，得：

$$\frac{\partial^2}{\partial y^2}(\sigma_x-\mu\sigma_y)+\frac{\partial^2}{\partial x^2}(\sigma_y-\mu\sigma_x)=2(1+\mu)\frac{\partial^2 \tau_{xy}}{\partial x \partial y} \tag{a}$$

为消去上式右端含剪应力的项，先利用平衡微分方程(6-6)，将其第一式对 x，第二式对 y 分别求偏导，然后相加，得到：

$$2\frac{\partial^2 \tau_{xy}}{\partial x \partial y}=-\left(\frac{\partial^2 \sigma_x}{\partial x^2}+\frac{\partial^2 \sigma_y}{\partial y^2}\right)-\left(\frac{\partial F_x}{\partial x}+\frac{\partial F_y}{\partial y}\right) \tag{b}$$

再代入式(a)，有：

$$\left(\frac{\partial^2}{\partial x^2}+\frac{\partial^2}{\partial y^2}\right)(\sigma_x+\sigma_y)=-(1+\mu)\left(\frac{\partial F_x}{\partial x}+\frac{\partial F_y}{\partial y}\right) \tag{c}$$

或写为：

$$\nabla^2(\sigma_x+\sigma_y)=-(1+\mu)\left(\frac{\partial F_x}{\partial x}+\frac{\partial F_y}{\partial y}\right) \tag{6-10}$$

对于平面应变问题则有：

$$\nabla^2(\sigma_x+\sigma_y)=-(1+\mu_1)\left(\frac{\partial F_x}{\partial x}+\frac{\partial F_y}{\partial y}\right) \tag{6-11}$$

当体力为常量或略去不计时，则两类平面问题的变形谐调方程都成为：

$$\nabla^2(\sigma_x+\sigma_y)=0 \tag{6-12}$$

于是，在体力为常量或略去不计时，按应力法求解平面问题的基本方程为式(6-6)和式(6-12)，此外还需满足的静力边界条件为：

$$\left.\begin{aligned} l\sigma_x + m\tau_{xy} &= \overline{F}_x \\ l\tau_{yx} + m\sigma_y &= \overline{F}_y \end{aligned}\right\} \tag{6-13}$$

式(6-13)中 l、m 为边界上一点边界面外法线的方向余弦，且知 $n=0$。显然，式(6-6)、式(6-12)、式(6-13)都不含弹性常数。因此，对于单连域物体，当边界上没有给定的位移约束条件，且体力为常量或可忽略时，其应力状态与材料的性质无关。这就是平面光弹性实验应力分析的理论依据。

式(6-6)为非齐次线性微分方程组，所以它的通解应为该方程组的任一组特解与相应的齐次方程组的通解之和。现寻求它们的应力函数解，即将应力分量用同一函数来表示的解。

我们取特解为：

$$\sigma_x = -F_x x \quad ; \quad \sigma_y = -F_y y \quad ; \quad \tau_{xy} = 0 \tag{d}$$

或

$$\sigma_x = 0 \quad ; \quad \sigma_y = 0 \quad ; \quad \tau_{xy} = -F_x y - F_y x \tag{e}$$

其正确性很容易用直接代入的方法加以验证。现求对应齐次方程组：

$$\frac{\partial \sigma_x}{\partial x} + \frac{\partial \tau_{xy}}{\partial y} = 0 \quad ; \quad \frac{\partial \tau_{yx}}{\partial x} + \frac{\partial \sigma_y}{\partial y} = 0 \tag{f}$$

的通解。由其中第一式，可取某一任意函数 $A(x,y)$，使其满足下列关系：

$$\frac{\partial A}{\partial y} = \sigma_x \quad ; \quad \frac{\partial A}{\partial x} = -\tau_{xy} \tag{g}$$

再由式(f)第二式，可取另一任意函数 $B(x,y)$，使其满足下列关系：

$$\frac{\partial B}{\partial x} = \sigma_y \quad ; \quad \frac{\partial B}{\partial y} = -\tau_{yx} \tag{h}$$

于是应有：

$$\frac{\partial A}{\partial x} = \frac{\partial B}{\partial y} \tag{i}$$

可见，必有一个函数 $\varphi(x,y)$，使

$$\frac{\partial \varphi}{\partial y} = A \quad ; \quad \frac{\partial \varphi}{\partial x} = B \tag{j}$$

将其代入式(g)、式(h)，即得式(f)的通解为：

$$\sigma_x = \frac{\partial^2 \varphi}{\partial y^2} \quad ; \quad \sigma_y = \frac{\partial^2 \varphi}{\partial x^2} \quad ; \quad \tau_{xy} = -\frac{\partial^2 \varphi}{\partial x \partial y} \tag{6-14}$$

故平衡微分方程组(6-6)的通解为：

$$\sigma_x = \frac{\partial^2 \varphi}{\partial y^2} - F_x x \quad ; \quad \sigma_y = \frac{\partial^2 \varphi}{\partial x^2} - F_y y \quad ; \quad \tau_{xy} = -\frac{\partial^2 \varphi}{\partial x \partial y} \tag{6-15}$$

当体力分量 F_x、F_y 为常量或略去不计时，可将式(6-15)代入变形谐调方程(6-12)得：

$$\left(\frac{\partial^2}{\partial x^2} + \frac{\partial^2}{\partial y^2}\right)\left[\left(\frac{\partial^2 \varphi}{\partial y^2} - F_x x\right) + \left(\frac{\partial^2 \varphi}{\partial x^2} - F_y y\right)\right] = 0 \tag{k}$$

展开后有：

$$\frac{\partial^4 \varphi}{\partial x^4} + 2\frac{\partial^4 \varphi}{\partial x^2 \partial y^2} + \frac{\partial^4 \varphi}{\partial y^4} = 0 \quad 或 \quad \nabla^2\nabla^2\varphi = 0 \tag{6-16}$$

此方程称为**双调和方程**，满足此方程的函数 φ 称为**双调和函数**。于是，当体力为常量或不计体力时，平面问题的求解就归结为寻求满足边界条件式(6-13)的一个双调和函数 φ。因这个方

法首先由艾瑞(G. B. Airy,1862)提出,故又称函数 φ 为**艾瑞应力函数**,简称为**应力函数**。

§6-3 用代数多项式解平面问题

在给定的边界条件下,要直接求解应力函数 φ 是很困难的。因此,有时不得不采用逆解法和半逆解法。

当用**逆解法**时,要先假定满足双调和方程(6-16)的某种形式的应力函数 φ,然后用式(6-14)求出应力分量 σ_x、σ_y、τ_{xy} 等,再根据应力边界条件来分析所得应力分量对应于什么样的面力。由此判定所选应力函数 φ 可以解什么样的问题。如用半逆解法,则针对所要求解的问题,先假定部分或全部应力分量为某种形式的双调和函数,且留下足够多的待定参数,从而导出应力函数 φ。然后来分析所得应力函数是否满足应变谐调方程。判定假定的应力分量以及由应力函数导出的应力分量是否满足边界条件。如不满足则应重新假定。

下面用代数多项式采用逆解法求解一些矩形薄板在不计体力时的平面问题。取应力函数 φ 的一般形式为:

$$\varphi = \sum_m \sum_n a_{mn} x^m y^n \tag{6-17}$$

显然当 $m + n \leqslant 3$ 时,上式恒能满足双调和方程(6-16)。现就各低次幂的情况进行考察。

(1)取一次多项式

$$\varphi = a_{00} + a_{10}x + a_{01}y \tag{a}$$

由式(6-14),相应的应力分量为 $\sigma_x = \sigma_y = \tau_{xy} = 0$,故在应力函数中加上或减去常数项和 x、y 的一次幂函数时,应力分量的值不变。

(2)取二次多项式

$$\varphi = a_{20}x^2 + a_{11}xy + a_{02}y^2 \tag{b}$$

相应的应力分量为:

$$\sigma_x = \frac{\partial^2\varphi}{\partial y^2} = 2a_{02} \quad ; \quad \sigma_y = \frac{\partial^2\varphi}{\partial x^2} = 2a_{20} \quad ; \quad \tau_{xy} = -\frac{\partial^2\varphi}{\partial x \partial y} = -a_{11} \tag{c}$$

它们是与坐标位置无关的常数,对应于均匀的应力状态。式(b)可用来解决矩形薄板在图 6-3 所示坐标系情形下的二向均匀拉压问题和纯剪切问题。

(3)取三次多项式

$$\varphi = a_{30}x^3 + a_{21}x^2y + a_{12}xy^2 + a_{03}y^3 \tag{d}$$

作为示例,取式(d)中的一项进行讨论。如取 y 的三次幂,有:$\varphi = a_{03}y^3$,则对应的应力分量为:

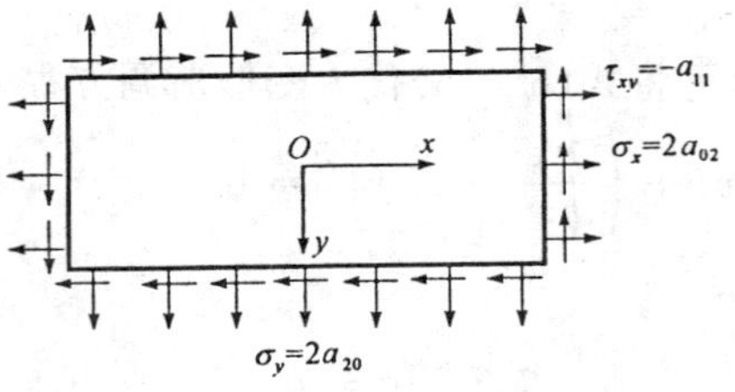

图 6-3

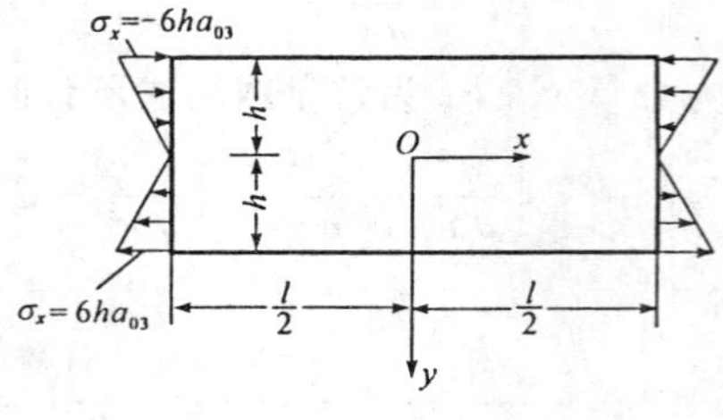

图 6-4

$$\sigma_x = \frac{\partial^2 \varphi}{\partial y^2} = 6a_{03}y \quad ; \quad \sigma_y = \frac{\partial^2 \varphi}{\partial x^2} = 0 \quad ; \quad \tau_{xy} = -\frac{\partial^2 \varphi}{\partial x \partial y} = 0 \tag{e}$$

在板内只有正应力 σ_x 存在，且与点的 y 坐标成正比。故此应力函数可用来解矩形薄板在图示坐标系情形下的纯弯曲问题，如图 6－4 所示。

如取应力函数为：

$$\varphi = a_{02}y^2 + a_{03}y^3 \tag{f}$$

则相应的应力分量为：

$$\sigma_x = 2a_{02} + 6a_{03}y \quad ; \quad \sigma_y = \tau_{xy} = 0 \tag{g}$$

对应于图 6－5 所示矩形薄板在 x 方向受偏心拉伸（或压缩）的应力状态。

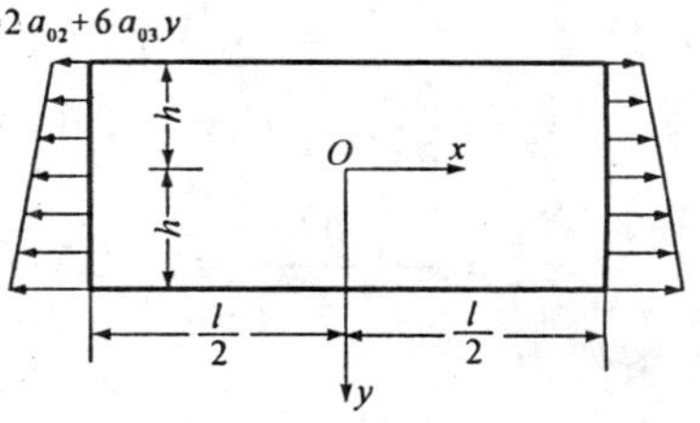

图 6－5

对于 $m+n>3$ 的代数多项式应力函数，其系数之间必须存在一定的关系，才能满足双调和方程式（6－16）。显然，表示应力分量函数的幂次应比应力函数 φ 低二次。

例 6－1 给出函数 $\varphi = Axy^2$，$A>0$ 为已知常数。不计体力。试求：

（1） 验证函数 φ 可否作应力函数；

（2） 在图 6－6 所示矩形薄板的周边边界上对应着什么样的边界面力，所设坐标如图所示。

解 显然，由于 $\varphi = Axy^2$ 为三次多项式，故必然满足双调和方程 $\nabla^4\varphi = 0$，故可作应力函数。

据艾瑞应力函数式（6－14）求应力分量：

$$\sigma_x = \frac{\partial^2 \varphi}{\partial y^2} = 2Ax$$

$$\sigma_y = \frac{\partial^2 \varphi}{\partial x^2} = 0$$

$$\tau_{xy} = -\frac{\partial^2 \varphi}{\partial x \partial y} = -2Ay$$

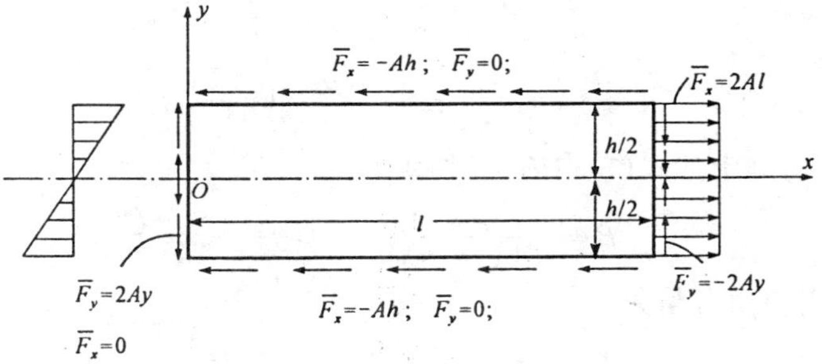

图 6－6

对应面力分布情况（如图 6－6 所示）：

① 在左边界 $(x=0)$ 上， $\overline{F}_x = \sigma_x = 0$； $\overline{F}_y = -\tau_{xy} = +2Ay$；

② 在右边界 $(x=l)$ 上， $\overline{F}_x = \sigma_x = 2Al$； $\overline{F}_y = \tau_{xy} = -2Ay$；

③ 在上下两边界 $(y=\pm\frac{h}{2})$ 上， $\overline{F}_x = \tau_{yx} = \mp Ah$； $\overline{F}_y = \sigma_y = 0$。

从以上讨论可以看出，同一个应力函数对于不同形状的弹性体，或即便是对于同形状的弹性体，但选用不同的坐标系，则对应着不同的面力。

例 6－2 如图 6－7 所示为一很长的矩形柱体，材料的密度为 ρ，将其放入形状大小相同的刚性槽内，若不计摩擦，设应力函数的形式为：

$$\varphi = Ax^2y + By^3 + Cy^2 + Dx^2$$

式中：A、B、C、D 为待定常数。

试求各应力分量、应变分量以及上表面的位移值。

解 根据已给的应力函数 φ 和艾瑞应力函数式(6-15)，可得($F_x = 0, F_y = -\rho$)：

$$\left.\begin{aligned} \sigma_x &= \frac{\partial^2 y}{\partial y^2} - F_x x = 6By + 2C \\ \sigma_y &= \frac{\partial^2 \varphi}{\partial x^2} - F_y y = 2Ay + 2D + \rho y \\ \tau_{xy} &= -\frac{\partial^2 \varphi}{\partial x \partial y} = -2Ax \end{aligned}\right\} \quad (1)$$

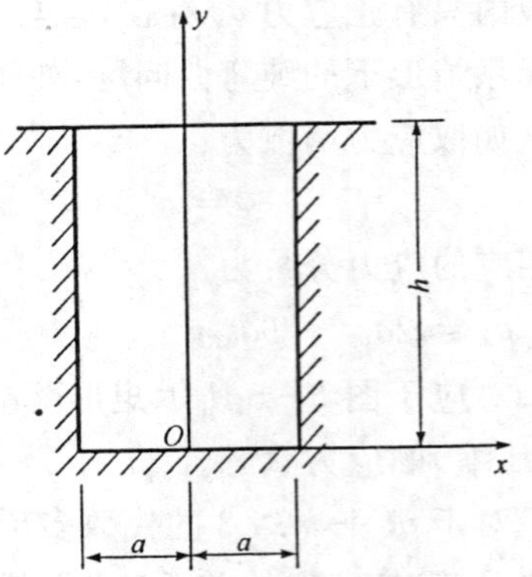

图 6-7

边界条件为：

①在 $y = h$ 处，$\overline{F}_x = \tau_{yx} = 0$；

②在 $y = h$ 处，$\overline{F}_y = \sigma_y = 0$；

③在 $y = h$ 处，由刚性槽的条件知：$\int_{-a}^{a} \varepsilon_x \mathrm{d}x = 0$，由于 ε_x 和变量 x 无关，则又可写为 $\varepsilon_x = 0$；

④在 $x = \pm a$ 处：$\overline{F}_y = \tau_{xy} = 0$。

由边界条件①或④有：$A = 0$。而由边界条件②有：$D = -\dfrac{\rho h}{2}$。再由边界条件③及物理方程式(6-3)得：

$$\varepsilon_x = \frac{1+\mu}{E}[(1-\mu)\sigma_x - \mu\sigma_y] = 0 \quad (2)$$

也即：

$$\sigma_x = \frac{\mu}{1-\mu}\sigma_y = \frac{\mu\rho}{1-\mu}(y-h) \quad (3)$$

将式(3)与上述式(1)中的 σ_x 比较得：

$$B = \frac{\mu\rho}{6(1-\mu)}; \qquad C = -\frac{\mu\rho h}{2(1-\mu)} \quad (4)$$

因此各应力分量为：

$$\sigma_x = \frac{\mu\rho}{1-\mu}(y-h); \quad \sigma_y = \rho(y-h); \quad \tau_{xy} = 0 \quad (5)$$

应变分量则为：

$$\varepsilon_x = 0; \quad \varepsilon_y = \frac{(1+\mu)(1-2\mu)\rho}{E(1-\mu)}(y-h); \quad \gamma_{xy} = 0 \quad (6)$$

而位移分量为：

$$\left.\begin{aligned} u &= \int \varepsilon_x \mathrm{d}x = 0 \\ v &= \int \varepsilon_y \mathrm{d}y = \frac{(1+\mu)(1-2\mu)\rho}{E(1-\mu)}\int (y-h)\mathrm{d}y \\ &= \frac{(1+\mu)(1-2\mu)\rho}{E(1-\mu)}\left(\frac{y^2}{2} - hy\right) + k \end{aligned}\right\} \quad (7)$$

当 $y = 0$ 时，有 $v = 0$，故积分常数 $k = 0$，最后可求得矩形柱体上表面的位移，即取 $y = h$ 时：

$$(v)_{y=h} = -\frac{(1+\mu)(1-2\mu)\rho h^2}{2E(1-\mu)}$$

例 6-3 设有如图所示立柱(厚度为单位厚度)，在其侧面上作用有均布切向面力 τ，不计体力。试用半逆解法求其应力分布规律。

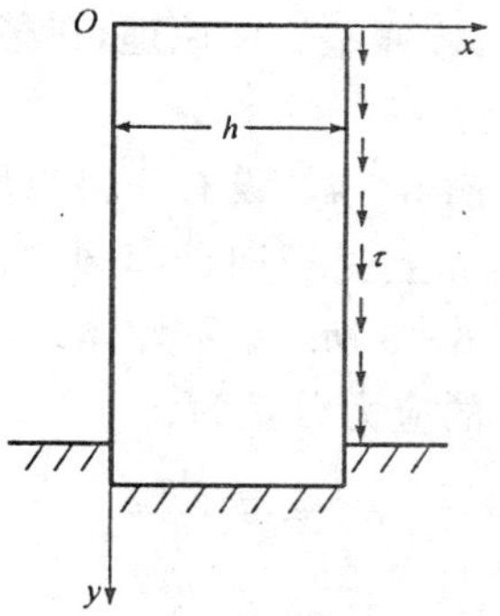

图 6-8

解　根据结构的特点和受力情况，可以假定纵向纤维互不挤压，即设 $\sigma_x = 0$，由此可知应力函数为：

$$\varphi(x,y) = f_1(x)y + f_2(x) \tag{1}$$

将式(1)代入应力函数所应满足的双调和方程$\nabla^4\varphi=0$，得：

$$y\frac{\mathrm{d}^4 f_1(x)}{\mathrm{d}x^4} + \frac{\mathrm{d}^4 f_2(x)}{\mathrm{d}x^4} = 0 \tag{2}$$

由于式(2)对于 y 的任意值均应成立，故只有

$$\frac{\mathrm{d}^4 f_1(x)}{\mathrm{d}x^4} = 0;\qquad \frac{\mathrm{d}^4 f_2(x)}{\mathrm{d}x^4} = 0$$

则积分得：

$$f_1(x) = Ax^3 + Bx^2 + Cx + I$$
$$f_2(x) = Dx^3 + Ex^2 + Jx + K$$

略去 φ 中对应力分量无影响的一次项和常数项后，便得：

$$\varphi = y(Ax^3 + Bx^2 + Cx) + Dx^3 + Ex^2 \tag{3}$$

与式(3)对应的应力表达式为：

$$\left.\begin{aligned}\sigma_x &= 0\\ \sigma_y &= y(6Ax + 2B) + 6Dx + 2E\\ \tau_{xy} &= -3Ax^2 - 2Bx - C\end{aligned}\right\} \tag{4}$$

根据下列边界条件确定积分常数：

① 在 $x = 0$ 处，$\sigma_x = 0$；$\tau_{xy} = 0$；则知　$C = 0$　(5)

② 在 $x = h$ 处，$\sigma_x = 0$；$\tau_{xy} = \tau$；则知　$-3Ah^2 - 2Bh = \tau$　(6)

③ 在 $y = 0$ 处，由于上端面 x 方向的合力为零，故有

$$\int_0^h \tau_{xy}\mathrm{d}x = 0;\quad 即：\int_0^h -(3Ax^2 + 2Bx)\mathrm{d}x = [Ax^3 + Bx^2]_0^h = 0 \tag{7}$$

由式(7)得：$B = -Ah$，再代入式(6)得：$A = -\dfrac{\tau}{h^2}, B = \dfrac{\tau}{h}$。由此得：

$$\sigma_y = y\left(-\frac{6\tau}{h^2}x + \frac{2\tau}{h}\right) + 6Dx + 2E \tag{8}$$

④ 在 $y = 0$ 处，上端面上 y 方向的合力为零，即：

$$\int_0^h \sigma_y \mathrm{d}x = 0,\quad 积分得：3Dh^2 + 2Eh = 0 \tag{9}$$

⑤ $y = 0$ 处，上端面上的合力矩也为零，即：

$$\int_0^h \sigma_y x\mathrm{d}x = 0,\quad 积分得：2Dh^3 + Eh^2 = 0 \tag{10}$$

由方程(9)、(10)可求得 $D = E = 0$。将确定出的各积分常数 A、B、C、D 和 E 代入式(4)得立柱的应力解分别为：

$$\left.\begin{aligned}\sigma_x &= 0\\ \sigma_y &= \frac{2\tau}{h}\left(1 - \frac{3x}{h}\right)y\\ \tau_{xy} &= \frac{\tau}{h}\left(\frac{3x}{h} - 2\right)x\end{aligned}\right\} \tag{11}$$

虽然上述结果式(11)并不严格满足上端面 $(y = 0)$ 处的边界条件，但由于上端面为局部

边界，按照圣文南原理，在稍远离 $y=0$ 处，这一结果应是适用的。

例 6-4 设有一狭矩形截面悬臂梁，在其自由端面上受切向分布面力的作用，其合力为 P，如图 6-9 所示。不计体力。现已利用半逆解法求得梁的应力分量为：

$$\left.\begin{aligned}\sigma_x &= -\frac{Pxy}{I_z}\\ \sigma_y &= 0\\ \tau_{xy} &= -\frac{P\left(\dfrac{h^4}{4}-y^2\right)}{2I_z}\\ \sigma_z &= \tau_{yz}=\tau_{zx}=0\end{aligned}\right\}$$

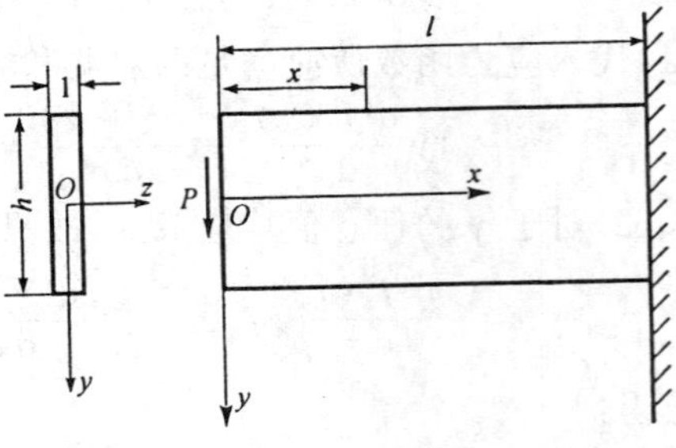

图 6-9

式中 $I_z=h^3/12$。试求梁内的应变分量和位移分量。

解 将已知应力分量代入平面应力问题的物理方程(6-8)可得：

$$\left.\begin{aligned}\frac{\partial u}{\partial x} &= \varepsilon_x=\frac{\sigma_x}{E}=-\frac{P}{EI_z}xy\\ \frac{\partial v}{\partial y} &= \varepsilon_y=-\frac{\mu}{E}\sigma_x=\frac{\mu P}{EI_z}xy\\ \frac{\partial u}{\partial y}+\frac{\partial v}{\partial x} &= \gamma_{xy}=\frac{1}{G}\tau_{xy}=-\frac{(1+\mu)}{EI_z}P\left(\frac{h^2}{4}-y^2\right)\end{aligned}\right\}\tag{1}$$

将式(1)第一式对 x、第二式对 y 分别积分，得：

$$u=-\frac{P}{2EI_z}x^2y+f(y);\qquad v=\frac{\mu P}{2EI_z}xy^2+g(x)\tag{2}$$

式中 $f(y)$、$g(x)$ 均为待定函数。再将式(2)中的 u 和 v 代入式(1)的第三式，有：

$$-\frac{(2+\mu)}{2EI_z}Py^2+f'(y)-\frac{P}{2EI_z}x^2+g'(x)=-\frac{(1+\mu)}{4EI_z}Ph^2\tag{3}$$

为使上式成立，应有：

$$-\frac{P}{2EI_z}x^2+g'(x)=c;\qquad -\frac{(2+\mu)}{2EI_z}Py^2+f'(y)=d\tag{4}$$

且：

$$c+d=-\frac{(1+\mu)}{4EI_z}Ph^2\tag{5}$$

于是，由式(4)可得：

$$\left.\begin{aligned}g(x) &= \frac{Px^3}{6EI_z}+cx+e;\\ f(y) &= \frac{(2+\mu)Py^3}{6EI_z}+yd+f\end{aligned}\right\}\tag{6}$$

将式(6)代入式(2)得：

$$\left.\begin{aligned}u &= -\frac{Px^2y}{2EI_z}+\frac{(2+\mu)Py^3}{6EI_z}+yd+f\\ v &= \frac{\mu Pxy^2}{2EI_z}+\frac{Px^3}{6EI_z}+cx+e\end{aligned}\right\}\tag{7}$$

积分常数 c、d、e 和 f，可由式(5)和限制悬臂梁在 xOy 平面内产生运动的三个约束条件来确定。约束条件如下：

如悬臂梁固定端截面中点 A 固定不动，即：

$$(u)_{\substack{x=l\\y=0}} = 0;\qquad (v)_{\substack{x=l\\y=0}} = 0 \tag{8}$$

代入式(7)则可得：

$$f = 0;\qquad e = -\frac{Pl^3}{6EI_z} - cl \tag{9}$$

另一个约束条件是对点 A 转动的限制，可采用两种不同的约束办法：

① 使过 A 点的水平微线段固定不转动，见图 6-10(a)，此时有：$\left(\dfrac{\partial v}{\partial x}\right)_{\substack{x=l\\y=0}} = 0$，则由式(7)第二式得：$c = -\dfrac{Pl^2}{2EI_z}$，再代入式(5)和式(9)得：

$$d = -\frac{(1+\mu)Ph^2}{4EI_z} + \frac{Pl^2}{2EI_z};\qquad e = \frac{Pl^3}{3EI_z} \tag{10}$$

将所求得常数 c、d、e 和 f 代入式(7)得：

$$\left.\begin{aligned} u &= -\frac{P}{2EI_z}x^2y + \frac{2+\mu}{6EI_z}Py^3 + \frac{P}{2EI_z}\left(l^2 - \frac{1+\mu}{2}h^2\right)y \\ v &= \frac{\mu P}{2EI_z}xy^2 + \frac{P}{6EI_z}x^3 - \frac{Pl^2}{2EI_z}x + \frac{Pl^3}{3EI_z} \end{aligned}\right\} \tag{11}$$

故悬臂梁的挠曲线方程为：

$$v_0 = (v)_{y=0} = \frac{P}{EI_z}\left(\frac{x^3}{6} - \frac{l^2x}{2} + \frac{l^3}{3}\right) \tag{12}$$

最大挠度发生在自由端 $(x=0)$ 处，其值为：

$$(v_0)_{\max} = \frac{Pl^3}{3EI_z} \tag{13}$$

此结果与材料力学的解答相同。同时，由式(11)的第一式对 y 求导，有：

$$\frac{\partial u}{\partial y} = -\frac{P}{2EI_z}x^2 + \frac{2+\mu}{2EI_z}Py^2 + \frac{P}{2EI_z}\left(l^2 - \frac{1+\mu}{2}h^2\right) \tag{14}$$

为 y 的二次函数，说明梁横截面不再保持为平面。梁右端截面的翘曲为：

$$\left(\frac{\partial u}{\partial y}\right)_{x=l} = \frac{P}{2EI_z}\left[(2+\mu)y^2 - \frac{(1+\mu)h^2}{2}\right] \tag{15}$$

其翘曲形状如图 6-10(a)所示。因 $\left(\dfrac{\partial v}{\partial x}\right)_{\substack{x=l\\y=0}} = 0$，所以 A 点处的剪应变为：

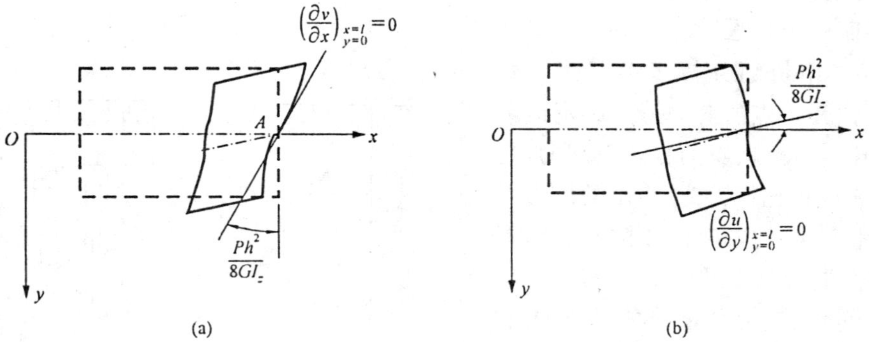

图 6-10

$$(\gamma_{xy})_{\substack{x=l\\y=0}} = \left(\frac{\partial u}{\partial y}\right)_{\substack{x=l\\y=0}} = -\frac{(1+\mu)}{4EI_z}Ph^2 = -\frac{Ph^2}{8GI_z} \tag{16}$$

② 使过 A 点的铅垂微线段固定不转动，见图 6-10(b)，此时有：$\left(\frac{\partial u}{\partial y}\right)_{\substack{x=l\\z=0}} = 0$，则分别可求得积分常数 c、d、e 和 f，代入式(7)得到：

$$\left.\begin{aligned} u &= -\frac{P}{2EI_z}x^2y + \frac{(2+\mu)P}{6EI_z}y^3 + \frac{Pl^2}{2EI_z}y \\ v &= \frac{\mu P}{2EI_z}xy^2 + \frac{P}{6EI_z}x^3 - \frac{Pl^2}{2EI_z}x - \frac{(1+\mu)Ph^2}{4EI_z}x + \frac{Pl^3}{3EI_z} + \frac{(1+\mu)Plh^2}{4EI_z} \end{aligned}\right\} \tag{17}$$

于是，悬臂梁的挠曲线方程为：

$$v_0 = (v)_{y=0} = \frac{P}{EI_z}\left[\frac{x^3}{6} - \frac{l^2x}{2} + \frac{l^3}{3} + \frac{(1+\mu)h^2}{4}(l-x)\right] \tag{18}$$

最大挠度为：

$$(v_0)_{\max} = (v)_{\substack{x=0\\y=0}} = \frac{Pl^3}{3EI_z} + \frac{(1+\mu)Ph^2l}{4EI_z} \tag{19}$$

挠曲线在 A 点处的斜率为：

$$\left(\frac{\partial v}{\partial x}\right)_{\substack{x=l\\y=0}} = \frac{P}{EI_z}\left(-\frac{1+\mu}{4}h^2\right) = -\frac{Ph^2}{8GI_z} \tag{20}$$

将式(18)、式(19)与式(12)、式(13)相比较，可发现式(18)、式(19)分别增加了：

$$\frac{(1+\mu)Ph^2}{4EI_z}(l-x) = \frac{Ph^2}{8GI_z}(l-x)\,;\qquad \frac{(1+\mu)Ph^2l}{4EI_z} = \frac{Ph^2}{8GI_z}l \tag{21}$$

这是由挠曲线在 A 点的斜率引起的，如图 6-10(b)所示。可见，梁端的固定方式不同，梁的位移也就不同。应当指出，上述两种固定方式—— A 点单元体的某一边不转动，客观上都是不能实现的。实际情况是固定端截面不能自由地发生翘曲，因而固定端附近的应力情况相当复杂。但由圣文南原理可知，离固定端较远处的应力分布不受影响，故题目所求得的应力分量函数 σ_x、σ_y、τ_{xy} 是成立的。

§6-4* 三角形截面重力坝的弹性解

设有一三角形等截面坝体，如图 6-11(a)所示。设坝体承受水压力 $q=-\gamma y$，γ 为水的容重，坝体的容重为 ρg。坝身很长，除坝身两端部分外，坝的任何横截面的变形都是相同的，因此这是一个平面应变问题。

本例可以用量纲分析来选取应力函数。在坝体内任一点的应力分量必定由两部分组成：其一是由坝身的自重引起的，它应与容重 ρg 成正比；其二是由水的压力引起的，它与水容重 γ 成正比。此外，这两部分都与点的坐标 x、y 以及角度 α 有关。现分析各量的量纲：应力分量的量纲为[力]/[长度]^2，ρg 和 γ 的量纲为[力]/[长度]^3，x 和 y 的量纲为[长度]，而 α 则为无量纲量。所以，若应力分量具有多项式的解答，则它

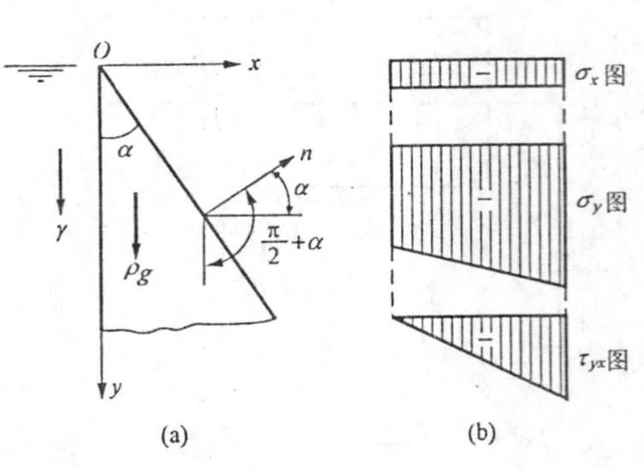

图 6-11

们的表达式只可能是 $A\rho gx, B\rho gy, C\gamma x, D\gamma y$ 四种项的组合，其中 A、B、C、D 是无量纲的数量，它只与 α 有关。这就是说，应力分量的表达式只可能是 x 和 y 的一次式，根据应力分量为应力函数 φ 对 x、y 的二阶导数所给出，故而应力函数应是 x 和 y 的纯三次式。据此可以假设：

$$\varphi = Ax^3 + Bx^2y + Cxy^2 + Dy^3 \tag{a}$$

或者根据材料力学理论：坝内水平截面主要受到压力和弯曲的组合作用，其应力将是坐标的线性函数。因此，也可确定上述三次多项式形式的应力函数。将式(a)代入双调和方程 $\nabla^4\varphi = 0$，显然得到满足。

本例中体力 $F_x = 0, F_y = \rho g$，应用式(6-15)，注意此处 y 轴正向朝下，故得：

$$\left.\begin{aligned}
\sigma_x &= \frac{\partial^2\varphi}{\partial y^2} = 2Cx + 6Dy \\
\sigma_y &= \frac{\partial^2\varphi}{\partial x^2} - F_y y = 6Ax + 2By - \rho gy \\
\tau_{xy} &= -\frac{\partial^2\varphi}{\partial x\partial y} = -2Bx - 2Cy
\end{aligned}\right\} \tag{b}$$

列出边界条件：

(1) OA 边界 $(x = 0)$，$(\sigma_x)_{x=0} = -\gamma y$，$(\tau_{xy})_{x=0} = 0$； (c)

(2) OB 边界 $(x = y\tan\alpha)$，$\overline{F}_x = 0, \overline{F}_y = 0, l = \cos\alpha, m = -\sin\alpha$，则由应力边界条件式(6-13)，得：

$$\sigma_x\cos\alpha - \tau_{xy}\sin\alpha = 0; \qquad \tau_{xy}\cos\alpha - \sigma_y\sin\alpha = 0 \tag{d}$$

上述式(c)、式(d)所示四个边界条件可用来确定四个待定数，经求解得：

$$A = -\frac{\gamma}{3\tan^3\alpha} + \frac{\rho g}{6\tan\alpha}; \qquad B = \frac{\gamma}{2\tan^2\alpha}; \qquad C = 0; \qquad D = -\frac{\gamma}{6} \tag{e}$$

将上述常数代入式(b)，得：

$$\left.\begin{aligned}
\sigma_x &= -\gamma y \\
\sigma_y &= \left(\frac{\rho g}{\tan\alpha} - \frac{2\gamma}{\tan^3\alpha}\right)x + \left(\frac{\gamma}{\tan^2\alpha} - \rho g\right)y \\
\tau_{xy} &= -\frac{\gamma}{\tan^2\alpha}x
\end{aligned}\right\} \tag{6-18}$$

各应力分量沿水平方向的变化如图 6-11(b)所示。

这里要指出，坝底面应力 σ_x 的分布在实际情况下，由于坝底面与基础连接，坝身底部的变形受到地基的约束，因此对于底部来说，以上所得解答是不精确的。若根据圣文南原理，基础的影响是局部性的，则上述解答可用。但当坝底宽度与坝高度之比相差不大时，则这一影响就不容忽视。关于重力坝的较精确应力解，目前大都采用有限单元法来进行处理。

§6-5* 用三角级数解平面问题

用代数多项式做应力函数求解，对于一些物体的边界受连续分布载荷作用的问题是可行的。但是，当问题的边界条件较复杂时，特别是对受间断载荷作用的问题，要构造出一个恰好的多项式应力函数，却是一件十分困难的事情。对于这种情况，我们可用三角级数做应力函数来求解。其作法是将已知的边界面力函数或不连续的分布面力展开成三角级数，然后逐项求解，再将所得结果叠加。因三角级数的收敛性较好，故往往只需取它的前几项就可得到足够精确的近似解答。

设有作用在长为 l 的狭矩形截面梁上的任意分布面力 $q(x)$，如图 6-12 所示。在 $O\sim l$ 区间内将载荷展成三角级数。当 $q(x)$ 为偶函数时，有 $q(x)=q(-x)$，可展成只含余弦项的级数，即：

$$q(x)=\frac{a_0}{2}+\sum_{n=1}^{\infty}a_n\cos\frac{n\pi x}{l} \qquad (6-19)$$

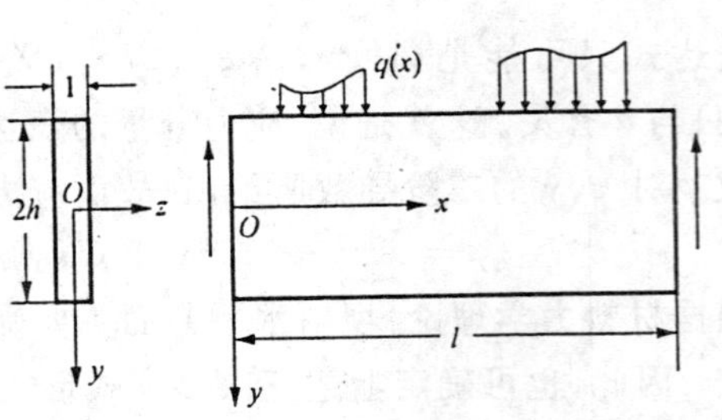

图 6-12

当 $q(x)$ 为奇函数时，有 $q(-x)=-q(x)$，可展成只含正弦项的级数，即：

$$q(x)=\sum_{n=1}^{\infty}b_n\sin\frac{n\pi x}{l} \qquad (6-20)$$

以上两式中的系数分别为：

$$\left.\begin{aligned}a_0&=\frac{2}{l}\int_0^l q(x)\mathrm{d}x\\ a_n&=\frac{2}{l}\int_0^l q(x)\cos\frac{n\pi x}{l}\mathrm{d}x\\ b_n&=\frac{2}{l}\int_0^l q(x)\sin\frac{n\pi x}{l}\mathrm{d}x\end{aligned}\right\} \qquad (6-21)$$

当梁长为 $2l$，将 $q(x)$ 在 $-l\sim l$ 区间内展成三角级数时，其系数应分别为：

$$\left.\begin{aligned}a_0&=\frac{1}{l}\int_{-l}^l q(x)\mathrm{d}x\\ a_n&=\frac{1}{l}\int_{-l}^l q(x)\cos\frac{n\pi x}{l}\mathrm{d}x\\ b_n&=\frac{1}{l}\int_{-l}^l q(x)\sin\frac{n\pi x}{l}\mathrm{d}x\end{aligned}\right\} \qquad (6-22)$$

以上各式中的 n 均为正整数。在长边上 $q(x)$ 的作用边界处，应力分量 σ_y、τ_{yx} 亦应是 x 的三角函数。因此，可取应力函数为：

$$\varphi=f(y)\cos\beta x \qquad (6-23)$$

和

$$\varphi=f(y)\sin\beta x \qquad (6-24)$$

式中，$\beta=\dfrac{n\pi}{l}$。现将式(6-24)代入双调和方程(6-16)，消去 $\sin\beta$ 后，即有：

$$f''''(y)-2\beta^2f''(y)+\beta^4f(y)=0 \qquad (a)$$

其特征方程为：

$$k^4-2k^2\beta^2+\beta^4=0 \qquad (b)$$

其解为：

$$k_1=k_2=\beta;\quad k_3=k_4=-\beta \qquad (c)$$

于是，式(a)的解为：

$$f(y)=A\mathrm{sh}\beta y+B\mathrm{ch}\beta y+Cy\mathrm{sh}\beta y+Dy\mathrm{ch}\beta y \qquad (d)$$

式中的 A、B、C、D 为任意常数，须由边界条件确定。于是式(6-24)成为：

$$\varphi=(A\mathrm{sh}\beta y+B\mathrm{ch}\beta y+Cy\mathrm{sh}\beta y+Dy\mathrm{ch}\beta y)\sin\beta x \qquad (6-25)$$

给 n 以不同的值，即得不同的特解，它们均能满足双调和方程(6-16)。而双调和方程为线性方程，故其一般解应为：

$$\varphi = \sum_{n=1}^{\infty}(A_n \mathrm{sh}\beta_n y + B_n \mathrm{ch}\beta_n y + C_n y \mathrm{sh}\beta_n y + D_n y \mathrm{ch}\beta_n y)\sin\beta_n x \qquad (6-26)$$

同理，由式(6-23)可得应力函数表达式为：

$$\varphi = \sum_{n=1}^{\infty}(A'_n \mathrm{sh}\beta_n y + B'_n \mathrm{ch}\beta_n y + C'_n y \mathrm{sh}\beta_n y + D'_n y \mathrm{ch}\beta_n y)\cos\beta_n x \qquad (6-27)$$

上两式中，A_n、B_n、C_n、D_n 或 A'_n、B'_n、C'_n、D'_n 均为任意常数。利用求得的应力函数 φ 即可计算应力分量，并由边界条件确定上述有关常数。

§6-6 梁的弹塑性弯曲

本节讨论受均布载荷作用的简支梁的弹塑性弯曲，如图 6-13 所示，并采用初等理论的简化假定，即梁内某点处的应力状态为：

$$\sigma_x = \sigma; \quad \tau_{xy} = \tau; \quad \sigma_y = \sigma_z = \tau_{yz} = \tau_{zx} = 0 \qquad (a)$$

此外，认为梁的弯曲为小变形，剪应力 τ 与正应力 σ 相比为小量可以忽略。在弯曲过程中，梁的截面仍保持为平面，且与变形后的梁轴线相垂直。于是，梁内各点处于单向应力状态。这当然也可看作一种比例加载。梁的材料为理想弹塑性材料，并考虑畸变能屈服条件 $\sigma = \sigma_x = \sigma_s$。

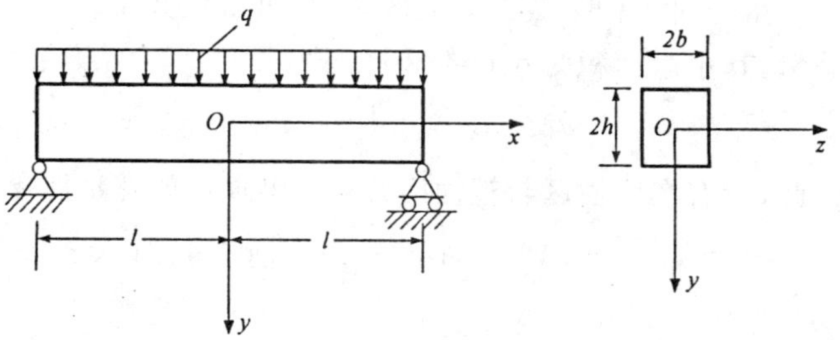

图 6-13

6-6-1 弹性解($q \leqslant q_e$)

梁全部处于弹性状态时，任一横截面上的弯矩为：

$$M(x) = \frac{q}{2}(l^2 - x^2) \qquad (b)$$

此时任一横截面上某点处的应力为：

$$\sigma = \sigma_x = \pm\frac{M(x)y}{I_z} \qquad (c)$$

且 $I_z = \frac{4}{3}bh^3$，当梁弯矩 $M(x)$ 随着载荷 q 不断地增加达到某一极限值时，梁中间截面上下边缘各点应力出现 $\sigma = \sigma_s$，梁处于弹性极限状态，且得：

$$M_e = \frac{4bh^2}{3}\sigma_s \quad ; \qquad q_e = \frac{8bh^2}{3l^2}\sigma_s \qquad (d)$$

6-6-2 弹塑性解($q_e < q < q_s$)

实际上当梁处于弹性极限状态的同时，梁塑性变形就开始了。在梁最大弯矩截面的上下边缘处，塑性区将随着载荷的增长而逐渐对称地从上、下两面开始扩展，并普及到梁的其他截面。最后整个最大弯矩作用截面将首先进入流动状态。

现设 ξ 表示弹性区及塑性区分界线坐标，并由于随着各截面的弯矩不同，ξ 也不同，因此，ξ 是 x 的函数，即 $\xi = \xi(x)$，且 $0 \leqslant \xi \leqslant h$。当梁的截面处于弹塑性变形阶段时，应力分布可分成三个区域，其应力分布规律见图 6-14，即：

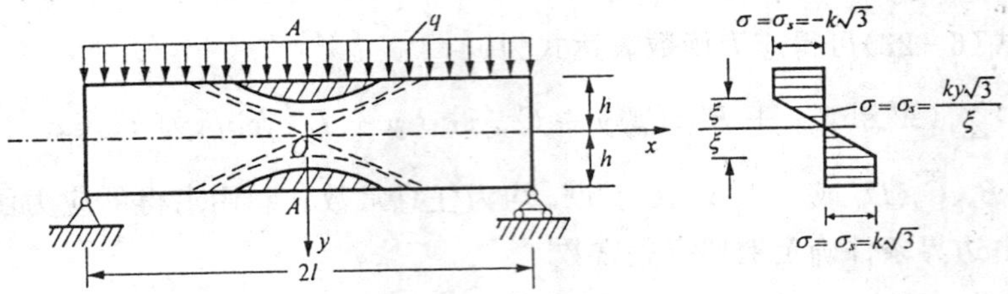

图 6-14

$$\left.\begin{array}{ll}\text{当} -h \leqslant y \leqslant -\xi \text{ 时}, & \sigma = -\sigma_s \quad (\text{塑性区}) \\ \text{当} -\xi \leqslant y \leqslant \xi \text{ 时}, & \sigma = \dfrac{y}{\xi}\sigma_s \quad (\text{弹性区}) \\ \text{当} \xi \leqslant y \leqslant h \text{ 时}, & \sigma = \sigma_s \quad (\text{塑性区})\end{array}\right\} \tag{e}$$

由于对于任一截面 x 处的弯矩,可由该截面的正应力 $\sigma_x = \sigma$ 对中性轴 y 的乘积的积分来表示,其中微面积为 $dA = 2bdy$,则:

$$M(x) = 4b\int_0^h \sigma(x,y)ydy \tag{f}$$

因此,所有在弹性区与塑性区并存的截面上的弹塑性弯矩 M 可由式(d)、式(f)求得:

$$\begin{aligned} M &= 4\int_0^\xi \sigma_s \cdot \frac{y}{\xi}b \cdot ydy + 2\int_\xi^h \sigma_s \cdot bydy + 2\int_{-h}^{-\xi}(-\sigma_s)bydy \\ &= \frac{2b\sigma_s}{3}(3h^2 - \xi^2) \end{aligned} \tag{g}$$

6-6-3 塑性解 ($q = q_s$)

对于理想弹塑性材料,当 $M > M_e$ 时,梁截面外层纤维应力值保持为 $\pm\sigma_s$,塑性区间朝对顶及两侧扩展。无疑,最大弯矩作用的截面将首先整个截面全部进入塑性状态,此时的弯矩即为塑性极限弯矩,可由式(g)令 $\xi = 0$ 得到:

$$M_s = 2bh^2\sigma_s \tag{h}$$

再由式(b)使 $x = 0$ 及式(h)可得:

$$q_s = \frac{4bh^2\sigma_s}{l^2} \tag{i}$$

于是由式(i)及式(d)知塑性极限载荷与弹性极限载荷之比为:$\dfrac{q_s}{q_e} = 1.5$。

6-6-4 讨论

当载荷 $q > q_e$ 时,梁内就存在弹性区与塑性区,当弯矩确定时,可由式(g)和式(b)算出 ξ,从而可知弹塑性段的区域及全梁弹性区与塑性区的交界线,如图 6-15 所示,也即:

$$\frac{2b\sigma_s}{3}(3h^2 - \xi^2) = \frac{q}{2}(l^2 - x^2) \tag{j}$$

将式(j)化简得:

$$1 - \frac{1}{3}\left(\frac{\xi}{h}\right)^2 = \frac{ql^2}{4\sigma_s bh^2}\left(1 - \frac{x^2}{l^2}\right) \tag{k}$$

由式(i)并令 $\rho=\frac{q}{q_s}$，则式(k)为：

$$\frac{1}{3}\left(\frac{\xi}{h}\right)^2-\rho\left(\frac{x}{l}\right)^2=1-\rho \tag{l}$$

式中 ρ 称为载荷系数，显然当 $\rho=1$ 时，载荷 q 即为梁的塑性极限载荷 q_s。方程(l)表示在不同载荷下，梁的弹塑性区的分界线方程。该曲线是以 $\rho=1$ 为渐近线的双曲线方程，如图 6－15 所示。

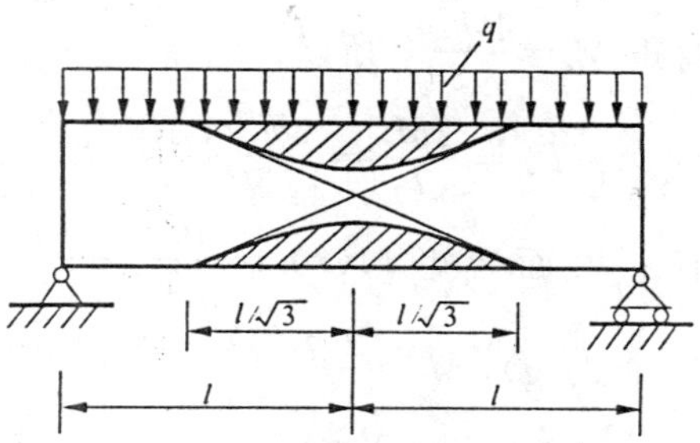

图 6－15

当梁刚开始屈服时，首先在 M_{max} 作用载面上下边缘一线各点开始(即 $x=0,\xi=h$)，则由式(l)得 $\rho=\frac{2}{3}$，此时必为 $q=q_e$。如果载荷继续增大，则屈服点扩大成为上下两塑性区域，最终两塑性区域在梁轴线中点处连接，即 M_{max} 作用截面全部进入塑性状态(即 $x=0,\xi=0$)，由式(l)可得：$\rho=1$，此时必有 $q=q_s$。因此，对于部分塑性的梁，ξ 及 ρ 一定满足：$0<\xi<h,\frac{2}{3}<\rho<1$。

如以 $\xi=h$ 和 $\rho=1$ 代入式(l)，则可解得受均布载荷作用的梁在极限载荷状态下，全梁中间部分上下两侧最大塑性区域长度为：$x=\pm\frac{\sqrt{3}}{3}l$。

在梁某全截面进入塑性状态以前(此时 $q=q_e$)，因梁的变形(挠度 δ)受弹性区(称为弹性核心)的约束，变形仍可认为与弹性变形同量级，梁的挠度也还较小，即认为梁处于小挠度状态。但当载荷继续增加，直到 $q=q_s$ 时，这时梁的某截面(此例为中间截面)全部进入塑性状态，则梁的变形将出现无限制的流动。此时该截面可形象地看作铰链，称为**塑性铰**。全梁形成一个机构，达到塑性破坏，已失去正常工作能力，如图 6－16 所示，不能再承受载荷。

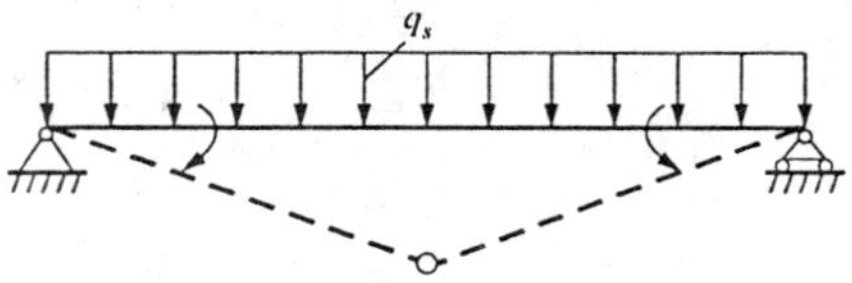

图 6－16

塑性铰与一般铰链有以下区别：

(1) 一般铰不能承受弯矩，而塑性铰则可承受定值的($|M|=M_s$)弯矩；

(2) 一般铰可以朝两个方向弯曲，而塑性铰则不能反向弯曲，当 $|M|$ 减小时产生卸载，需按弹性问题处理。

一般情况下梁(或刚架)结构由于出现塑性铰而形成机构的条件，并不限于一个塑性铰。而使结构产生足够数量的塑性铰而形成机构的最小载荷必然为极限载荷。有关塑性极限这方面的详细讨论请参见有关教材。

在极限设计的理论中，要求出使结构丧失承载能力时的载荷，就本例而言就是指塑性极限载荷 q_s，以下简称为极限载荷。在许用应力的设计计算中，只要梁中有任何一点处达到塑性状态，就不允许梁承受更大的载荷，也即梁只能承受弹性极限载荷 q_e(亦称最大载荷)。而由本例可知 $q_s=1.5q_e$，即塑性极限分析比许用应力方法增加了 50％的载荷，从而能充分发挥材料的潜力，达到节省和更合理的使用材料。这对某些结构(如连续梁或刚架情况)尤为重要。

例 6－5 一矩形截面($2b\times2h$)简支梁，如图 6－17 所示，中点受集中力 P 作用，试求其弹性极限载荷 P_e、塑性极限载荷 P_s 和弹塑性交界线。

解　梁中间截面弯矩 $M=\dfrac{Pl}{2}$，弹性极限弯矩 $M_e=\dfrac{4bh^2\sigma_s}{3}$，所以：

$$P_e=\frac{2M_e}{l}=\frac{8bh^2\sigma_s}{3l} \qquad (1)$$

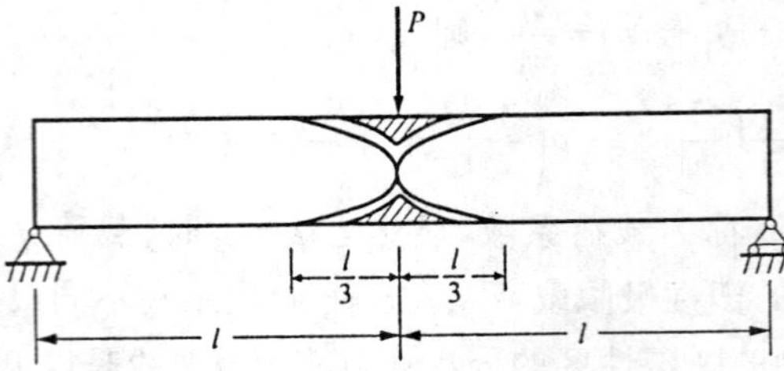

图 6-17

梁任一截面弯矩 $M(x)=\dfrac{P(l-x)}{2}$，由§6-6式(g)，$M=\dfrac{2b\sigma_s(3h^2-\xi^2)}{3}$，故有：

$$\frac{2b\sigma_s}{3}(3h^2-\xi^2)=\frac{P}{2}(l-x) \qquad (2)$$

又将式(1)代入式(2)得：

$$\frac{P_e}{4}\frac{l}{h^2}(3h^2-\xi^2)=\frac{P}{2}(l-x) \qquad (3)$$

也即：

$$3h^2-\xi^2=\frac{2Ph^2}{P_e l}(l-x) \qquad (4)$$

由式(4)式可知梁的弹塑性区的交界线为一抛物线，如图 6-17 所示，在梁的上下两侧塑性区长度为 $\dfrac{l}{3}$。而塑性极限载荷则为：

$$P_s=\frac{3}{2}P_e=\frac{3}{2}\,\frac{8}{3}\,\frac{bh^2}{l}\sigma_s=\frac{4bh^2}{l}\sigma_s$$

习　题

6-1　如图所示薄板悬梁，沿上表面 ($y=h$) 作用均布剪力 τ_0，不计体力。试校核应力函数 $\varphi=\dfrac{\tau_0}{4}\left(xy-\dfrac{xy^2}{h}-\dfrac{xy^3}{h^2}+\dfrac{ly^2}{h}+\dfrac{ly^2}{h^2}\right)$ 能否满足此问题的所需条件。

6-2　一正方形薄板，边长为 a，试校核应力函数。$\varphi=\dfrac{p}{a^2}\left(\dfrac{x^2y^2}{2}-\dfrac{y^4}{6}\right)$ 能否作为此问题的解，并写出对应边界上的面力，且用图表示之。式中 p 为单位长度上的均布力。

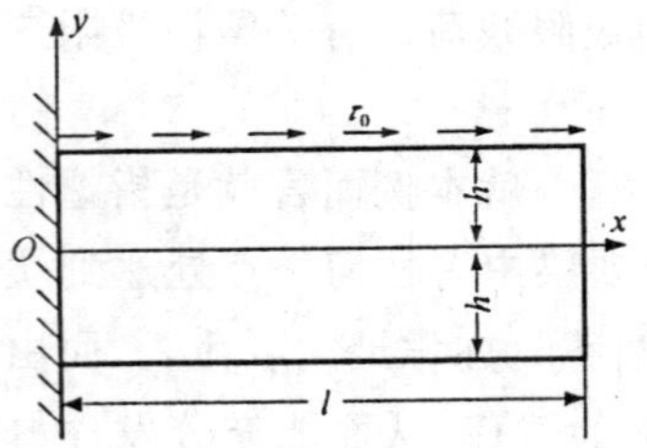

题 6-1 图

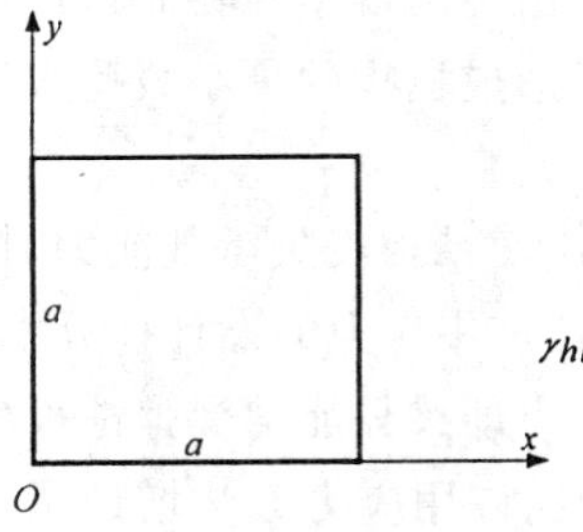

题 6-2 图

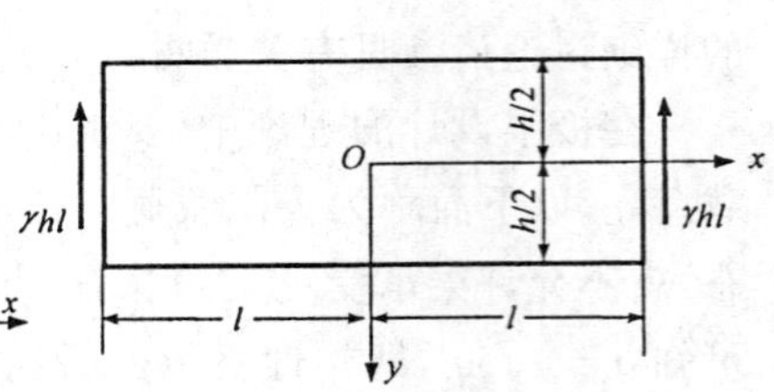

题 6-3 图

6-3　简支梁仅承受本身自重，梁的厚度为一个单位，容重为 γ，试验证应力函数 $\varphi=Ax^2y^3+By^5+Cy^3+Dx^2y$ 能否成立，并确定各应力分量。

6-4 对于图示悬臂梁，试验证应力函数 $\varphi = Ay^5 + Bx^2y^3 + Cy^3 + Dx^2 + Ex^2y$ 能否成立，并求出各系数和应力分量。

6-5 图中所示的无限长楔形体，受到水平方向的常体力作用(如水平方向的地震惯性力)，设单位体积的水平力为 g，试求应力分量。(提示：试取纯三次多项式作为应力函数，采用直角坐标系求解。)

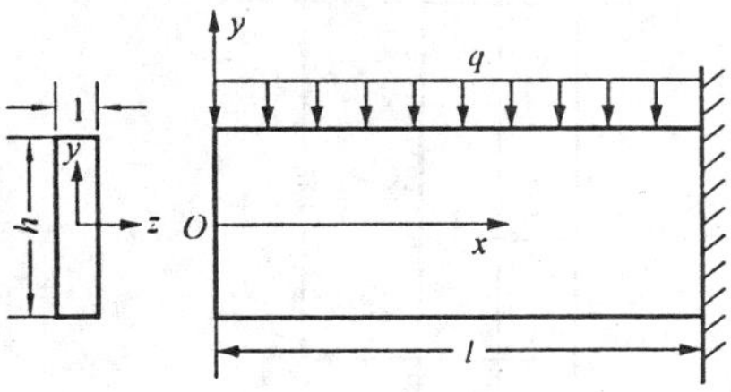

题 6-4 图

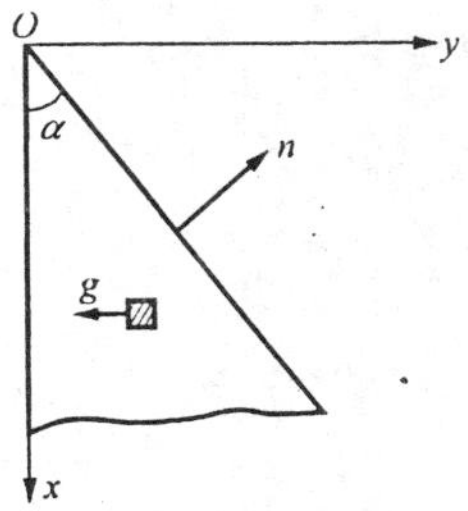

题 6-5 图

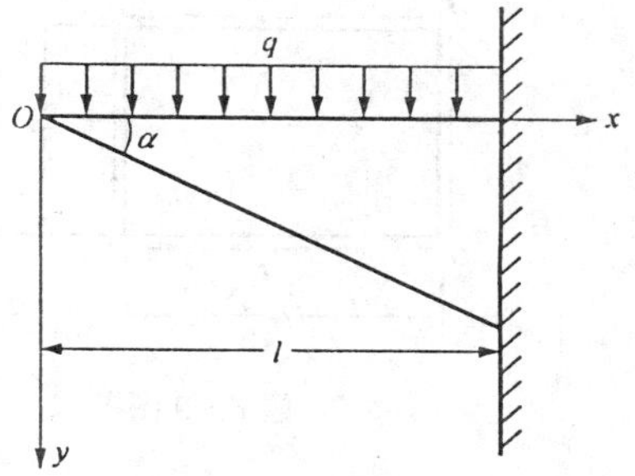

题 6-6 图

6-6 三角形悬臂梁，厚度取单位 1，上表面受到均匀分布的载荷 q 作用，体力不计，取应力函数为：

$$\varphi = K\left[\alpha(x^2 + y^2) - (x^2 + y^2)\tan^{-1}\frac{y}{x} + xy - x^2\tan\alpha\right]$$

试求：(1)验证此应力函数 φ 是否满足双调和方程；

(2)根据边界条件确定常数 K；

(3)写出 σ_x 的表达式，若 $\alpha = 30°$，当 $x = l$，计算悬梁根部截面上的 σ_x，并与材料力学中的公式 $\sigma_x = \frac{My}{I}$ 作比较。

6-7 图示三角形悬臂梁只受重力作用，梁的容重为 p。试求应力分量。

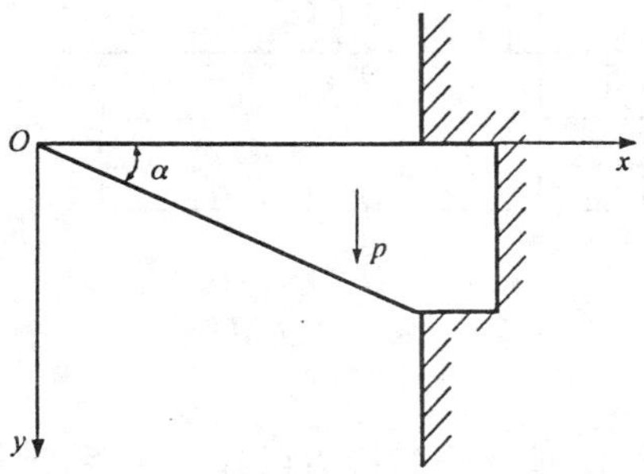

题 6-7 图

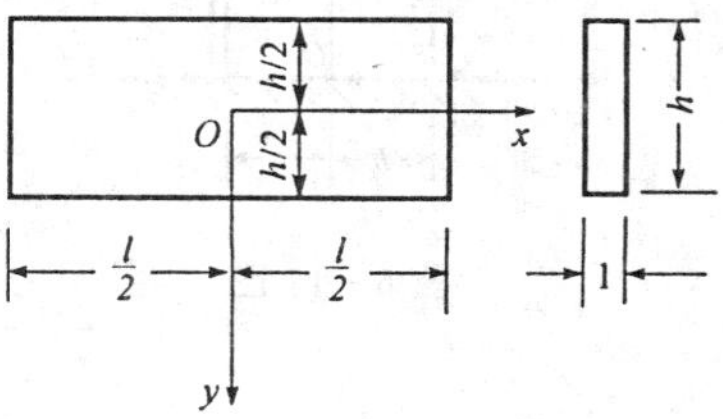

题 6-8 图

6-8 已知函数 $\varphi = a(x^4 - y^4)$，试检查它能否作应力函数？若能，试写出应力分量(不计体力)，并求出如图所示矩形薄板边界上的面力。

6-9 已知如图所示单位厚度的矩形薄板，周边作用着均布剪力 q。试求边界上的 $\frac{\partial \varphi}{\partial x}$、

$\dfrac{\partial\varphi}{\partial y}$、$\varphi$，以及板内的 φ，并求其应力分量（不计体力）。

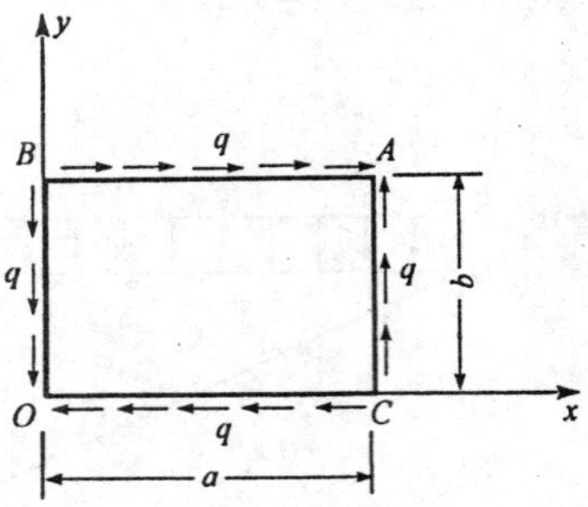

题 6－9 图

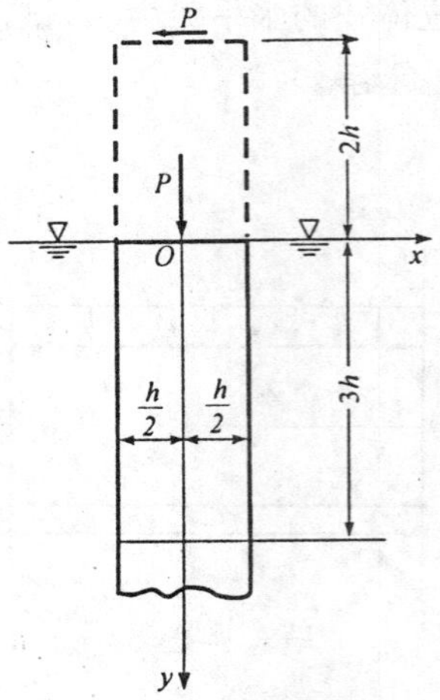

题 6－10 图

6－10 建造在水中的墙体如图所示，下端为无限长，承受载荷如图所示，虚线表示作用于墙体的侧向力 P 的位置。若应力函数为

$$\varphi = Ay^3 + Bx^2 + Cxy + Dx^2y + Ex^3$$

试求在 $y=3h$ 处截面上的应力分量及轴线在 x 方向位移的表达式。（水的容重为 γ）

6－11 已知如图所示长度比宽度和高度大得多的直角六面体，将它放置在绝对刚性和光滑的基础上，在六面体的上表面作用均匀压力 q，试求应力分量和位移分量。

6－12 如图所示自相平衡的载荷，试将它展开成富氏级数的形式。

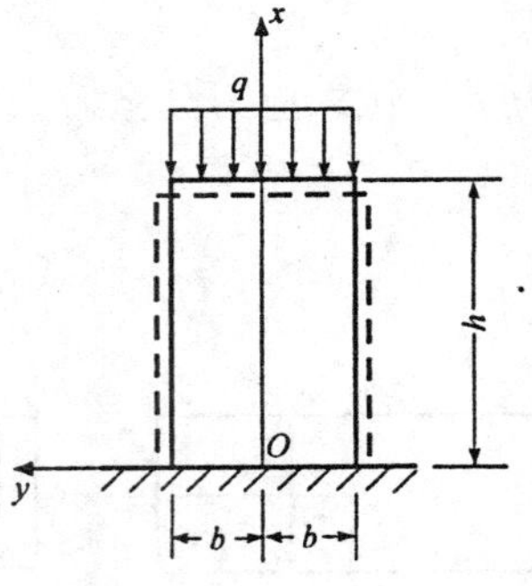

题 6－11 图

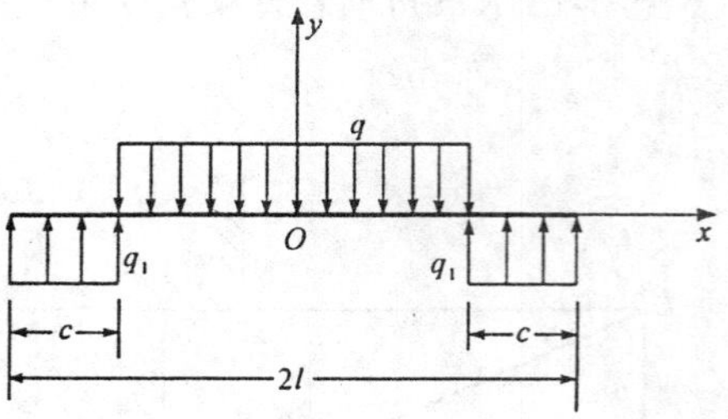

题 6－12 图

6－13 函数 $\varphi=(Ae^{\alpha y}+Be^{-\alpha y}+Cye^{\alpha y}+Dye^{-\alpha y})\sin\alpha x$ 能否作为应力函数？若能，试用该函数求解在直线边界（$y=0$）上垂直分布载荷为 $q=\sum\limits_{m=1}^{\infty}b_m\sin\dfrac{m\pi x}{l}$ 的半无限板（$y>0$ 的范围）内的应力表达式，并假设在无穷远处由载荷所产生的应力为零。

第七章　平面问题极坐标解答

§7－1　用极坐标表示平面问题的基本方程

在实际问题中，物体结构的形状和受力情况是复杂的，若能选用合适的坐标系将使求解问题简单方便。例如对圆筒、圆盘、圆弧形曲梁、扇形平板以及半无限平面体等问题，若采用极坐标求解则显得特别方便。

在平面极坐标系内，任意一点 P 的位置，可用矢径 r 和极角 θ 来表示，如图 7－1 所示。于是极坐标与直角坐标的关系为：

$$r^2 = x^2 + y^2 \quad ; \qquad \theta = \tan^{-1}\frac{y}{x} \tag{7-1}$$

$$x = r\cos\theta \quad ; \qquad y = r\sin\theta \tag{7-2}$$

z 轴与 xOy 平面垂直。在平面问题中，应力、应变和位移等函数均与 z 无关，只是 r 和 θ 的函数。

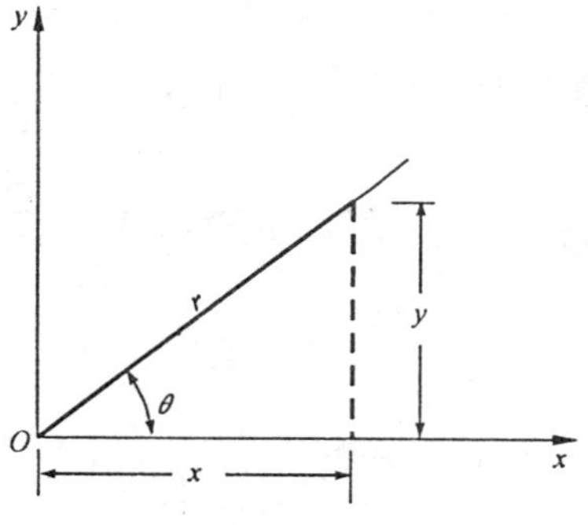

图 7－1

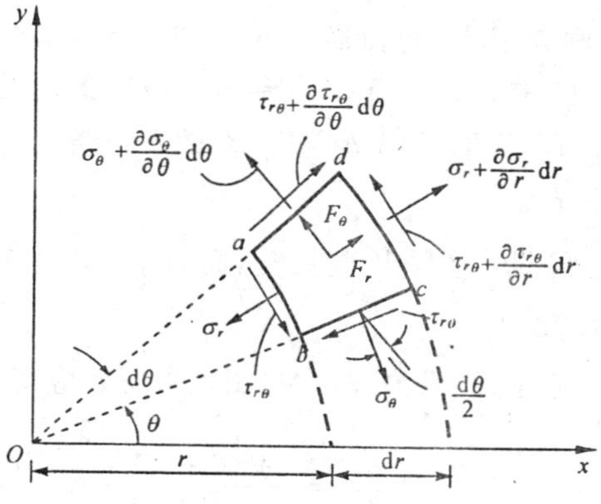

图 7－2

7－1－1　平衡微分方程

现用半径分别为 r 和 $r+dr$ 的两圆柱面和成 $d\theta$ 角的两径向平面，在物体内截取一单位厚度的微单元体 $abcd$，考察此微单元体的平衡。我们知道，对于平面应力问题和平面应变问题，都有 $\tau_{zr} = \tau_{z\theta} = 0$，其余的应力分量仅为 r、θ 的函数。故可在平面极坐标系内表示此微单元体各面上所受的应力。在图 7－2 所示的应力分量中，其下角标和正负号均仿照直角坐标系中的规定。这里 σ_r 称为径向正应力，σ_θ 称为环向正应力。由剪应力互等定理有 $\tau_{r\theta} = \tau_{\theta r}$。同时，以 F_r、F_θ 分别表示径向与环向体力分量。于是由 $\Sigma F_r = 0$ 的平衡条件，有

$$\left(\sigma_r + \frac{\partial\sigma_r}{\partial r}dr\right)(r+dr)d\theta - \sigma_r r d\theta - \left(\sigma_\theta + \frac{\partial\sigma_\theta}{\partial\theta}d\theta\right)dr\sin\frac{d\theta}{2} - \sigma_\theta dr\sin\frac{d\theta}{2}$$

$$+\left(\tau_{r\theta}+\frac{\partial \tau_{r\theta}}{\partial \theta}\mathrm{d}\theta\right)\mathrm{d}r\cos\frac{\mathrm{d}\theta}{2}-\tau_{r\theta}\mathrm{d}r\cos\frac{\mathrm{d}\theta}{2}+F_r r\mathrm{d}r\mathrm{d}\theta=0 \tag{a}$$

因 $\mathrm{d}\theta$ 是微量，可近似地取 $\sin\frac{\mathrm{d}\theta}{2}=\frac{\mathrm{d}\theta}{2}$，$\cos\frac{\mathrm{d}\theta}{2}=1$。由式(a)略去高阶微量，并注意到 $\tau_{r\theta}=\tau_{\theta r}$，则得式(7-3)的第一式。同理，由 $\Sigma F_\theta=0$，得其第二式，即：

$$\left.\begin{aligned}&\frac{\partial \sigma_r}{\partial r}+\frac{\partial \tau_{r\theta}}{r\partial \theta}+\frac{\sigma_r-\sigma_\theta}{r}+F_r=0\\&\frac{\partial \tau_{\theta r}}{\partial r}+\frac{\partial \sigma_\theta}{r\partial \theta}+\frac{2\tau_{r\theta}}{r}+F_\theta=0\end{aligned}\right\} \tag{7-3}$$

此式即为用极坐标表示的平面问题的平衡微分方程。

7-1-2 几何方程

设所取微单元体 $ABCD$ 变形后到达新位置 $A'B'C'D'$，如图 7-3 所示。现研究其变形前后的几何关系。

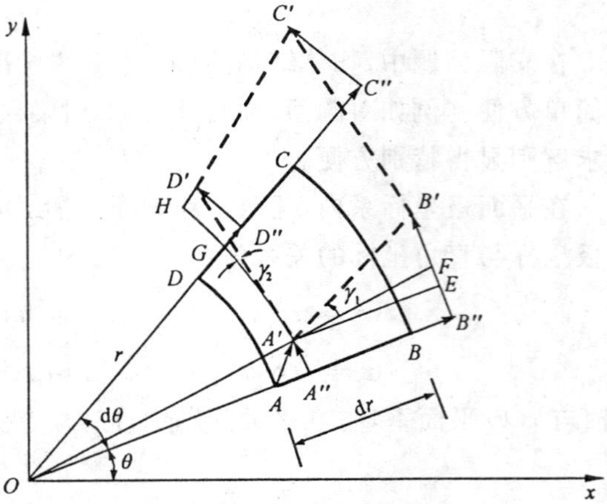

图 7-3

由于变形，点 A 位移到 A'，在 r 和 θ 方向上的位移分量分别为 u、v。这里 u、v 分别称**径向位移**和**环向位移**，它们都是坐标 r、θ 的函数。由图 7-3 可见，A、B、C、D 各点的位移都可以分解为径向与环向两个矢量，例如 $\overrightarrow{AA'}$，可分解为 $\overrightarrow{AA''}$ 和 $\overrightarrow{A''A'}$，余类推。图中 $AB=\mathrm{d}r$，$AD=r\mathrm{d}\theta$，OA' 的延长线交 $B''B'$ 于 F，$A'E$ 为 $A''B''$ 的平行线。半径为 OA' 的圆弧交 OD'' 于 G，且交 D' 处至该弧的垂线于 H。

可见，$\angle HA'F=\frac{\pi}{2}$，而 A、B、C、D 各点的位移分别为：$\overrightarrow{AA'}=\overrightarrow{AA''}+\overrightarrow{A''A'}$，$\overrightarrow{BB'}=\overrightarrow{BB''}+\overrightarrow{B''B'}$，等。

考虑到 $\mathrm{d}\theta$ 为一微量，由此可得各应变分量为：

$$\varepsilon_r=\frac{A'B'-AB}{AB}\approx\frac{BB''-AA''}{AB}=\frac{u+\frac{\partial u}{\partial r}\mathrm{d}r-u}{\mathrm{d}r}=\frac{\partial u}{\partial r} \tag{b}$$

$$\begin{aligned}\varepsilon_\theta&=\frac{A'D'-AD}{AD}\approx\frac{D'D''+GA''-A'A''-AD}{AD}\\&=\frac{v+\frac{\partial v}{\partial \theta}\mathrm{d}\theta+(r+u)\mathrm{d}\theta-v-r\mathrm{d}\theta}{r\mathrm{d}\theta}=\frac{\partial v}{r\partial \theta}+\frac{u}{r}\end{aligned} \tag{c}$$

$$\begin{aligned}\gamma_{r\theta}&=\gamma_1+\gamma_2=\angle B'A'F+\angle D'A'H\approx\frac{B'E-EF}{A''B''}+\frac{D'H}{A'H}\\&=\frac{B'E}{A''B''}-\frac{A''A'}{OA''}+\frac{DD''-AA''}{A'H}\\&=\frac{\frac{\partial v}{\partial r}\mathrm{d}r}{\mathrm{d}r+\frac{\partial u}{\partial r}\mathrm{d}r}-\frac{v}{r+u}+\frac{u+\frac{\partial u}{\partial \theta}\mathrm{d}\theta-u}{r\mathrm{d}\theta+\frac{\partial v}{\partial \theta}\mathrm{d}\theta}\approx\frac{\partial v}{\partial r}-\frac{v}{r}+\frac{\partial u}{r\partial \theta}\end{aligned} \tag{d}$$

于是由式(b)、式(c)、式(d)得用极坐标表示的平面问题的几何方程为：

$$
\left.\begin{aligned}
\varepsilon_r &= \frac{\partial u}{\partial r} \\
\varepsilon_\theta &= \frac{\partial v}{r\partial \theta} + \frac{u}{r} \\
\gamma_{r\theta} &= \frac{\partial v}{\partial r} - \frac{v}{r} + \frac{\partial u}{r\partial \theta}
\end{aligned}\right\} \tag{7-4}
$$

7-1-3 物理方程

因极坐标与直角坐标均为正交坐标系，故在极坐标系中的物理方程与直角坐标系中的物理方程相类似，只需将应力的角标做相应的更换。于是关于各向同性弹性体的物理方程如下。

对于平面应力问题，有：

$$
\left.\begin{aligned}
\varepsilon_r &= \frac{1}{E}(\sigma_r - \mu\sigma_\theta) \\
\varepsilon_\theta &= \frac{1}{E}(\sigma_\theta - \mu\sigma_r) \\
\gamma_{r\theta} &= \frac{2(1+\mu)}{E}\tau_{r\theta}
\end{aligned}\right\} \tag{7-5}
$$

或用应变表示应力为

$$
\left.\begin{aligned}
\sigma_r &= \frac{E}{1-\mu^2}(\varepsilon_r + \mu\varepsilon_\theta) \\
\sigma_\theta &= \frac{E}{1-\mu^2}(\varepsilon_\theta + \mu\varepsilon_r) \\
\tau_{r\theta} &= \frac{E}{2(1+\mu)}\gamma_{r\theta}
\end{aligned}\right\} \tag{7-6}
$$

对于平面应变问题，只要将式(7-5)、式(7-6)中的 E、μ 变换成 E_1 和 μ_1 即可。

7-1-4 应力函数和变形谐调方程

在极坐标系中，用应力函数 $\varphi(r,\theta)$ 表示的变形谐调方程可直接由直角坐标双调和方程

$$
\left(\frac{\partial^2}{\partial x^2} + \frac{\partial^2}{\partial y^2}\right)\left(\frac{\partial^2}{\partial x^2} + \frac{\partial^2}{\partial y^2}\right)\varphi(x,y) = 0 \tag{e}
$$

经坐标转换就可得到。由式(7-1)有关系式：

$$
\frac{\partial r}{\partial x} = \frac{x}{r} = \cos\theta \quad ; \qquad \frac{\partial r}{\partial y} = \frac{y}{r} = \sin\theta \tag{f}
$$

和

$$
\frac{\partial \theta}{\partial x} = -\frac{y}{x^2+y^2} = -\frac{\sin\theta}{r} \quad ; \qquad \frac{\partial \theta}{\partial y} = \frac{x}{x^2+y^2} = \frac{\cos\theta}{r} \tag{g}
$$

于是应力函数 $\varphi(r,\theta)$ 对 x、y 的一阶导数为

$$
\left.\begin{aligned}
\frac{\partial \varphi}{\partial x} &= \frac{\partial \varphi}{\partial r}\frac{\partial r}{\partial x} + \frac{\partial \varphi}{\partial \theta}\frac{\partial \theta}{\partial x} = \frac{\partial \varphi}{\partial r}\cos\theta - \frac{\partial \varphi}{\partial \theta}\frac{\sin\theta}{r} \\
\frac{\partial \varphi}{\partial y} &= \frac{\partial \varphi}{\partial r}\frac{\partial r}{\partial y} + \frac{\partial \varphi}{\partial \theta}\frac{\partial \theta}{\partial y} = \frac{\partial \varphi}{\partial r}\sin\theta + \frac{\partial \varphi}{\partial \theta}\frac{\cos\theta}{r}
\end{aligned}\right\} \tag{h}
$$

应力函数 $\varphi(r,\theta)$ 对 x、y 的二阶导数为：

$$\left.\begin{aligned}
\frac{\partial^2\varphi}{\partial x^2} &= \cos^2\theta\frac{\partial^2\varphi}{\partial r^2}+\sin^2\theta\left(\frac{1}{r}\frac{\partial\varphi}{\partial r}+\frac{1}{r^2}\frac{\partial^2\varphi}{\partial\theta^2}\right)+2\sin\theta\cos\theta\left(\frac{1}{r^2}\frac{\partial\varphi}{\partial\theta}-\frac{1}{r}\frac{\partial^2\varphi}{\partial r\partial\theta}\right)\\
\frac{\partial^2\varphi}{\partial y^2} &= \sin^2\theta\frac{\partial^2\varphi}{\partial r^2}+\cos^2\theta\left(\frac{1}{r}\frac{\partial\varphi}{\partial r}+\frac{1}{r^2}\frac{\partial^2\varphi}{\partial\theta^2}\right)-2\sin\theta\cos\theta\left(\frac{1}{r^2}\frac{\partial\varphi}{\partial\theta}-\frac{1}{r}\frac{\partial^2\varphi}{\partial r\partial\theta}\right)\\
\frac{\partial^2\varphi}{\partial x\partial y} &= \sin\theta\cos\theta\left(\frac{\partial^2\varphi}{\partial r^2}-\frac{1}{r}\frac{\partial\varphi}{\partial r}-\frac{1}{r^2}\frac{\partial^2\varphi}{\partial\theta^2}\right)+(\cos^2\theta-\sin^2\theta)\left(\frac{1}{r}\frac{\partial^2\varphi}{\partial r\partial\theta}-\frac{1}{r^2}\frac{\partial\varphi}{\partial\theta}\right)
\end{aligned}\right\}\quad\text{(i)}$$

将式(i)前两式相加，得到：

$$\nabla^2\varphi=\left(\frac{\partial^2}{\partial x^2}+\frac{\partial^2}{\partial y^2}\right)\varphi=\left(\frac{\partial^2}{\partial r^2}+\frac{1}{r}\frac{\partial}{\partial r}+\frac{1}{r^2}\frac{\partial^2}{\partial\theta^2}\right)\varphi \tag{j}$$

于是，用极坐标应力函数 $\varphi(r,\theta)$ 表示的平面问题的变形谐调方程为：

$$\left(\frac{\partial^2}{\partial r^2}+\frac{1}{r}\frac{\partial}{\partial r}+\frac{1}{r^2}\frac{\partial^2}{\partial\theta^2}\right)\left(\frac{\partial^2}{\partial r^2}+\frac{1}{r}\frac{\partial}{\partial r}+\frac{1}{r^2}\frac{\partial^2}{\partial\theta^2}\right)\varphi(r,\theta)=0 \tag{7-7}$$

或写为：

$$\nabla^2\nabla^2\varphi(r,\theta)=\nabla^4\varphi(r,\theta)=0 \tag{7-8}$$

在体力为常数或不计时，平面问题的极坐标解答，同样可归结为求双调和方程(7-8)的应力函数 $\varphi(r,\theta)$。

7-1-5 用应力函数 $\varphi(r,\theta)$ 表示的应力分量

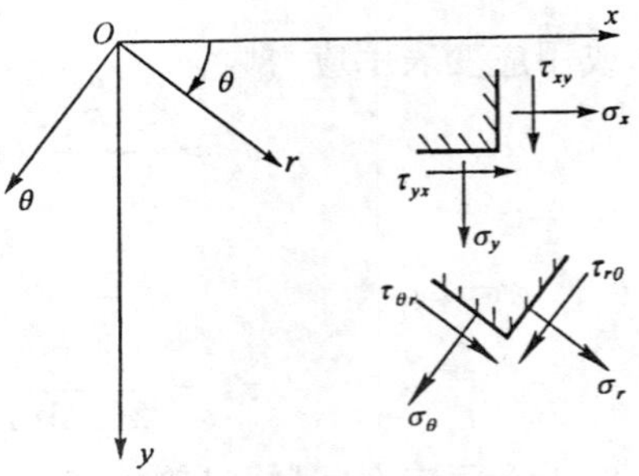

图 7-4

极坐标系中的应力分量表达式，可由直角坐标应力分量式经坐标转换求得，如图 7-4 所示，推导得：

$$\left.\begin{aligned}
\sigma_r &= \sigma_x\cos^2\theta+\sigma_y\sin^2\theta+2\tau_{xy}\sin\theta\cos\theta\\
\sigma_\theta &= \sigma_x\sin^2\theta+\sigma_y\cos^2\theta-2\tau_{xy}\sin\theta\cos\theta\\
\tau_{r\theta} &= -(\sigma_x-\sigma_y)\sin\theta\cos\theta+\tau_{xy}(\cos^2\theta-\sin^2\theta)
\end{aligned}\right\}\quad(7-9)$$

当不计体力时，由式(i)及式(7-9)可得：

$$\left.\begin{aligned}
\sigma_r &= \frac{1}{r}\frac{\partial\varphi}{\partial r}+\frac{1}{r^2}\frac{\partial^2\varphi}{\partial\theta^2}\\
\sigma_\theta &= \frac{\partial^2\varphi}{\partial r^2}\\
\tau_{r\theta} &= \frac{1}{r^2}\frac{\partial\varphi}{\partial\theta}-\frac{1}{r}\frac{\partial^2\varphi}{\partial r\partial\theta}=-\frac{\partial}{\partial r}\left(\frac{1}{r}\frac{\partial\varphi}{\partial\theta}\right)
\end{aligned}\right\}\quad(7-10)$$

式(7-10)即为用极坐标应力函数 $\varphi(r,\theta)$ 表示的应力分量求解公式。

§7-2 轴对称应力和相应的位移

在平面问题中，当所考察的物体的形状及所受的外力对称于通过坐标原点 O 并与 xOy 平面垂直的轴线时，由于变形的对称性，物体内的应力分布也对称于该轴线，这类问题称为轴对称应力分布问题或轴对称问题。

显然，在轴对称问题中，半径为 r 的同一圆柱面上各点处的应力均相同，应力的分布与极角 θ 无关，仅为 r 的函数，于是剪应力 $\tau_{r\theta}$ 为零，而只存在径向应力 σ_r 和环向应力 σ_θ。所以，当不计体力时，应力分量式(7-10)成为：

$$\sigma_r=\frac{1}{r}\frac{d\varphi}{dr}\quad;\quad\sigma_\theta=\frac{d^2\varphi}{dr^2}\quad;\quad\tau_{r\theta}=0 \tag{7-11}$$

这里，应力函数 φ 也只是 r 的函数，变形谐调方程(7-7)成为

$$\left(\frac{d^2}{dr^2}+\frac{1}{r}\frac{d}{dr}\right)\left(\frac{d^2}{dr^2}+\frac{1}{r}\frac{d}{dr}\right)\varphi(r)=0 \tag{7-12}$$

展开后有：

$$\frac{d^4\varphi}{dr^4}+\frac{2}{r}\frac{d^3\varphi}{dr^3}-\frac{1}{r^2}\frac{d^2\varphi}{dr^2}+\frac{1}{r^3}\frac{d\varphi}{dr}=0 \tag{7-13}$$

式(7-13)是一个四阶变系数的常微分方程，引用变量代换式 $r=e^t$，可转换成常系数的常微分方程。因 $\frac{d}{dr}=\frac{1}{r}\frac{d}{dt}$，故有：

$$\left.\begin{aligned}
\frac{d\varphi}{dr}&=\frac{1}{r}\frac{d\varphi}{dt}\\
\frac{d^2\varphi}{dr^2}&=\frac{1}{r^2}\left(\frac{d^2\varphi}{dt^2}-\frac{d\varphi}{dt}\right)\\
\frac{d^3\varphi}{dr^3}&=\frac{1}{r^3}\left(\frac{d^3\varphi}{dt^3}-3\frac{d^2\varphi}{dt^2}+2\frac{d\varphi}{dt}\right)\\
\frac{d^4\varphi}{dr^4}&=\frac{1}{r^4}\left(\frac{d^4\varphi}{dt^4}-6\frac{d^3\varphi}{dt^3}+11\frac{d^2\varphi}{dt^2}-6\frac{d\varphi}{dt}\right)
\end{aligned}\right\} \tag{a}$$

将其代入式(7-13)，即得：

$$\frac{d^4\varphi}{dt^4}-4\frac{d^3\varphi}{dt^3}+4\frac{d^2\varphi}{dt^2}=0 \tag{b}$$

现求此方程的解。令 $\varphi=e^{kt}$，得式(b)的特征方程为：

$$K^4-4K^3+4K^2=0 \tag{c}$$

该方程的两对重根为：$K_1=K_2=0, K_3=K_4=2$。于是方程(b)的通解为：

$$\varphi=At+Bte^{2t}+Ce^{2t}+D \tag{d}$$

以 $t=\ln r$ 代换，则为：

$$\varphi=A\ln r+Br^2\ln r+Cr^2+D \tag{7-14}$$

代入式(7-11)，得到应力分量的表达式：

$$\left.\begin{aligned}
\sigma_r&=\frac{A}{r^2}+B(1+2\ln r)+2C\\
\sigma_\theta&=-\frac{A}{r^2}+B(3+2\ln r)+2C\\
\tau_{r\theta}&=0
\end{aligned}\right\} \tag{7-15}$$

式中待定常数 A、B、C 可由具体问题的边界条件来确定。

接着考察轴对称问题的变形和位移。对于平面应力问题，将应力分量式(7-15)代入物理方程(7-5)，得：

$$\left.\begin{aligned}
\varepsilon_r&=\frac{1}{E}\left[(1+\mu)\frac{A}{r^2}+(1-3\mu)B+2(1-\mu)B\ln r+2(1-\mu)C\right]\\
\varepsilon_\theta&=\frac{1}{E}\left[-(1+\mu)\frac{A}{r^2}+(3-\mu)B+2(1-\mu)B\ln r+2(1-\mu)C\right]\\
\gamma_{r\theta}&=0
\end{aligned}\right\} \tag{7-16}$$

这里，应变分量也与极角 θ 无关，故也是轴对称的。

为求位移分量，将式(7-16)代入几何方程(7-4)，有：

$$
\left.\begin{aligned}
&\frac{\partial u}{\partial r}=\frac{1}{E}\left[(1+\mu)\frac{A}{r^2}+(1-3\mu)B+2(1-\mu)B\ln r+2(1-\mu)C\right]\\
&\frac{1}{r}\frac{\partial v}{\partial \theta}+\frac{u}{r}=\frac{1}{E}\left[-(1+\mu)\frac{A}{r^2}+(3-\mu)B+2(1-\mu)B\ln r+2(1-\mu)C\right]\\
&\frac{\partial v}{\partial r}+\frac{1}{r}\frac{\partial u}{\partial \theta}-\frac{v}{r}=0
\end{aligned}\right\} \tag{e}
$$

由式(e)中第一式积分得：

$$
\begin{aligned}
u=\frac{1}{E}\Big[&-(1+\mu)\frac{A}{r}+(1-3\mu)Br+2(1-\mu)Br(\ln r-1)\\
&+2(1-\mu)Cr\Big]+f(\theta)
\end{aligned} \tag{f}
$$

式(f)中的 $f(\theta)$ 仅为 θ 的函数。将式(f)代入式(e)第二式，得：$\frac{\partial v}{\partial \theta}=\frac{4Br}{E}-f(\theta)$，再积分得：

$$
v=\frac{4Br}{E}\theta-\int f(\theta)\mathrm{d}\theta+g(r) \tag{g}
$$

式(g)中的 $g(r)$ 仅为 r 的函数。再将式(f)、式(g)代入式(e)第三式，得：

$$
-r\frac{\mathrm{d}g(r)}{\mathrm{d}r}+g(r)=\frac{\mathrm{d}f(\theta)}{\mathrm{d}\theta}+\int f(\theta)\mathrm{d}\theta \tag{h}
$$

要使式(h)成立，则方程两边必须为同一常数 m，即有：

$$
-r\frac{\mathrm{d}g(r)}{\mathrm{d}r}+g(r)=m \tag{i}
$$

$$
\frac{\mathrm{d}f(\theta)}{\mathrm{d}\theta}+\int f(\theta)\mathrm{d}\theta=m \tag{j}
$$

式(i)的解为：

$$
g(r)=Hr+m \tag{k}
$$

式(k)中的 H 为待定常数。式(j)可变成为：

$$
\frac{\mathrm{d}^2f(\theta)}{\mathrm{d}\theta^2}+f(\theta)=0 \tag{l}
$$

其解为：

$$
f(\theta)=I\sin\theta+K\cos\theta \tag{m}
$$

将式(m)代入式(j)，有：

$$
\int f(\theta)\mathrm{d}\theta=-I\cos\theta+K\sin\theta+m \tag{n}
$$

将式(k)、式(m)、式(n)分别代入式(f)、式(g)，得位移分量表达式为：

$$
\left.\begin{aligned}
u=\frac{1}{E}\Big[&-(1+\mu)\frac{A}{r}+(1-3\mu)Br+2(1-\mu)Br(\ln r-1)\\
&+2(1-\mu)Cr\Big]+I\sin\theta+K\cos\theta\\
v=\frac{4Br}{E}&\theta+Hr+I\cos\theta-K\sin\theta
\end{aligned}\right\} \tag{7-17}
$$

其中，A、B、C、H、I、K 都是待定常数，而常数 H、I、K 表示刚性位移。

对于平面应变问题，只需将式(7-17)中的 E、μ 替换成 E_1 和 μ_1 即可。

§7-3 承受均匀压力的厚壁圆筒弹塑性解

厚壁长圆筒是工程结构中常见的重要构件之一。现以 a、b 分别表示长圆筒的内、外半径，

厚壁筒一般认为 $b:a>1.1$。并设其内、外壁上分别受均匀分布压力 q_a 和 q_b 作用，如图 7－5 所示。若不计自重，则圆筒的结构形状与受力状态均对称于轴线，故此问题为轴对称问题。

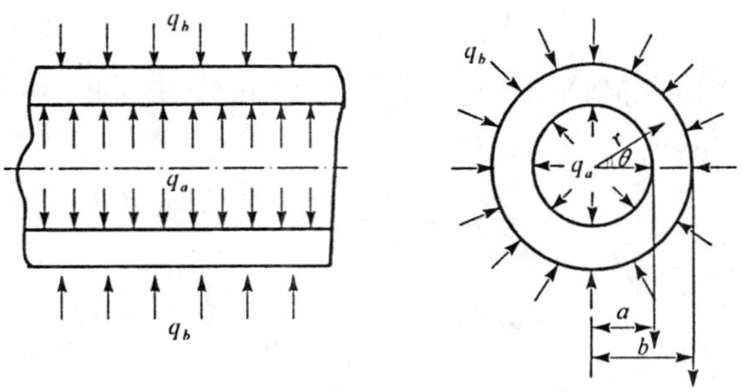

图 7－5

7－3－1 弹性解($q<q_e$)

由式(7－15)，圆筒的应力分量为：

$$\left.\begin{aligned}\sigma_r &= \frac{A}{r^2}+B(1+2\ln r)+2C\\ \sigma_\theta &= -\frac{A}{r^2}+B(3+2\ln r)+2C\\ \tau_{r\theta} &= 0\end{aligned}\right\} \tag{a}$$

圆筒的边界条件为：

$$\left.\begin{aligned}&① \quad (\sigma_r)_{r=a}=-q_a; \qquad ② \quad (\tau_{r\theta})_{r=a}=0\\ &③ \quad (\sigma_r)_{r=b}=-q_b; \qquad ④ \quad (\tau_{r\theta})_{r=b}=0\end{aligned}\right\} \tag{b}$$

显然，式(b)条件②和④恒被满足，而由条件①、③得到：

$$\left.\begin{aligned}\frac{A}{a^2}+B(1+2\ln a)+2C=-q_a\\ \frac{A}{b^2}+B(1+2\ln b)+2C=-q_b\end{aligned}\right\} \tag{c}$$

式(c)中有三个待定系数 A、B 和 C，但只有两个边界条件。因为这是一个多连域问题，因此必须考虑位移的单值条件。由圆筒环向位移 $v=0$，且径向位移 u 只是坐标 r 的函数与极角 θ 无关，所以几何方程式(7－4)可简化成：

$$\varepsilon_r=\frac{\mathrm{d}u}{\mathrm{d}r} \quad ; \quad \varepsilon_\theta=\frac{u}{r} \quad ; \quad \gamma_{r\theta}=0 \tag{d}$$

将平面应变问题物理方程(7－5)$\left(\text{注意将式中 } E、\mu \text{ 换成 } E_1=\dfrac{E}{1-\mu^2}, \mu_1=\dfrac{\mu}{1-\mu}\right)$代入式(d)，有：

$$\frac{\mathrm{d}u}{\mathrm{d}r}=\frac{1+\mu}{E}[(1-\mu)\sigma_r-\mu\sigma_\theta] \quad ; \quad \frac{u}{r}=\frac{1+\mu}{E}[(1-\mu)\sigma_\theta-\mu\sigma_r] \tag{e}$$

再将应力分量式(a)代入式(e)分别得：

$$\frac{u}{r}=\frac{1+\mu}{E}\left\{-\frac{A}{r^2}+B[2(1-2\mu)\ln r-1]+2C(1-2\mu)\right\}+D \tag{f}$$

$$\frac{u}{r}=\frac{1+\mu}{E}\left\{-\frac{A}{r^2}+B[2(1-2\mu)\ln r+(3-4\mu)]+2C(1-2\mu)\right\} \tag{g}$$

式(f)中的 D 为积分常数。比较式(f)、式(g)可以看出由它们算得的同一点的位移 u 是不相同的。然而，根据位移的单值性条件，必须使上两式求解的位移完全一致，因此只有令 $B=0$，$D=0$，才能做到。于是，径向位移表达式为：

$$\frac{u}{r}=\frac{1+\mu}{E}\left[-\frac{A}{r^2}+2C(1-2\mu)\right] \tag{h}$$

而由式(c)解得：

$$A=\frac{a^2b^2(q_b-q_a)}{b^2-a^2}\quad ;\qquad 2C=\frac{a^2q_a-b^2q_b}{b^2-a^2} \tag{i}$$

代入式(a)得到平面应变问题($\varepsilon_z=0$)的承受内、外均匀压力的厚壁圆筒应力计算公式(Lame 公式)为：

$$\left.\begin{aligned}\sigma_r&=\frac{a^2b^2(q_b-q_a)}{b^2-a^2}\frac{1}{r^2}+\frac{a^2q_a-b^2q_b}{b^2-a^2}\\ \sigma_\theta&=-\frac{a^2b^2(q_b-q_a)}{b^2-a^2}\frac{1}{r^2}+\frac{a^2q_a-b^2q_b}{b^2-a^2}\\ \sigma_r&=\mu(\sigma_r+\sigma_\theta);\qquad \tau_{r\theta}=0\end{aligned}\right\} \tag{7-18}$$

由式(h)可得相应的径向位移公式为：

$$u=\frac{1+\mu}{E}\left[(1-2\mu)\frac{(a^2q_a-b^2q_b)r}{b^2-a^2}+\frac{(q_a-q_b)a^2b^2}{(b^2-a^2)r}\right] \tag{7-19}$$

如果将厚壁筒取为厚壁圆环，且承受内外均匀压力作用为平面应力问题($\sigma_z=0$)，则应力分量 σ_r 和 σ_θ 仍然与式(7-18)表示结果一样，但 $\sigma_z=0$，而径向位移公式的推导方法与上相似，推导得：

$$u=\frac{1}{E}\left[(1-\mu)\frac{(a^2q_a-b^2q_b)r}{b^2-a^2}+(1+\mu)\frac{a^2b^2(q_a-q_b)}{(b^2-a^2)r}\right] \tag{7-20}$$

下面给出两种均匀压力分别单独作用下厚壁圆筒的推导结果：

1. 厚壁圆筒仅受均匀内压 q_a，即 $q_b=0$，则应力分量为：

$$\left.\begin{aligned}\sigma_r&=\frac{a^2q_a}{b^2-a^2}\left(1-\frac{b^2}{r^2}\right)\\ \sigma_\theta&=\frac{a^2q_a}{b^2-a^2}\left(1+\frac{b^2}{r^2}\right)\\ \sigma_z&=\mu(\sigma_r+\sigma_\theta)\quad (\text{平面应变})\end{aligned}\right\} \tag{7-21}$$

只有内压而无外压的情况在实际工程问题中较常见，如压力油缸、高压容器等。

2. 厚壁圆筒仅受均匀外压 q_b，即 $q_a=0$，则应力分量为：

$$\left.\begin{aligned}\sigma_r&=-\frac{b^2q_b}{b^2-a^2}\left(1-\frac{a^2}{r^2}\right)\\ \sigma_\theta&=-\frac{b^2q_b}{b^2-a^2}\left(1+\frac{a^2}{r^2}\right)\\ \sigma_z&=\mu(\sigma_r+\sigma_\theta)\ (\text{平面应变})\end{aligned}\right\} \tag{7-22}$$

两种均压情形中的应力分量沿壁厚的变化如图 7-6 所示。由图中可知，径向应力 σ_r 均为压应力，且在受载荷作用的表面上为最大值。环向应力 σ_θ 的符号取决于受力状况，受内压时为正，其最大值产生于内壁；受外压时为负，内壁处的绝对值最大。显然，当厚壁圆筒只受内压时，其内壁各点的应力 σ_r 和 σ_θ 都达到了最大值，且为异号，这对设计是极为不利的。

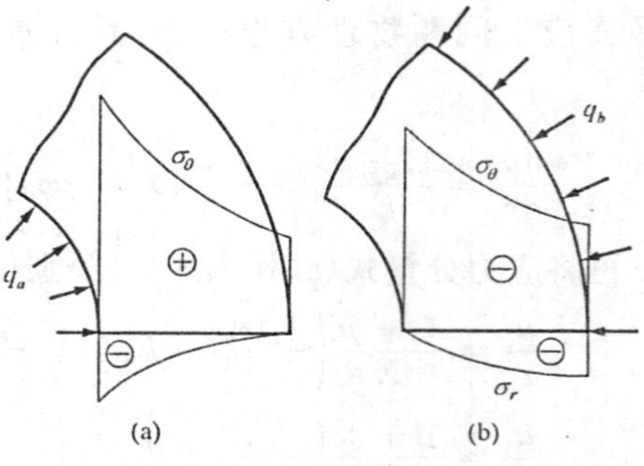

图 7-6

7-3-2 承受内压的厚壁圆筒弹塑性解($q_e \leqslant q < q_s$)

以下我们仅以只承受内压力 q 作用的厚壁圆筒(且为平面应变问题)为例研究其弹塑性解

答。假设圆筒为理想弹塑性材料，如图 7-7 所示。显然，随着压力 q 的增加，圆筒内 σ_θ、$|\sigma_r|$ 和 σ_z 都在不断增加。当应力分量的组合达到某一临界值时，该处材料就进入塑性变形状态，并逐渐形成塑性区，随着压力 q 的继续增加，塑性区不断扩大，弹性区不断相应减小，直至圆筒的截面全部进入塑性状态。对于理想弹塑性材料，截面全部进入塑性状态时即为圆筒的塑性极限状态，当圆筒达到塑性极限状态，其内压达到最大值，即载荷不能继续增加，而圆筒的变形也处于无约束变形状态下。

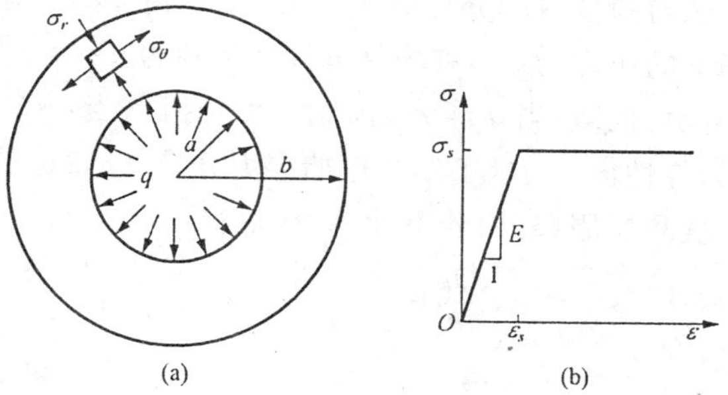

图 7-7

由于厚壁圆筒为轴对称平面应变问题，则有 $\tau_{r\theta}=\tau_{\theta z}=\tau_{zr}=0$，即 σ_r、σ_θ、σ_z 均为主应力，且由 $\varepsilon_z=0$ 以及 $\mu=\dfrac{1}{2}$，可以得到 $\sigma_z=\dfrac{1}{2}(\sigma_r+\sigma_\theta)$，代入 Mises 条件，则得：

$$\sigma_\theta-\sigma_r=\frac{2}{\sqrt{3}}\sigma_s=1.155\sigma_s \tag{7-23}$$

取 $\sigma_\theta=\sigma_1,\sigma_z=\sigma_2,\sigma_r=\sigma_3$，且 $\sigma_\theta>0,\sigma_r<0$，则 Tresca 条件成为：

$$\sigma_\theta-\sigma_r=\sigma_s \tag{7-24}$$

由式(7-23)及式(7-24)可知，在轴对称平面应变条件下，并设 $\mu=\dfrac{1}{2}$，按 Tresca 和 Mises 屈服条件进入塑性状态时，其应力组合相同，所满足的条件仅相差一个系数，即 Tresca 条件中 σ_s 的系数为 1，而 Mises 条件中 σ_s 的系数为$\dfrac{2}{\sqrt{3}}$。因此，在进行分析时可利用式(7-24)，将分析结果中的 σ_s 乘以$\dfrac{2}{\sqrt{3}}$，就能得到按 Mises 条件的结果。以下分析采用 Tresca 条件。

在 $r=a$ 处$(\sigma_\theta-\sigma_r)$有最大值，即筒体由内壁开始屈服，若此时的内压力为 q_e，由式(7-21)及式(7-24)即$(\sigma_\theta-\sigma_r)_{r=a}=\sigma_s$，可以求得**弹性极限压力** q_e 为：

$$q_e=\frac{\sigma_s}{2}\left(1-\frac{a^2}{b^2}\right) \tag{7-25}$$

显然，当 $b\to\infty$ 时，$q_e=\dfrac{\sigma_s}{2}$。由此可知，在无限空间物体内圆柱形孔洞受内压时(如压力隧道)，其壁表面开始屈服时的压力值 q_e 与孔径无关。

实际上对于厚壁筒来说，$\left(\dfrac{a}{b}\right)^2$ 比较小，只靠加大筒的外径 b，并不能有效地提高圆筒的弹性极限压力 q_e。例如当 $\dfrac{a}{b}=\dfrac{1}{3}$ 时，$q_e=\dfrac{4\sigma_s}{9}$；而当 $b\to\infty$ 时，$q_e=\dfrac{\sigma_s}{2}$；相比较仅将 q_e 提高了约 11%。由此可见，如为了提高只受均布内压厚壁圆筒的强度而增加壁厚则收效甚微。因此，在工程上为了使厚壁圆筒内壁各点应力合理分布，常采用组合圆筒方法。所谓组合圆筒方法就是将两个或多个圆筒以过盈配合的方法(热压配合或压入配合)构成组合套筒，这种装配应力与内压力引起的工作应力叠加，可大大地提高圆筒的承载能力。例如夹层炮筒、轮轴套合以及压力隧道等的设计均采用此种方法。

当 $q<q_e$ 时，圆筒处于弹性状态；当 $q>q_e$ 时，在筒体内壁附近出现塑性区，并且随着内压的增加，塑性区逐渐向外扩展，而外壁附近仍为弹性区。由于应力组合$(\sigma_\theta-\sigma_r)$的轴对称性，塑性区与弹性区的分界面应为圆柱面。筒体处于弹塑性状态下的压力为 q_p，弹塑性分界面半径为 $r=c$。如图7-8所示，也即：当 $a\leqslant r\leqslant c$ 时，为塑性区；当 $c<r\leqslant b$ 时，为弹性区。为求解塑性区的应力分量，应满足平衡微分方程和屈服条件，若不计体力，则有：

$$\frac{d\sigma_r}{dr}+\frac{\sigma_r-\sigma_\theta}{r}=0 \tag{j}$$

$$\sigma_\theta-\sigma_r=\sigma_s \tag{k}$$

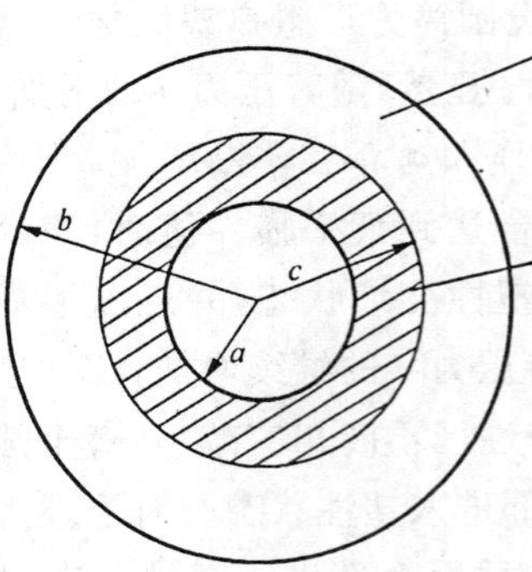

图 7-8

将屈服条件式(k)代入平衡方程(j)中，得

$$\frac{d\sigma_r}{dr}-\frac{\sigma_s}{r}=0 \quad 或写成 \quad d\sigma_r=\sigma_s\frac{1}{r}dr \tag{l}$$

将式(l)进行积分，得：

$$\sigma_r=\sigma_s\ln r+C \tag{m}$$

式(m)中的 C 为积分常数，将 $r=a$ 处的应力边界条件 $(\sigma_r)_{r=a}=-q_p$ 代入上式可得 $C=-q_p-\sigma_s\ln a$，再代入 σ_r 表达式，并利用屈服条件求得 σ_θ，即塑性区 $(a\leqslant r\leqslant c)$ 内的应力分量为

$$\left.\begin{aligned}
&\sigma_r=\sigma_s\ln\frac{r}{a}-q_p\\
&\sigma_\theta=\sigma_s(1+\ln\frac{r}{a})-q_p\\
&\sigma_z=\frac{1}{2}(\sigma_\theta+\sigma_r)\\
&\tau_{r\theta}=0
\end{aligned}\right\} \tag{7-26}$$

由式(7-26)的导出可知，塑性区的应力分量是静定的，它仅与内压 q_p 有关，与弹性区的应力无关。而且在塑性区内 $\sigma_\theta>0$，$\sigma_r<0$。

以上结果说明，塑性区的应力分量 σ_r 和 σ_θ 的确定没有使用变形条件和本构关系，而直接由平衡方程和屈服条件获得。这种问题在塑性力学中称为**静定问题**。静定问题的特点是平衡方程和屈服条件的数目与所求未知量的数目相等，因而不使用塑性力学中的非线性本构方程便能找出所求的未知量。在求解这类问题时，一般都采用理想弹塑性力学模型进行计算。这类问题不但求解简便，而且在工程实际中也经常遇到，因此很有实际应用价值。

为求此时弹性区的应力分量，可将弹性区作为内半径为 c，外半径为 b，承受内压 q_c 的厚壁圆筒问题，由式(7-21)得：

$$\left.\begin{aligned}
&\sigma_r=\frac{c^2q_c^2}{b^2-c^2}\left(1-\frac{b^2}{r^2}\right)\\
&\sigma_\theta=\frac{c^2q_c^2}{b^2-c^2}\left(1+\frac{b^2}{r^2}\right)\\
&\sigma_z=\frac{1}{2}(\sigma_\theta-\sigma_r)
\end{aligned}\right\} \tag{7-27}$$

式(7-27)中 q_c 和 c 都是未知量，由弹塑性交界面上径向应力 σ_r 相等的条件来确定它们之间的关系。从弹性区来看，$r=c$ 处材料刚达到屈服，由式(7-25)可得：

$$q_c=\frac{\sigma_s}{2}\left(1-\frac{c^2}{b^2}\right) \tag{n}$$

而在塑性区的 $r=c$ 处 $(\sigma_r)_{r=c}=-q_c$，代入式(7-26)的第一式，得：

$$q_c = q_p - \sigma_s \ln \frac{c}{a} \tag{o}$$

由 $r = c$ 处径向应力相等的条件，令式(n)等于式(o)，得：

$$q_p = \sigma_s \ln \frac{c}{a} + \frac{\sigma_s}{2}\left(1 - \frac{c^2}{b^2}\right) \tag{7-28}$$

式(7-28)就是弹塑性交界线 c 应满足的方程。当给定 q_p 时便可确定 c，或者当给定 c 时也可确定 q_p。

将在塑性区求得的 q_c 表达式(o)，代入弹性区的应力分量方程(7-27)，则可得到以 c 和 σ_s 表示的弹性区($c \leqslant r \leqslant b$) 的应力分量为：

$$\left.\begin{aligned} \sigma_r &= \frac{\sigma_s c^2}{2b^2}\left(1 - \frac{b^2}{r^2}\right) \\ \sigma_\theta &= \frac{\sigma_s c^2}{2b^2}\left(1 + \frac{b^2}{r^2}\right) \\ \sigma_z &= \frac{1}{2}(\sigma_\theta + \sigma_r) \end{aligned}\right\} \tag{7-29}$$

7-3-3 承受内压的厚壁圆筒塑性解($q=q_s$)

随着压力的继续增大，塑性区不断向外扩展，当 $r = c = b$ 时，整个截面(也即整个圆筒)进入塑性状态，即圆筒达到塑性极限状态，由于是理想弹塑性材料，此时的压力不能再继续增加，该临界值称为**塑性极限压力**，以 q_s 表示。圆筒在未达到塑性极限状态之前，由于有外侧弹性区的约束，塑性区的变形与弹性区的变形同属一个量级。一旦达到塑性极限状态，圆筒便丧失了工作能力。令 $r = c = b$，由式(7-28)，得：

$$q_s = \sigma_s \ln \frac{b}{a} \tag{7-30}$$

再令式(7-26)中的 $q_p = q_s$，并将上式代入，则得压力达到 q_s 时的应力分量为：

$$\sigma_r = \sigma_s \ln \frac{r}{b}; \quad \sigma_\theta = \sigma_s\left(1 + \ln \frac{r}{b}\right) \tag{7-31}$$

在 q_e、q_p(或 c)、q_s 下的应力分布如图 7-9 所示。由图中看出，三种情况中均有 $\sigma_\theta > 0$，$\sigma_r < 0$，且 σ_r 绝对值的最大值发生在筒体的内壁处，而 σ_θ 的最大值则随着内压的增加而由内壁移到外壁，随着塑性区的扩大，应力分布也变得"缓和"些，且($\sigma_\theta - \sigma_r$)保持为一个常量 σ_s。

关于厚壁圆筒的位移分析请参阅有关教材。

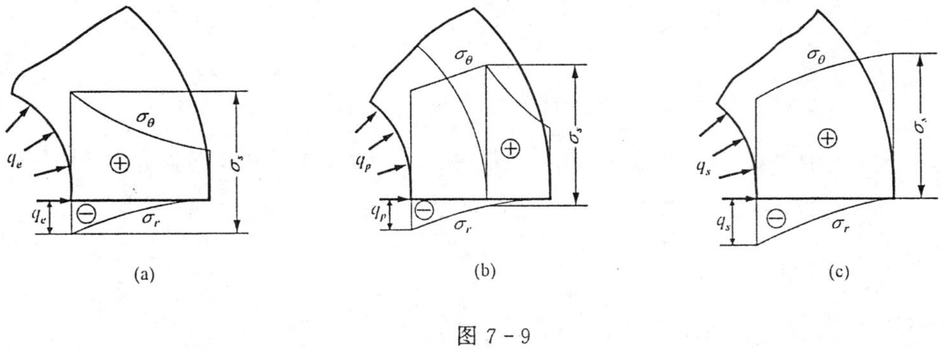

图 7-9

§7-4 圆孔附近的应力和位移

本节首先讨论受单向均匀拉力作用的带孔平板的应力计算，然后将有关结果推广应用到带孔无限平板在两向压力作用下的应力计算，以及相关的平面应变问题的应力和位移计算中去。而这些研究结果经常被应用于工程结构设计、岩石破裂机理分析、地压分析以及岩体应力测量技术中。

7-4-1 单向均匀受拉无限平板中圆孔周围的应力计算

设有一块无限大平板，其中心有一直径为 $2a$ 的小圆孔，板的两端受到均布拉力 p 的作用，如图 7-10 所示，这里提到的所谓"无限"是相对而言的。只要板面的尺寸与孔径相比足够大，就可认为属于这种情况。由于有小孔存在，孔边附近的应力分布与无孔时截然不同，孔边的最大应力将数倍于无孔时的均匀应力。这种在很小的局部范围内应力急剧增高的现象，称为**应力集中**。但由圣文南原理可知，在离孔边远大于孔半径 a 的地方，其应力分布和无孔时的应力分布相近，孔边局部应力集中的影响将消失。对于无孔板，取板的中心为坐标原点，则其应力分量为：

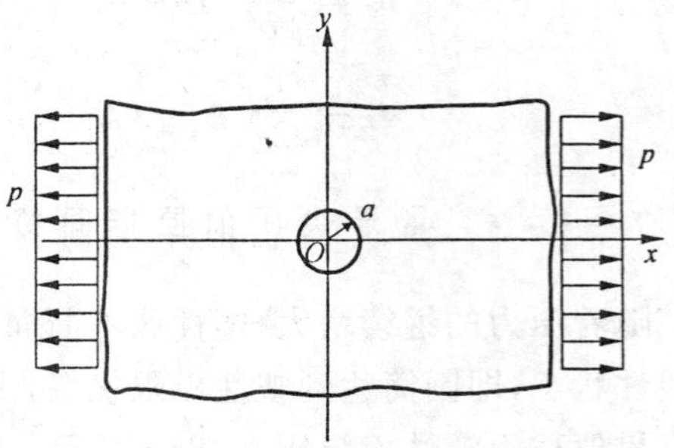

图 7-10

$$\sigma_x = p \quad ; \qquad \sigma_y = \tau_{xy} = 0 \tag{a}$$

此时，按平面应力状态，应力函数可取为：

$$\varphi_1 = \frac{1}{2}py^2 \tag{b}$$

因为 φ_1 满足双调和方程，故为问题的精确解。现将此应力函数用极坐标表示，则有：

$$\varphi_1(r,\theta) = \frac{1}{2}p(r\sin\theta)^2 = \frac{1}{4}pr^2(1-\cos2\theta) \tag{c}$$

于是应力分量为：

$$\left.\begin{aligned}
(\sigma_r)_1 &= \frac{1}{r}\frac{\partial\varphi_1}{\partial r} + \frac{1}{r^2}\frac{\partial^2\varphi_1}{\partial\theta^2} = \frac{p}{2}(1+\cos2\theta)\\
(\sigma_\theta)_1 &= \frac{\partial^2\varphi_1}{\partial r^2} = \frac{1}{2}p(1-\cos2\theta)\\
(\tau_{r\theta})_1 &= -\frac{\partial}{\partial r}\left(\frac{1}{r}\frac{\partial\varphi_1}{\partial\theta}\right) = -\frac{1}{2}p\sin2\theta
\end{aligned}\right\} \tag{d}$$

对于有小圆孔的平板，可以把距孔边较远处视为无限远，且与无孔时的情况相同，故有边界条件：

① 当 $r=a$ 时，$\sigma_r = \tau_{r\theta} = 0$； (e)

② 当 $r=\infty$ 时，$\sigma_r = (\sigma_r)_1, \sigma_\theta = (\sigma_\theta)_1, \tau_{r\theta} = (\tau_{r\theta})_1$。 (f)

于是，容易设想可取有孔时的应力函数类似于 $\varphi_1(r,\theta)$ 的形式，即：

$$\varphi = \varphi_1(r) + \varphi_2(r)\cos2\theta \tag{7-32}$$

将式(7-32)代入双调和方程(7-7)得

$$\left(\frac{\partial^2}{\partial r^2}+\frac{1}{r}\frac{\partial}{\partial r}+\frac{1}{r^2}\frac{\partial^2}{\partial\theta^2}\right)\left(\frac{\partial^2}{\partial r^2}+\frac{1}{r}\frac{\partial}{\partial r}+\frac{1}{r^2}\frac{\partial^2}{\partial\theta^2}\right)[\varphi_1(r)+\varphi_2(r)\cos 2\theta]=0$$

展开后得以下两个微分方程

$$\left(\frac{\mathrm{d}^2}{\mathrm{d}r^2}+\frac{1}{r}\frac{\mathrm{d}}{\mathrm{d}r}\right)\left(\frac{\mathrm{d}^2}{\mathrm{d}r^2}+\frac{1}{r}\frac{\mathrm{d}}{\mathrm{d}r}\right)\varphi_1(r)=0 \tag{g}$$

$$\left(\frac{\mathrm{d}^2}{\mathrm{d}r^2}+\frac{1}{r}\frac{\mathrm{d}}{\mathrm{d}r}-\frac{4}{r^2}\right)\left(\frac{\mathrm{d}^2}{\mathrm{d}r^2}+\frac{1}{r}\frac{\mathrm{d}}{\mathrm{d}r}-\frac{4}{r^2}\right)\varphi_2(r)=0 \tag{h}$$

前已讨论过方程(g)的通解为：

$$\varphi_1(r)=A_1\ln r+B_1r^2\ln r+C_1r^2 \tag{i}$$

式中已略去常数项 D_1，因它不影响应力分量。方程(h)展开后，有：

$$\frac{\mathrm{d}^4\varphi_2}{\mathrm{d}r^4}+\frac{2}{r}\frac{\mathrm{d}^3\varphi_2}{\mathrm{d}r^3}-\frac{9}{r^2}\frac{\mathrm{d}^2\varphi_2}{\mathrm{d}r^2}+\frac{9}{r^3}\frac{\mathrm{d}\varphi_2}{\mathrm{d}r}=0 \tag{j}$$

仿前，用 $r=e^t$ 作变量代换，则方程(j)就变成如下常系数微分方程：

$$\frac{\mathrm{d}^4\varphi_2}{\mathrm{d}t^4}-4\frac{\mathrm{d}^3\varphi_2}{\mathrm{d}t^3}-4\frac{\mathrm{d}^2\varphi_2}{\mathrm{d}t^2}+16\frac{\mathrm{d}\varphi_2}{\mathrm{d}t}=0 \tag{k}$$

再令 $\varphi_2(t)=e^{kt}$，得特征方程为：$k^4-4k^3-4k^2+16k=0$，该方程的根为 $k=4$、2、0、-2，故得 $\varphi_2(r)$ 的通解为：

$$\varphi_2(r)=A_2r^4+B_2r^2+C_2+D_2\frac{1}{r^2} \tag{7-33}$$

将 $\varphi_1(r)$、$\varphi_2(r)$ 的结果代入式(7－32)，得应力函数为：

$$\varphi=A_1\ln r+B_1r^2\ln r+C_1r^2+\left(A_2r^4+B_2r^2+C_2+\frac{D_2}{r^2}\right)\cos 2\theta \tag{l}$$

相应的应力分量为：

$$\left.\begin{aligned}\sigma_r&=\frac{A_1}{r^2}+B_1(1+2\ln r)+2C_1-\left(2B_2+4\frac{C_2}{r^2}+6\frac{D_2}{r^4}\right)\cos 2\theta\\ \sigma_\theta&=-\frac{A_1}{r^2}+B_1(3+2\ln r)+2C_1+\left(12A_2r^2+2B_2+6\frac{D_2}{r^4}\right)\cos 2\theta\\ \tau_{r\theta}&=\left(6A_2r^2+2B_2-\frac{2C_2}{r^2}-\frac{6D_2}{r^4}\right)\sin 2\theta\end{aligned}\right\} \tag{m}$$

由边界条件确定其中的待定常数。首先使用边界条件②，得：

$$B_1=0;\qquad A_2=0;\qquad C_1=p/4;\qquad B_2=-p/4 \tag{n}$$

再用边界条件①，有：

$$\frac{A_1}{a^2}+2C_1=0;\qquad 2B_2+\frac{4C_2}{a^2}+\frac{6D_2}{a^4}=0;\qquad 2B_2-\frac{2C_2}{a^2}-\frac{6D_2}{a^4}=0 \tag{o}$$

求解式(o)得：

$$A_1=-\frac{pa^2}{2};\qquad C_2=\frac{pa^2}{2};\qquad D_2=-\frac{pa^4}{4} \tag{p}$$

将所有结果代入式(l)、(m)，得应力函数和应力分量分别为：

$$\varphi=\frac{q}{4}\left[[r^2-2a^2\ln r-\left(r^2-2a^2+\frac{a^4}{r^2}\right)\cos 2\theta\right] \tag{q}$$

$$\left.\begin{aligned}\sigma_r&=\frac{p}{2}\left[1-\frac{a^2}{r^2}+\left(1-\frac{4a^2}{r^2}+\frac{3a^4}{r^4}\right)\cos 2\theta\right]\\ \sigma_\theta&=\frac{p}{2}\left[1+\frac{a^2}{r^2}-\left(1+\frac{3a^4}{r^4}\right)\cos 2\theta\right]\\ \tau_{r\theta}&=-\frac{p}{2}\left(1+\frac{2a^2}{r^2}-\frac{3a^4}{r^4}\right)\sin 2\theta\end{aligned}\right\} \tag{7-34}$$

可以看出，随着距离半径 r 的增大，各应力分量均将迅速趋于式 (d) 中的值，得到无孔时的应力分布。现考察孔边附近的应力情况。以 $r=a$ 代入式(7-34)，得：

$$\left.\begin{aligned}\sigma_r &= \tau_{r\theta} = 0\\ \sigma_\theta &= p(1-2\cos 2\theta)\end{aligned}\right\} \tag{7-35}$$

由此可见，σ_θ 随 θ 而变。当 $\theta=0$、π 时，$\sigma_\theta=-p$，为压应力；而当 $\theta=\pm\dfrac{\pi}{2}$ 时，σ_θ 取最大值，$(\sigma_\theta)_{\max}=3p$。其分布规律如图 7-11(a)所示，现进一步分析 σ_θ 分别沿 x、y 轴的分布情况。以 $\theta=0$ 和 $\theta=\pm\dfrac{\pi}{2}$ 分别代入式(7-34)的第三式得：

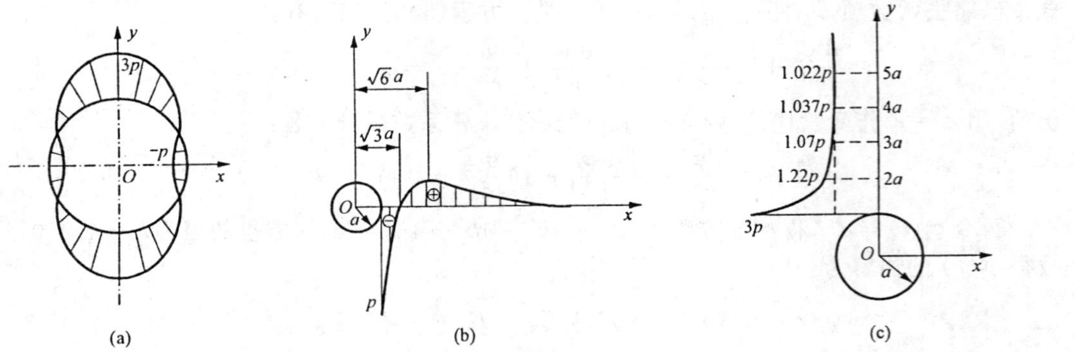

图 7-11

$$\left.\begin{aligned}\sigma_\theta &= -\frac{p}{2}\left(\frac{3a^4}{r^4}-\frac{a^2}{r^2}\right) \quad &(\text{当 } \theta=0 \text{ 时})\\ \sigma_\theta &= \frac{p}{2}\left(2+\frac{a^2}{r^2}+\frac{3a^4}{r^4}\right) \quad &(\text{当 } \theta=\pm\frac{\pi}{2} \text{ 时})\end{aligned}\right\} \tag{7-36}$$

σ_θ 沿 x、y 轴的几个主要数值如表 7-1 所示，其分布情况如图 7-11(b)、(c)所示。

表 7-1

r / σ_θ 方向	a	$\sqrt{3}\,a$	$2a$	$\sqrt{6}\,a$	$3a$	$4a$	$5a$	$10a$	…
σ_θ 沿 x 轴方向	$-p$	0	$0.031\,2p$	$0.041\,6p$	$0.037\,0p$	$0.025p$	$0.017\,6p$	$0.004\,8p$	…
σ_θ 沿 y 轴方向	$3p$	$1.333p$	$1.219p$	$1.084p$	$1.074p$	$1.037p$	$1.022p$	$1.005p$	…

由表 7-1 及图 7-11 可知，当 $r=5a$ 时，有孔与无孔两种情况下的 σ_θ 值仅相差 2%左右。由此可认为孔的主要影响范围在孔的半径 a 的 5 倍距离之内。于是，当平板的宽度大于 $10a$ 时，可作为无限大平板来处理。

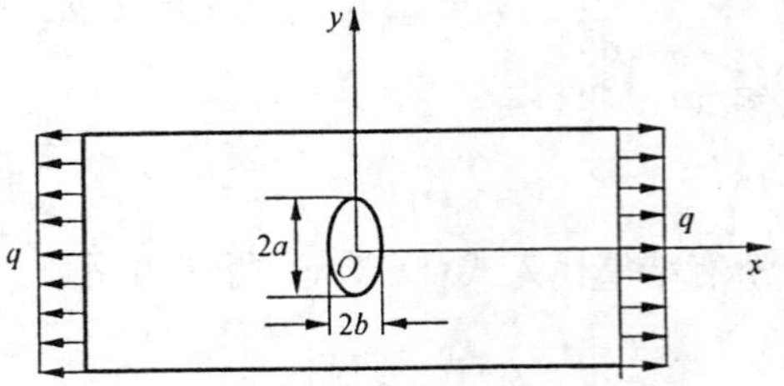

图 7-12

对于椭圆形的孔（王龙甫，1979），见图 7-12，当椭圆的一个主轴($2b$)与受拉方向一致时，则在另一主轴($2a$)端部产生的应力为：

$$(\sigma_\theta)_{\max}=p\left(1+\frac{2a}{b}\right) \tag{7-37}$$

显然，如 $a>b$，则 $(\sigma_\theta)_{\max}>3p$，且当 $b\to 0$ 时，也即椭圆孔趋于一条裂纹（或裂隙）时，裂纹尖端的应力是相当大的。这种情况说明，垂直于受拉方向的裂纹，首先在其端部扩展。工程上为防止裂纹的扩展，而加大其尖角处的曲率半径，如常在裂纹尖端钻一小圆孔以降低应力集中的程度。

当圆孔孔边应力过大时，对于脆性材料将导致断裂，对于塑性材料则材料产生屈服，且随拉力 p 的增大，塑性变形区域将扩大。关于有圆孔板的受拉承载能力及塑性平衡问题，可参考有关文献（周承倜译，1982）。

7-4-2 双向均匀受压无限平板中圆孔周围的应力计算

现考察带有圆孔的无限平板在两向受压下的应力计算。以 p_1 代表 x 方向的均布压力，p_2 代表 y 方向的均布压力，如图 7-13(a)所示。此时对 p_1、p_2 可分别运用上文推导的结果式(7-34)，然后将结果叠加即可。

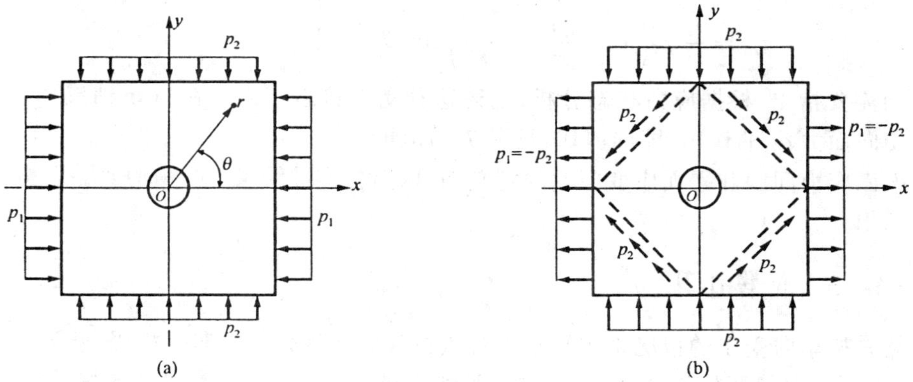

图 7-13

仍以 x 轴为 θ 角的起始线。当只有 p_1 作用时，则由式(7-34)，令 $p=-p_1$，得：

$$\left.\begin{aligned}\sigma_r &= -\frac{p_1}{2}\left[1-\frac{a^2}{r^2}+\left(1-\frac{4a^2}{r^2}+\frac{3a^4}{r^4}\right)\cos2\theta\right]\\ \sigma_\theta &= -\frac{p_1}{2}\left[1+\frac{a^2}{r^2}-\left(1+\frac{3a^4}{r^4}\right)\cos2\theta\right]\\ \tau_{r\theta} &= \frac{p_1}{2}\left(1+\frac{2a^2}{r^2}-\frac{3a^4}{r^4}\right)\sin2\theta\end{aligned}\right\}\tag{7-38}$$

当只有 p_2 作用时，此时力的作用线方向与 θ 角起始线有 $\pi/2$ 的夹角，故在式(7-34)中除了以 $-p_2$ 替换 p 外，还要用 $(\theta-\pi/2)$ 代 θ，从而得到：

$$\left.\begin{aligned}\sigma_r &= -\frac{p_2}{2}\left[1-\frac{a^2}{r^2}-\left(1-\frac{4a^2}{r^2}+\frac{3a^4}{r^4}\right)\cos2\theta\right]\\ \sigma_\theta &= -\frac{p_2}{2}\left[1+\frac{a^2}{r^2}+\left(1+\frac{3a^4}{r^4}\right)\cos2\theta\right]\\ \tau_{r\theta} &= -\frac{p_2}{2}\left(1+\frac{2a^2}{r^2}-\frac{3a^4}{r^4}\right)\sin2\theta\end{aligned}\right\}\tag{q}$$

将式(7-38)与式(q)相加，即得到当 p_1 和 p_2 同时作用时的应力计算公式：

$$
\left.\begin{aligned}
\sigma_r &= -\frac{p_1+p_2}{2}\left(1-\frac{a^2}{r^2}\right)-\frac{p_1-p_2}{2}\left(1-\frac{4a^2}{r^2}+\frac{3a^4}{r^4}\right)\cos 2\theta \\
\sigma_\theta &= -\frac{p_1+p_2}{2}\left(1+\frac{a^2}{r^2}\right)+\frac{p_1-p_2}{2}\left(1+\frac{3a^4}{r^4}\right)\cos 2\theta \\
\tau_{r\theta} &= -\frac{p_1-p_2}{2}\left(1+\frac{2a^2}{r^2}-\frac{3a^4}{r^4}\right)\sin 2\theta
\end{aligned}\right\} \tag{7-39}
$$

由式(7－39)，若令 $p_1=-p_2$，即在 x 方向受拉，而 y 方向再等值受压时，如图 7－13(b)所示，则有：

$$
\left.\begin{aligned}
\sigma_r &= p_2\left(1-\frac{4a^2}{r^2}+\frac{3a^4}{r^4}\right)\cos 2\theta \\
\sigma_\theta &= -p_2\left(1+\frac{3a^4}{r^4}\right)\cos 2\theta \\
\tau_{r\theta} &= -p_2\left(1+\frac{2a^2}{r^2}-\frac{3a^4}{r^4}\right)\sin 2\theta
\end{aligned}\right\} \tag{7-40}
$$

特别需要指出，根据应力状态分析，上述这种受力状态相当于在与 x 轴成±45°角的面上受均布切向面力 q_2 的作用，即纯剪切，见图 7－13(b)。

由平面应力问题和平面应变问题的定义知，以上各推导结果，对平面应力问题与平面应变问题都适用。

7－4－3　位移计算

仍然先按单向受压的情况来求平板内各点位移的计算公式。若平板受力仍为平面应力问题，则由平面应力问题的物理方程(7－5)，并将几何方程(7－4)和应力分量式(7－38)代入式(7－5)，通过积分第一式和第二式分别得：

$$
\begin{aligned}
u = &-\frac{p_1}{2E}\left[r+\frac{a^2}{r}+\left(r+\frac{4a^2}{r}-\frac{a^4}{r^3}\right)\cos 2\theta\right] \\
&+\frac{\mu p_1}{2E}\left[r-\frac{a^2}{r}-\left(r-\frac{a^4}{r^3}\right)\cos 2\theta\right]+f_1(\theta)
\end{aligned} \tag{r}
$$

$$
\begin{aligned}
v = &\frac{p_1}{2E}\left(r+\frac{2a^2}{r}+\frac{a^4}{r^3}\right)\sin 2\theta+\frac{\mu p_1}{2E}\left(r-\frac{2a^2}{r}+\frac{a^4}{r^3}\right)\sin 2\theta \\
&-\int f_1(\theta)\mathrm{d}\theta+f_2(r)
\end{aligned} \tag{s}
$$

上两式中的 $f_1(\theta)$ 为 θ 的任意函数，$f_2(r)$ 为 r 的任意函数。而通过第三式得：

$$
\frac{\partial u}{r\partial\theta}+\frac{\partial v}{\partial r}-\frac{v}{r}=\frac{2(1+\mu)}{E}\tau_{r\theta} \tag{t}
$$

将式(r)、式(s)所示 u、v 及式(7－38)中 $\tau_{r\theta}$ 式代入式(t)，经整理后得：

$$
\frac{\mathrm{d}f_1(\theta)}{\mathrm{d}\theta}+\frac{r\mathrm{d}f_2(r)}{\mathrm{d}r}+\int f_1(\theta)\mathrm{d}\theta-f_2(r)=0 \tag{u}
$$

由于式(u)对于任意的 r、θ 都应成立，故只有：

$$
\frac{r\mathrm{d}f_2(r)}{\mathrm{d}r}-f_2(r)=0;\qquad \frac{\mathrm{d}^2f_1(\theta)}{\mathrm{d}\theta^2}+f_1(\theta)=0 \tag{v}
$$

由式(v)积分，得到：

$$
f_2(r)=Cr;\qquad f_1(\theta)=A\sin\theta+B\cos\theta \tag{w}
$$

式(w)中 A、B、C 是积分常数，它们可由边界条件确定。对于只有 p_1 作用的情况，由图 7－13(a)可以看出，因为载荷对称，故在 $\theta=0$ 及 $\theta=\pi/2$ 的线上，不论 r 等于多少，沿 θ 增减方向上的位

移 $v=0$ 。据此，将式(w)的 $f_1(\theta)$ 和 $f_2(r)$ 代入式(s)，得：$A=B=C=0$。于是，在 p_1 单独作用情况下，位移计算公式为：

$$\left.\begin{aligned}u=&-\frac{p_1}{2E}\left[r+\frac{a^2}{r}+\left(r+\frac{4a^2}{r}-\frac{a^4}{r^3}\right)\cos2\theta\right]\\&+\frac{\mu p_1}{2E}\left[r-\frac{a^2}{r}-\left(r-\frac{a^4}{r^3}\right)\cos2\theta\right]\\v=&\frac{p_1}{2E}\left(r+\frac{2a^2}{r}+\frac{a^4}{r^3}\right)\sin2\theta+\frac{\mu p_1}{2E}\left(r-\frac{2a^2}{r}+\frac{a^4}{r^3}\right)\sin2\theta\end{aligned}\right\}\tag{7-41}$$

由式(7-41)可知，在平面应力状态下，若只有 p_1 作用，则在式(7-41)第一式中代入 $r=a$，可由经向位移 u 的两倍求得孔直径的变化量：

$$\Delta d=-\frac{p_1 d}{E}(1+2\cos2\theta)\tag{7-42}$$

式中 $d=2a$，是原孔径。负号说明孔径减小。

另外，根据式(7-41)，若用 p_2 代 p_1，$(\theta-\pi/2)$ 代 θ，则可得到 p_2 单独作用下的位移计算公式。把所得结果与式(7-41)再叠加，则得双向压力 p_1 和 p_2 共同作用时的位移计算公式：

$$\left.\begin{aligned}u=&-\frac{p_1+p_2}{2E}\left(r+\frac{a^2}{r}\right)-\frac{p_1-p_2}{2E}\left(r+\frac{4a^2}{r}-\frac{a^4}{r^3}\right)\cos2\theta\\&+\frac{\mu(p_1+p_2)}{2E}\left(r-\frac{a^2}{r}\right)-\frac{\mu(p_1-p_2)}{2E}\left(r-\frac{a^4}{r^3}\right)\cos2\theta\\v=&\frac{p_1-p_2}{2E}\left(r+\frac{2a^2}{r}+\frac{a^4}{r^3}\right)\sin2\theta+\frac{\mu(p_1-p_2)}{2E}\left(r-\frac{2a^2}{r}+\frac{a^4}{r^3}\right)\sin2\theta\end{aligned}\right\}\tag{7-43}$$

在式(7-43)的第一式中代入 $r=a$，得双向应力下孔径的变化为：

$$\Delta d=-\frac{d}{E}[(p_1+p_2)+2(p_1-p_2)\cos2\theta]\tag{7-44}$$

以上，我们只求出了平面应力问题下的位移计算公式。现进而假定图 7-13 是从岩体中切取出的一片，则该问题属于平面应变问题，而 p_1 和 p_2 就是原岩体中的两向应力，则只需以 $E_1=\dfrac{E}{1-\mu^2}$，$\mu_1=\dfrac{\mu}{1-\mu}$ 取代以上相应各结果，即可获得平面应变问题的位移计算公式。例如由式(7-44)得：

$$\Delta d=-\frac{(1-\mu^2)d}{E}[(p_1+p_2)+2(p_1-p_2)\cos2\theta]\tag{7-45}$$

以上公式，在岩体应力测定中经常用到。

§7-5 半无限平面体问题

当建筑物地基土体作为弹性体考虑时，地表面受到带状载荷作用的问题，可化为弹性半无限平面体受垂直载荷作用的问题。此外，大尺寸薄平板边界受作用于板的中面，且平行于板面的外力作用时也属此类问题。不过前者可作为平面应变问题来处理，后者则作为平面应力问题来处理。以下我们按平面应力的情况来讨论，而所得结果对于平面应变情况的应力解仍然适用，位移和应变部分只需要更换一下弹性常数即可。

7-5-1 楔形体顶端受集中力

设有一楔形体，其中心角为 2α，下端无限长，沿中心角的平分线上受集中力 P 作用，楔形体厚度取单位长，如图 7－14 所示。从理论上来说，集中力 P 的作用点 O 附近的应力很大，往往超出弹性极限。

因楔形体的形状和所受载荷对中心角的平分线具有对称性，故可以设想，在楔形体中距顶端为 r 的圆柱面上的任一点 M 处，只有径向应力 σ_r，而无剪应力 $\tau_{r\theta}$。因 M 点所在圆柱面的面积随 r 的增大而增大，所以 σ_r 将随 r 的增大而减小。同时 σ_r 与所在位置的极角 θ 有关。于是 σ_r 应是 θ 的某一函数再乘 $1/r$。根据应力分量与应力函数 φ 之间的关系，应力函数 φ 可取为：

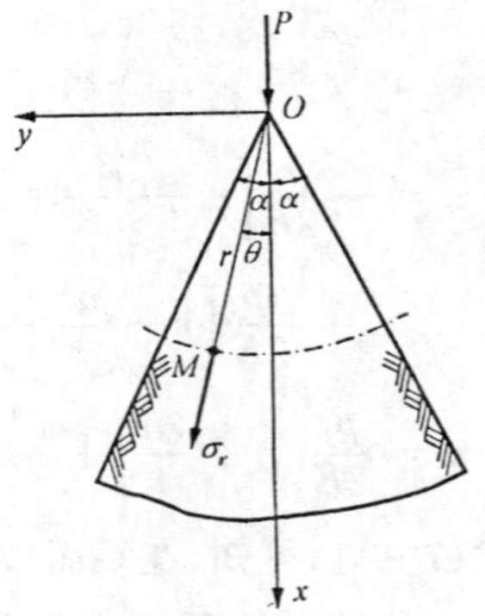

图 7－14

$$\varphi = rf(\theta) \tag{a}$$

将式(a)代入变形谐调方程(7－7)，得：

$$\left(\frac{\partial^2}{\partial r^2}+\frac{1}{r}\frac{\partial}{\partial r}+\frac{1}{r^2}\frac{\partial^2}{\partial \theta^2}\right)\left(\frac{\partial^2}{\partial r^2}+\frac{1}{r}\frac{\partial}{\partial r}+\frac{1}{r^2}\frac{\partial^2}{\partial \theta^2}\right)rf(\theta)=0 \tag{b}$$

将式(b)展开后，得：

$$\frac{\mathrm{d}^4 f(\theta)}{\mathrm{d}\theta^4}+2\frac{\mathrm{d}^2 f(\theta)}{\mathrm{d}\theta^2}+f(\theta)=0 \tag{c}$$

令 $f(\theta)=\mathrm{e}^{k\theta}$，代入式(c)得特征方程 $k^4+2k^2+1=0$，特征方程的根为 $k=i,i,-i,-i$，于是方程(c)的通解可写为：

$$f(\theta)=A\cos\theta+B\sin\theta+\theta(C\cos\theta+D\sin\theta) \tag{d}$$

将式(d)代入应力函数表达式(a)，得：

$$\varphi=rf(\theta)=r[A\cos\theta+B\sin\theta+\theta(C\cos\theta+D\sin\theta)] \tag{e}$$

因 $x=r\cos\theta, y=r\sin\theta$，式(e)的前两项为 x、y 的线性项，不影响应力分量，故可以删去。于是式(e)成为：

$$\varphi=r\theta(C\cos\theta+D\sin\theta) \tag{7-46}$$

相应的应力分量为：

$$\sigma_r=-\frac{2}{r}(C\sin\theta-D\cos\theta);\qquad \sigma_\theta=\tau_{r\theta}=0 \tag{7-47}$$

上式中的 C、D 为待定常数。在楔形体的两侧边界上，边界条件为：

$$\text{当 }\theta=\pm\alpha\text{ 时，}\quad \sigma_\theta=0;\quad \tau_{\theta r}=0 \tag{f}$$

对照式(7－47)，式(f)恒能满足。为了确定常数 C 和 D，取楔形体在矢径 r 的圆柱面以上的部分，研究其平衡，由平衡条件得：

$$\left.\begin{aligned}&\sum F_x=0,\quad \int_{-\alpha}^{\alpha}\sigma_r r\cos\theta\mathrm{d}\theta+P=0\\&\sum F_y=0,\quad \int_{-\alpha}^{\alpha}\sigma_r r\sin\theta\mathrm{d}\theta=0\end{aligned}\right\} \tag{g}$$

把式(7－47)的第一式代入式(g)，得：

$$\left.\begin{aligned}&-2\int_{-\alpha}^{\alpha}(C\sin\theta-D\cos\theta)\cos\theta\mathrm{d}\theta+P=0\\&-2\int_{-\alpha}^{\alpha}(C\sin\theta-D\cos\theta)\sin\theta\mathrm{d}\theta=0\end{aligned}\right\} \tag{h}$$

将式(h)积分并求解，得到：

$$C=0;\quad D=-\frac{P}{2\alpha+\sin 2\alpha} \tag{i}$$

将式(i)代入式(7－47)，得到应力分量

$$\left.\begin{aligned}\sigma_r &= -\frac{2P}{(2\alpha+\sin 2\alpha)}\frac{\cos\theta}{r}\\ \sigma_\theta &= \tau_{r\theta} = 0\end{aligned}\right\}\qquad (7-48)$$

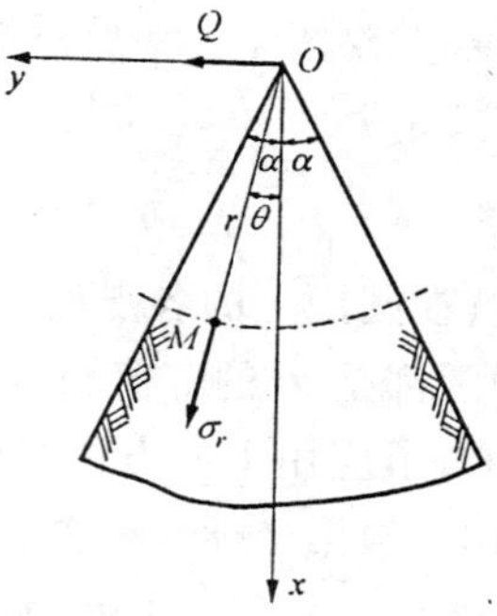

(a)

当楔形体顶端在单位厚度上受到水平力 Q 作用时，如图 7-15(a)所示，上述讨论也完全适用，只要将两个平衡条件所得到的式(g)换成

$$\left.\begin{aligned}&\sum F_x = 0, \quad \int_{-\alpha}^{\alpha}\sigma_r r\cos\theta d\theta = 0\\ &\sum F_y = 0, \quad \int_{-\alpha}^{\alpha}\sigma_r r\sin\theta d\theta + Q = 0\end{aligned}\right\}\qquad (j)$$

由此可确定常数值为：

$$C = \frac{Q}{2\alpha - \sin 2\alpha}\ ;\quad D = 0 \qquad (k)$$

将式(k)代入式(7-47)，得到应力分量

$$\left.\begin{aligned}\sigma_r &= -\frac{2Q}{2\alpha-\sin 2\alpha}\frac{\sin\theta}{r}\\ \sigma_\theta &= \tau_{r\theta} = 0\end{aligned}\right\}\qquad (7-49)$$

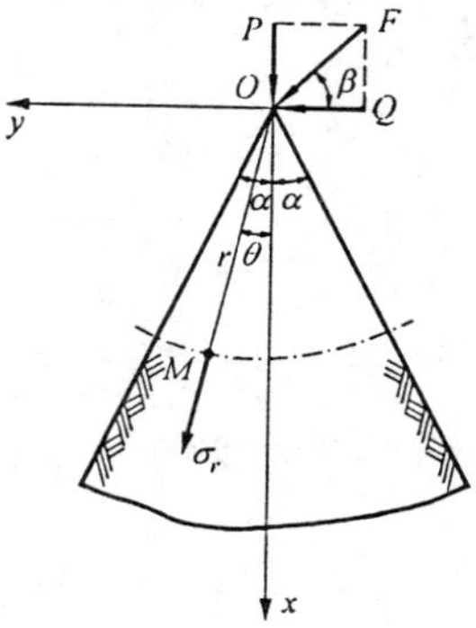

(b)

图 7-15

当楔形体顶端受到任意方向的集中力 F 作用，F 力与水平方向成 β 角，如图 7-15(b)所示，则此时可将 F 分解为一个垂直力和一个水平力，分别为 $P = F\sin\beta, Q = F\cos\beta$。这样，根据式(7-48)和式(7-49)，运用叠加法得到应力分量

$$\left.\begin{aligned}\sigma_r &= -\frac{2F}{(2\alpha+\sin 2\alpha)}\frac{\sin\beta\cos\theta}{r} - \frac{2F}{(2\alpha-\sin 2\alpha)}\frac{\cos\beta\sin\theta}{r}\\ \sigma_\theta &= \tau_{r\theta} = 0\end{aligned}\right\}\qquad (7-50)$$

7-5-2 半无限平面体边界上承受法向力

当楔形体的中心角 2α 等于 π 时，楔形体就扩展成为半无限平面体，如图 7-16 所示。因此，在半无限平面体边界上受到法向力 P 作用时，除 P 力作用点 O 附近的区域以外，应力分量可利用式(7-48)计算。以 $2\alpha = \pi$ 代入式(7-48)，得到

$$\left.\begin{aligned}\sigma_r &= -\frac{2P}{\pi}\frac{\cos\theta}{r}\\ \sigma_\theta &= \tau_{r\theta} = 0\end{aligned}\right\}\qquad (7-51)$$

径向应力 σ_r 在 $r = r_0$ 的半圆周和 $\theta = 0$ 的 x 轴上的分布情况，如图 7-17 所示。

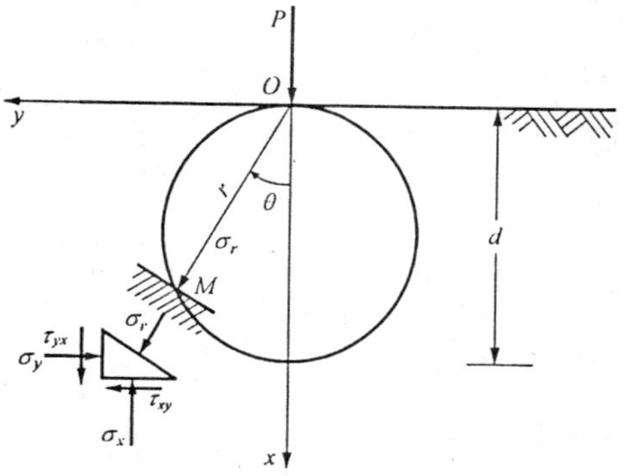

图 7-16

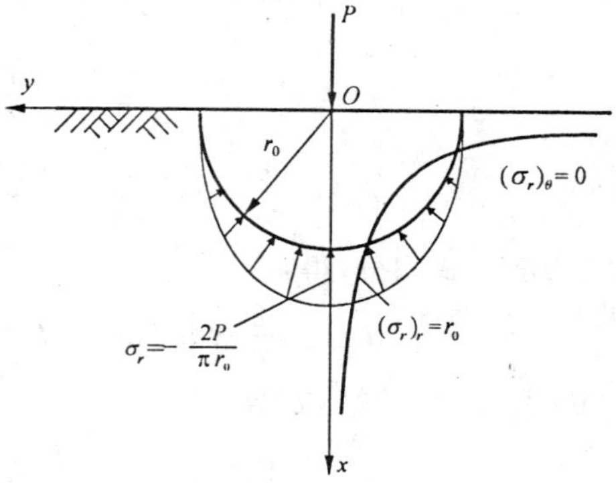

图 7-17

现考察图 7-16 所示圆周上的任意点 M 处的应力。M 点的矢径 r 和极角 θ 与该圆的直径 d 具有关系 $r=d\cos\theta$，将该关系代入式(7-51)，有

$$\sigma_r=-\frac{2P}{\pi d} \tag{7-52}$$

可见，在圆周上的各点处（O 点除外），径向应力 σ_r 都相同。由此推知，任何经过 O 点并与 y 轴相切的圆都是 σ_r 的等值圆。这种圆称为**等应力圆或布西涅斯克**(Boussinesq)圆。

为了应用上的方便，极坐标应力分量表达式(7-51)还可转换为用直角坐标来表达，见图 7-18。根据坐标转换关系可得：

$$\sigma_x=\sigma_r\cos^2\theta;\qquad \sigma_y=\sigma_r\sin^2\theta;\qquad \tau_{xy}=\sigma_r\sin\theta\cos\theta \tag{l}$$

将式(7-51)代入式(l)，同时注意到 $r^2=x^2+y^2, x=r\cos\theta, y=r\sin\theta$，得到：

$$\left.\begin{aligned}\sigma_x&=-\frac{2P}{\pi}\frac{\cos^3\theta}{r}=-\frac{2P}{\pi}\frac{x^3}{(x^2+y^2)^2}\\\sigma_y&=-\frac{2P}{\pi}\frac{\sin^2\theta\cos\theta}{r}=-\frac{2P}{\pi}\frac{xy^2}{(x^2+y^2)^2}\\\tau_{xy}&=-\frac{2P}{\pi}\frac{\sin\theta\cos^2\theta}{r}=-\frac{2P}{\pi}\frac{x^2y}{(x^2+y^2)^2}\end{aligned}\right\} \tag{7-53}$$

根据式(7-53)，将 $x=a$ 代入，则距自由边界为 a 的平面上的应力如图 7-19 所示。

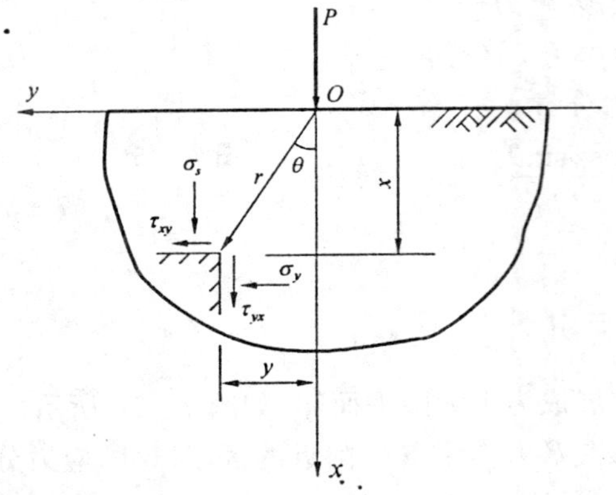

图 7-18

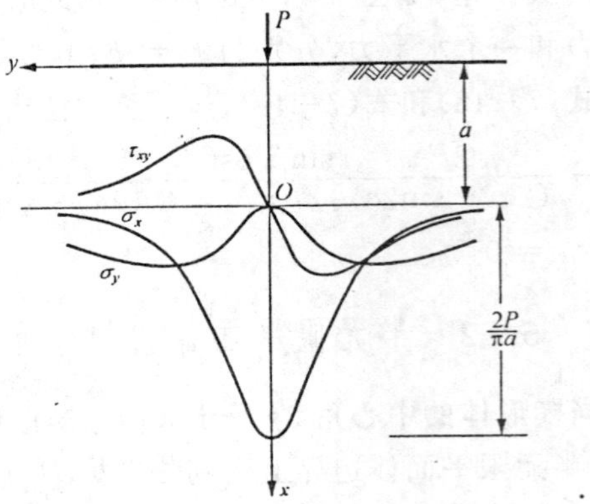

图 7-19

现在来求位移分量，将应力分量式(7-51)及几何方程(7-4)代入广义虎克定律(7-5)得：

$$\left.\begin{aligned}\varepsilon_r&=\frac{\partial u}{\partial r}=-\frac{2P}{\pi E}\frac{\cos\theta}{r}\\\varepsilon_\theta&=\frac{u}{r}+\frac{1}{r}\frac{\partial v}{\partial\theta}=\frac{2\mu P}{\pi E}\frac{\cos\theta}{r}\\\gamma_{r\theta}&=\frac{\partial u}{r\partial\theta}+\frac{\partial v}{\partial r}-\frac{v}{r}=0\end{aligned}\right\} \tag{m}$$

将式(m)第一式积分，得：

$$u=-\frac{2P}{\pi E}\cos\theta\ln r+f(\theta) \tag{n}$$

将式(n)代入式(m)第二式得：

$$\frac{\partial v}{\partial\theta}=\frac{2\mu P}{\pi E}\cos\theta+\frac{2P}{\pi E}\cos\theta\ln r-f(\theta) \tag{o}$$

积分上式得：

$$v = \frac{2\mu P}{\pi E}\sin\theta + \frac{2P}{\pi E}\sin\theta\ln r - \int f(\theta)\mathrm{d}\theta + f_1(r) \tag{p}$$

将式(n)、式(p)代入式(m)第三式，简化并乘以 r 后，得：

$$f_1(r) - r\frac{\mathrm{d}f_1(r)}{\mathrm{d}r} = \frac{\mathrm{d}f(\theta)}{\mathrm{d}\theta} + \int f(\theta)\mathrm{d}\theta + \frac{2(1-\mu)P}{\pi E}\sin\theta = F = 常数 \tag{q}$$

由此得下列两个方程：

$$\left.\begin{aligned} & f_1(r) - r\frac{\mathrm{d}f_1(r)}{\mathrm{d}r} = F \\ & \frac{\mathrm{d}f(\theta)}{\mathrm{d}\theta} + \int f(\theta)\mathrm{d}\theta + \frac{2(1-\mu)}{\pi E}P\sin\theta = F \end{aligned}\right\} \tag{r}$$

解微分方程(r)，得：

$$f_1(r) = Hr + F;\qquad f(\theta) = I\sin\theta + K\cos\theta - \frac{(1-\mu)P}{\pi E}\theta\sin\theta \tag{s}$$

式(s)中 F、H、I、K 均为任意常数，考虑到对 x 轴的对称性，如图 7-20 所示，有下列边界条件：

① 沿 x 轴，r 为任意值时均有 $(v)_{\theta=0} = 0$；

② 在图中 A 点有 $(u)_{\substack{\theta=0\\ r=h}} = 0$；

由此得： $I = 0$； $H = 0$； $F = 0$； $K = \frac{2P}{\pi E}\ln h$。

于是得各位移分量为：

$$\left.\begin{aligned} u &= \frac{2P}{\pi E}\cos\theta\ln\frac{h}{r} - \frac{(1-\mu)P}{\pi E}\theta\sin\theta \\ v &= -\frac{2P}{\pi E}\sin\theta\ln\frac{h}{r} - \frac{(1-\mu)P}{\pi E}\theta\cos\theta + \frac{(1+\mu)P}{\pi E}\sin\theta \end{aligned}\right\} \tag{7-54}$$

由此，自由边界处的位移 v 为：

$$(-v)_{\theta=\frac{\pi}{2}} = \frac{2P}{\pi E}\ln\frac{h}{r} - \frac{(1+\mu)P}{\pi E} \tag{7-55}$$

此处 v 以沿 θ 正方向为正。

应当指出，当 $h\to\infty$ 时，由式(7-54)得 $(v)_{\theta=\frac{\pi}{2}}\to\infty$，这显然是与实际不符的。为了实际应用的目的(例如在土力学中求地基的沉陷)，我们可以取自由边界上的一点为基点(例如图 7-21 中的 B 点)，求任意点 M 对该点的相对位移 η：

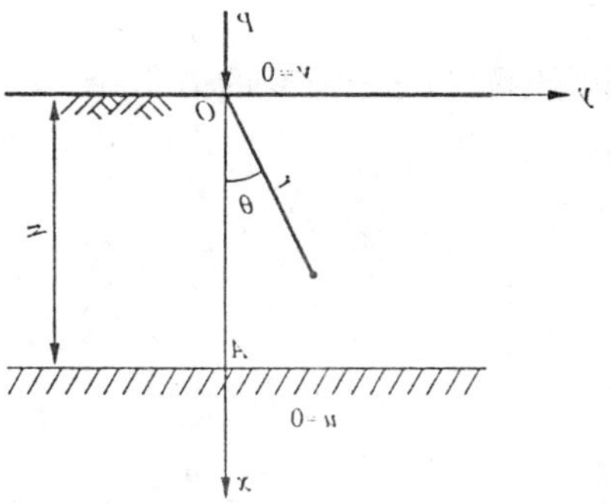

图 7-20

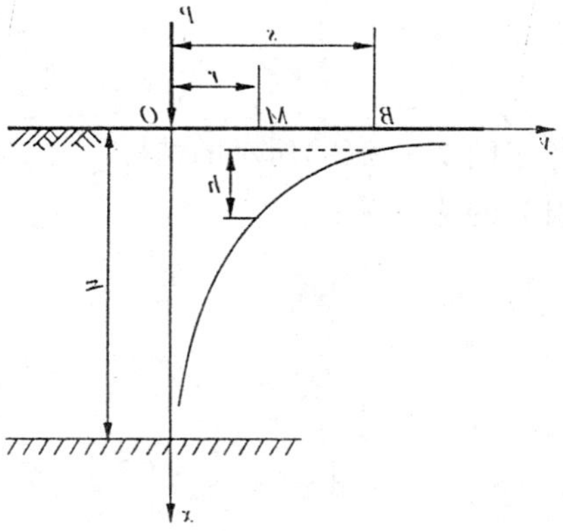

图 7-21

$$\eta = \left[\frac{2P}{\pi E}\ln\frac{h}{r} - \frac{(1+\mu)P}{\pi E}\right] - \left[\frac{2P}{\pi E}\ln\frac{h}{s} - \frac{(1+\mu)P}{\pi E}\right] \tag{t}$$

即：

$$\eta = \frac{2P}{\pi E}\ln\frac{s}{r} \tag{7-56}$$

前面曾提及对于平面应变问题，以上所得结果仍然适用，只需将位移分量公式中的 E 换为$\frac{E}{1-\mu^2}$，μ 换为$\frac{\mu}{1-\mu}$。例如，在平面应变情况下，式(7-56)应改写为：

$$\eta = \frac{2(1-\mu^2)P}{\pi E}\ln\frac{s}{r} \tag{7-57}$$

例 7-1 设半无限平面体的边界上受一组法向力 $P_1, P_2, \cdots, P_n$ 作用，如图 7-22(a)所示，或在边界的有限长度 AB 段上受均布载荷 q 作用，如图 7-22(b)所示。试导出在这两种情况下，物体内任一点 M 处的应力分量表达式。

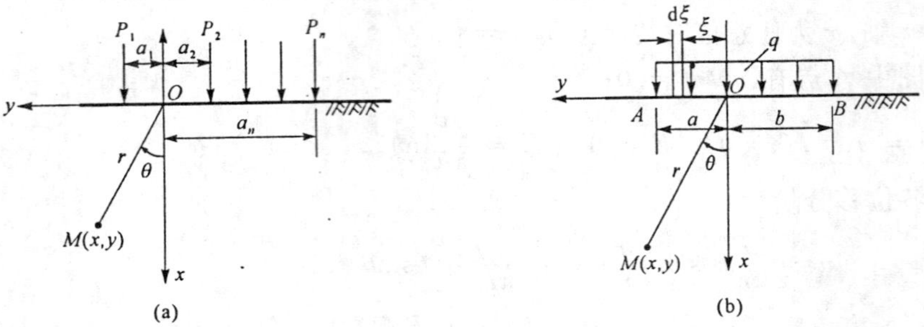

图 7-22

解 可用叠加法求解。此时，采用直角坐标较为方便，故应用式(7-53)。

对于图 7-22(a)所示的情况，应注意 M 点与 P_i 作用点的水平距离为 $(y-a_i)$。由叠加法求得 M 点处的应力分量：

$$\left.\begin{aligned}
\sigma_x &= -\frac{2x^3}{\pi}\sum_{i=1}^{n}\frac{P_i}{[x^2+(y-a_i)^2]^2} \\
\sigma_y &= -\frac{2x}{\pi}\sum_{i=1}^{n}\frac{P_i(y-a_i)^2}{[x^2+(y-a_i)^2]^2} \\
\tau_{xy} &= -\frac{2x^2}{\pi}\sum_{i=1}^{n}\frac{P_i(y-a_i)}{[x^2+(y-a_i)^2]^2}
\end{aligned}\right\} \tag{7-58}$$

对于图 7-22(b)所示的情况，距坐标原点 O 为 ξ 的微段 $d\xi$ 上所受的力 $dP = q d\xi$，它在 M 点处引起的应力为：

$$\left.\begin{aligned}
d\sigma_x &= -\frac{2q d\xi}{\pi}\frac{x^3}{[x^2+(y-\xi)^2]^2} \\
d\sigma_y &= -\frac{2q d\xi}{\pi}\frac{x(y-\xi)^2}{[x^2+(y-\xi)^2]^2} \\
d\tau_{xy} &= -\frac{2q d\xi}{\pi}\frac{x^2(y-\xi)}{[x^2+(y-\xi)^2]^2}
\end{aligned}\right\} \tag{7-59}$$

AB 段上全部载荷在 M 点处引起的应力，可由式(7-59)积分得到，即：

$$
\left.\begin{aligned}
\sigma_x &= -\frac{2}{\pi}\int_{-b}^{a}\frac{qx^3\mathrm{d}\xi}{[x^2+(y-\xi)^2]^2}\\
\sigma_y &= -\frac{2}{\pi}\int_{-b}^{a}\frac{qx(y-\xi)^2\mathrm{d}\xi}{[x^2+(y-\xi)^2]^2}\\
\tau_{xy} &= -\frac{2}{\pi}\int_{-b}^{a}\frac{qx^2(y-\xi)\mathrm{d}\xi}{[x^2+(y-\xi)^2]^2}
\end{aligned}\right\}\qquad(7-60)
$$

习　　题

7-1　设应力函数 $\varphi = x^4 - y^4 = (x^2+y^2)(x^2-y^2) = r^4\cos 2\theta$。试证明存在下列关系式

$$\left(\frac{\partial^2}{\partial x^2}+\frac{\partial^2}{\partial y^2}\right)\varphi = \left(\frac{\partial^2}{\partial r^2}+\frac{1}{r}\frac{\partial}{\partial r}+\frac{1}{r^2}\frac{\partial^2}{\partial\theta^2}\right)\varphi$$

7-2　如图示一矩形薄平板受纯剪切，剪力集度为 q 。在板的中心处开有小圆孔，板宽 w 远大于孔的半径 $a(w>10a)$。试求孔边的最大和最小应力。

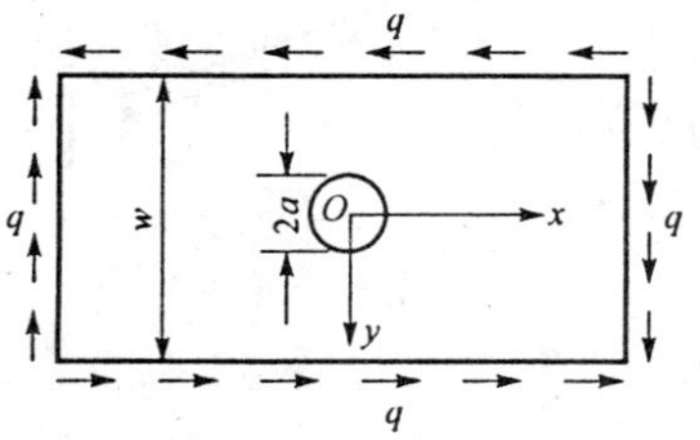

题 7-2 图

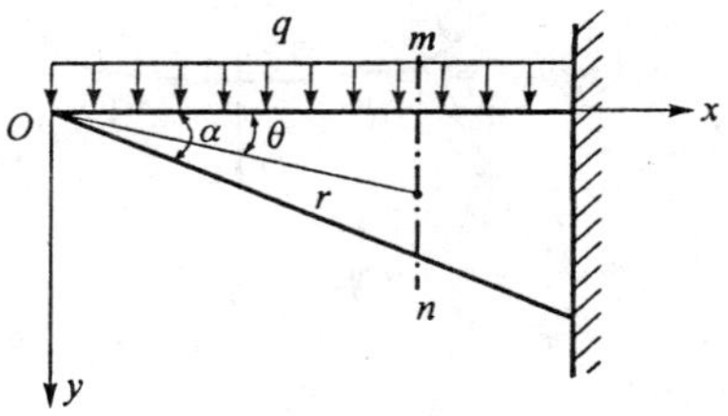

题 7-3 图

7-3　图示三角形悬臂梁的上表面承受均布压力 q，若用极坐标求解，取应力函数为 $\varphi = C[r^2(\alpha-\theta)+r^2\sin\theta\cos\theta - r^2\cos^2\theta\tan\theta]$，试求：(1)按边界条件确定常数 C；(2)求 $m-n$ 截面上的正应力 σ_x。

7-4　设内半径为 a，外半径为 b 的厚壁圆筒受内压 p_a 作用，试求内半径和外半径的改变量 Δa 和 Δb，以及筒臂厚度的改变量 Δt 。

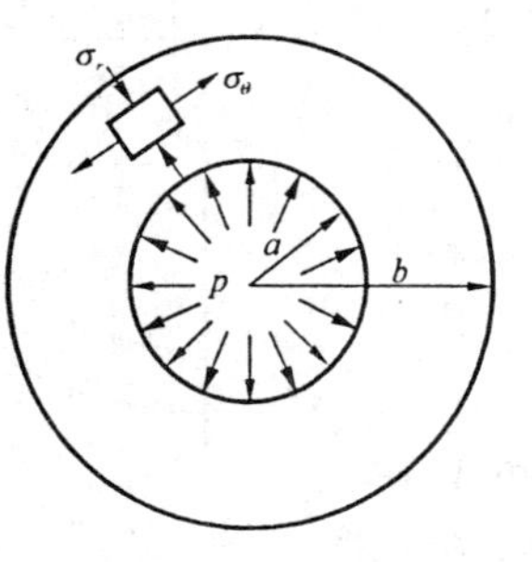

题 7-4 图

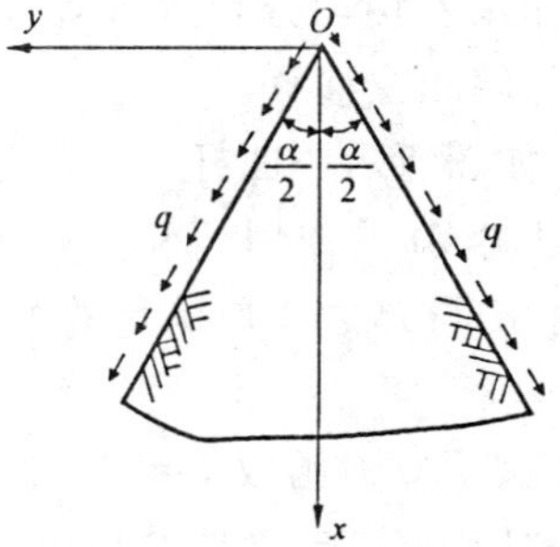

题 7-5 图

7-5　一楔形体在两侧面上受均布剪力 q 作用，试求应力分量。

7-6　图示半无限平面体在长 $2a$ 的一段边界上承受法向均布载荷 q 。试证体内应力可表

达为

$$
\left.
\begin{aligned}
\sigma_x &= -\frac{q}{2\pi}[(2\theta_2-\theta_1)+(\sin 2\theta_2-\sin 2\theta_1)] \\
\sigma_y &= -\frac{q}{2\pi}[(2\theta_2-\theta_1)-(\sin 2\theta_2-\sin 2\theta_1)] \\
\tau_{xy} &= -\frac{q}{2\pi}(\cos 2\theta_1-\cos 2\theta_2)
\end{aligned}
\right\}
$$

7-7 试确定应力函数 $\varphi = Cr^2(\cos 2\theta - \cos 2\alpha)$ 中的常数 C 值，使满足图中的条件：在 $\theta = \alpha$ 面上，$\sigma_\theta = 0, \tau_{r\theta} = S$；在 $\theta = -\alpha$ 面上，$\sigma_\theta = 0, \tau_{r\theta} = -S$。并证明楔顶没有集中力或集中力偶作用。

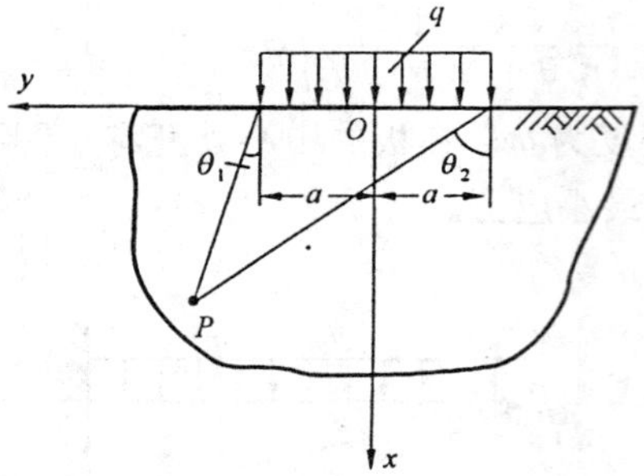

题 7-6 图

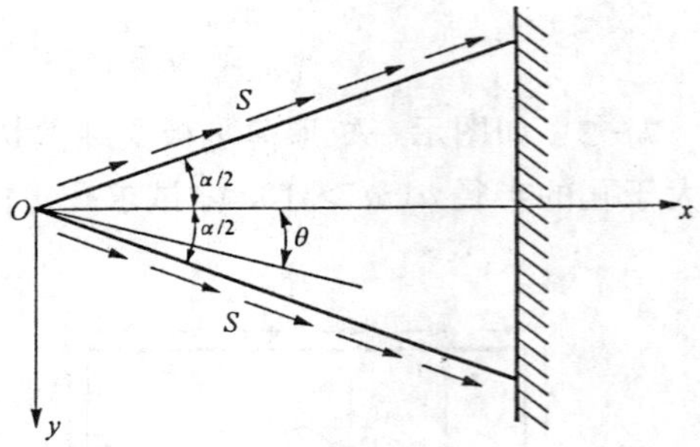

题 7-7 图

7-8 试求内外径之比为$\frac{1}{2}$的厚壁筒在内外相等压力(即 $q_1 = q_2$)时的塑性极限载荷。并讨论之。

7-9 厚壁圆筒同时承受内外均布压力作用，试问内压 p_a 与外压 p_b 如何组合时，内边界的周向应力恰好为零。

7-10 设有理想弹塑性材料制成的厚壁圆筒，内半径为 a，外半径为 b，受内压 p 的作用。试求此厚壁筒开始进入塑性状态时和完全进入塑性极限状态时，压力$\frac{p_p}{p_e}$的比值。

7-11 已知圆环在 $r = a$ 的内边界上被固定，在 $r = b$ 的圆周边界上作用着均匀分布剪力 τ_0。试用应力函数 $\varphi = C\theta$ 求解圆环的应力解和位移解。

7-12 如图所示一曲杆，一端固定，而在另一端 C 处承受集中力 P 和力矩 M 的作用，若用 $\varphi(r,\theta) = f(r)\cos\theta$ 来求解该问题，试求出 M 与 P 之间应满足的关系式，并求出相应的应力分量函数。

题 7-12 图

7-13 试用应力函数 $\varphi = f(\theta)$，求楔顶受集中力矩 M 作用时楔体中的应力分布。楔体的顶角为 2α，如图所示。当 α 很小时，试将其结果与按材料力学计算的结果进行比较。

7-14 试求如图所示半无限平板在直边界上有水平集中力 P 作用时的应力函数和应力分布。

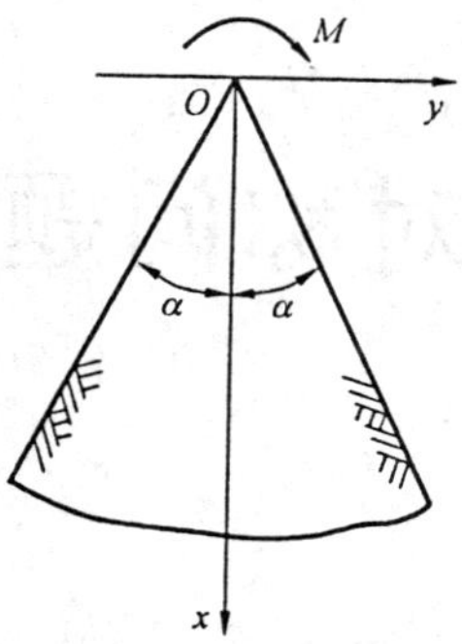

题 7－13 图

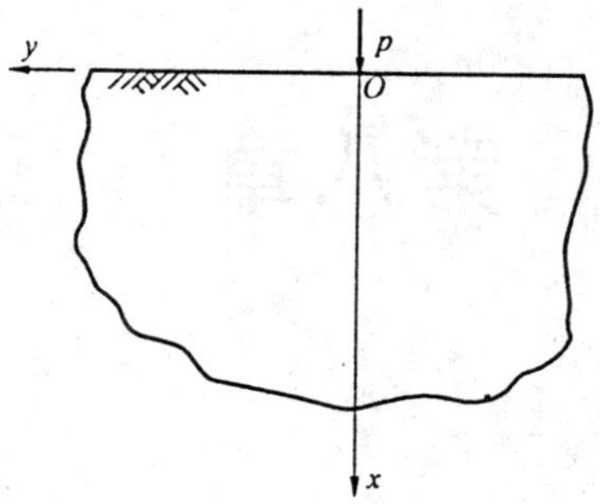

题 7－14 图

第八章　空间轴对称问题

§8-1　概　述

通过前两章的讨论，我们已经了解了关于平面问题的求解方法和有关重要结论。平面问题可看作是空间问题中的一类特殊情形，它是我们在工程中经常遇到的问题。但并非所有的空间问题都可简化为平面问题来处理。例如工程中常用的板壳问题、弹性接触问题和柱体的扭转问题等等。关于弹性力学空间问题的求解，从原则上讲可分别采取按位移求解和按应力求解的求解方法。若按应力求解时，问题就归结为求解偏微分方程(5-16)和式(5-2)，并使结果满足边界条件；若按位移求解时，就归结为求解偏微分方程(5-11)，同样也要使结果满足边界条件。但是，这种普遍的求解方法，即便是对于弹性力学问题，求解中所遇到的数学上的困难，至今也未能得到很好的解决。而关于一些塑性力学问题，由于塑性本构关系的非线性，就使得问题的求解更难以实现。

综上所述，关于各种弹塑性力学空间问题，目前人们主要是根据问题的具体条件和具体特点，想办法找出反映其特有关系的相对简单的方程式来，从而使问题得以求解。而对于许多不易找出其特点，又难以建立简单方程式的空间问题，则往往得不到精确的函数解，我们就只能借助于近似数值解法，例如有限单元法等。

在本章中，我们仅就空间问题中的轴对称问题展开讨论。在弹塑性力学中，现在能够求得精确函数解答的空间问题并不多，并且它们各依其特点都有专门的解法，空间轴对称问题就是如此。那么，什么是空间轴对称问题呢？在工程实际问题中，有不少问题的几何形状都是迴转体，物体的几何约束以及所受载荷又都对称于迴转体轴线，从而导致物体内的应力、应变和位移的分布规律对称于此轴线，显然此时采用柱坐标表达更为方便，于是所有的力学参量都是坐标 r 和 z 的函数，而与坐标 θ 无关，这类问题就称为**空间轴对称问题**。应该指出，空间轴对称问题的理论是解决弹性接触问题的基础。

§8-2　空间轴对称问题的基本方程及解法

8-2-1　空间轴对称问题的基本方程

求解空间轴对称问题，采用圆柱坐标系(r,θ,z)较为方便。如图 8-1(a) 所示，z 为对称轴，r 为径向坐标，θ 为切向坐标。现从 M 点处参照圆柱坐标系(r,θ,z)截取微小单元体 $MABC$，其中两径向截面的夹角为 $d\theta$，与 z 轴垂直的两微截面间的距离为 dz，两微圆柱面间的距离为 dr。由物体变形的轴对称性可知，各径向平面内的变形状态都应相同，即与 θ 无关，而且每一径向平面内的变形位移始终在此平面内。因此，任意一点 M 的径向、切向和轴向位移分量分别为：

$$u = u(r,z);\qquad v = 0;\qquad w = w(r,z) \tag{8-1}$$

1　平衡微分方程

设沿 r 与 z 轴方向的体力分量为 F_r 与 F_z，微小单元体各面上的应力如图 8-1(b) 所示，由平衡条件 $\sum F_r = 0$ 有：

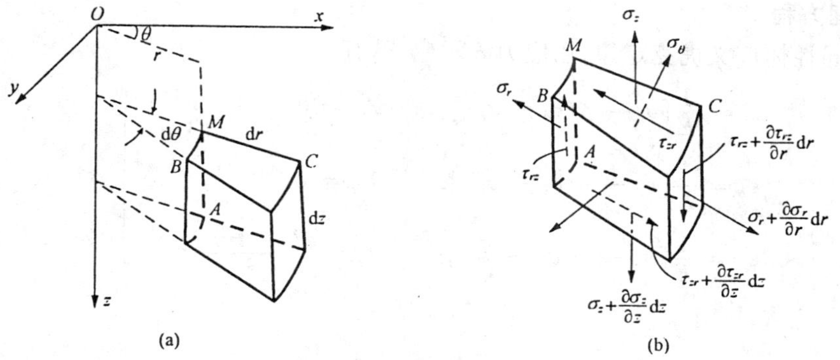

图 8-1

$$-\sigma_r r\mathrm{d}\theta\mathrm{d}z + \left(\sigma_r + \frac{\partial\sigma_r}{\partial r}\mathrm{d}r\right)(r+\mathrm{d}r)\mathrm{d}\theta\mathrm{d}z - \tau_{rz} r\mathrm{d}\theta\mathrm{d}z +$$

$$\left(\tau_{rz} + \frac{\partial\tau_{rz}}{\partial z}\mathrm{d}z\right) r\mathrm{d}\theta\mathrm{d}r - 2\sigma_\theta\mathrm{d}r\mathrm{d}z\sin\frac{\mathrm{d}\theta}{2} + F_r r\mathrm{d}\theta\mathrm{d}r\mathrm{d}z = 0 \tag{a}$$

因 $\mathrm{d}\theta$ 很小，可取 $\sin\frac{\mathrm{d}\theta}{2} \approx \frac{\mathrm{d}\theta}{2}$，并略去高阶微量项，即得下面式(8-2) 中的第一式。同理，再由平衡条件 $\sum F_z = 0$，可得式(8-2) 中的第二式。于是，空间轴对称问题的平衡微分方程为：

$$\left.\begin{aligned}&\frac{\partial\sigma_r}{\partial r} + \frac{\partial\tau_{rz}}{\partial z} + \frac{\sigma_r - \sigma_\theta}{r} + F_r = 0\\&\frac{\partial\tau_{rz}}{\partial r} + \frac{\partial\sigma_z}{\partial z} + \frac{\tau_{rz}}{r} + F_z = 0\end{aligned}\right\} \tag{8-2}$$

2　几何方程

由式(8-1) 与图 8-2，很容易得到空间轴对称问题的几何方程为：

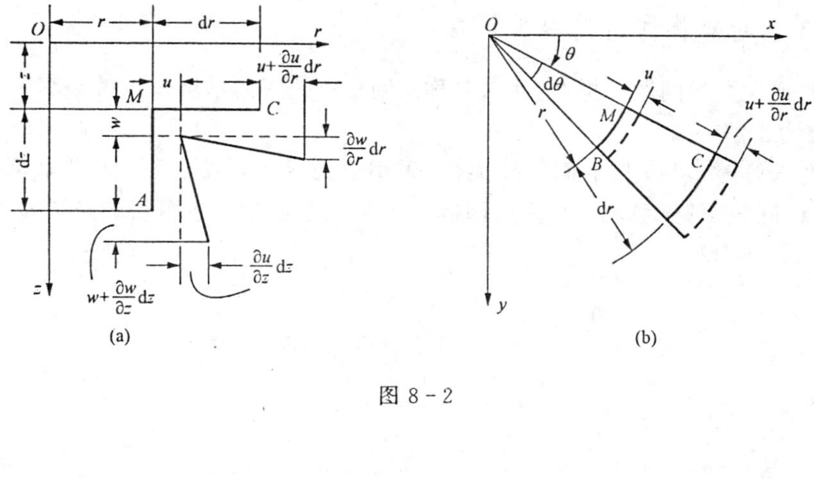

图 8-2

$$
\left.\begin{aligned}
&\varepsilon_r = \frac{\partial u}{\partial r}; \qquad \gamma_{r\theta} = 0 \\
&\varepsilon_\theta = \frac{u}{r}; \qquad \gamma_{\theta z} = 0 \\
&\varepsilon_z = \frac{\partial w}{\partial z}; \qquad \gamma_{zr} = \frac{\partial u}{\partial z} + \frac{\partial w}{\partial r}
\end{aligned}\right\} \tag{8-3}
$$

3　物理方程

由各向同性体广义虎克定律，用应力表示应变，有

$$
\left.\begin{aligned}
&\varepsilon_r = \frac{1}{E}[\sigma_r - \mu(\sigma_\theta + \sigma_z)]; \qquad \gamma_{r\theta} = 0 \\
&\varepsilon_\theta = \frac{1}{E}[\sigma_\theta - \mu(\sigma_z + \sigma_r)]; \qquad \gamma_{\theta z} = 0 \\
&\varepsilon_z = \frac{1}{E}[\sigma_z - \mu(\sigma_r + \sigma_\theta)]; \qquad \gamma_{zr} = \frac{2(1+\mu)}{E}\tau_{zr}
\end{aligned}\right\} \tag{8-4}
$$

若用应变表示应力，则有

$$
\left.\begin{aligned}
&\sigma_r = \lambda\theta + 2G\varepsilon_r = 2G\left(\frac{\partial u}{\partial r} + \frac{\mu}{1-2\mu}\theta\right) \\
&\sigma_\theta = \lambda\theta + 2G\varepsilon_\theta = 2G\left(\frac{u}{r} + \frac{\mu}{1-2\mu}\theta\right) \\
&\sigma_z = \lambda\theta + 2G\varepsilon_z = 2G\left(\frac{\partial w}{\partial z} + \frac{\mu}{1-2\mu}\theta\right) \\
&\tau_{r\theta} = 0 \\
&\tau_{\theta z} = 0 \\
&\tau_{zr} = G\gamma_{zr} = G\left(\frac{\partial u}{\partial z} + \frac{\partial w}{\partial r}\right)
\end{aligned}\right\} \tag{8-5}
$$

上式中 $\theta = \varepsilon_r + \varepsilon_z + \varepsilon_y = \frac{\partial u}{\partial r} + \frac{u}{r} + \frac{\partial w}{\partial z}$ 为体积应变；λ 为拉梅(Lame) 常数。

上述式(8-2)、式(8-3)、式(8-4)或式(8-5)共计10个泛定方程，方程中共有10个未知函数，它们分别为 σ_r、σ_θ、σ_z、τ_{zr}、ε_r、ε_θ、ε_z、γ_{zr}、u 和 w，且都是坐标 r 和 z 的函数。

特别值得指出的是，所谓位移、应变、应力都是与 θ 无关的问题，其含义为：在任何一个过 z 轴(对称轴)的截面上，位移、应变和应力的分布规律都相同。只要弄清楚 θ 等于任意值的一个面上的情况，其余各面也就清楚了。

8-2-2　轴对称问题的两种解法

同其他的弹性力学问题一样，空间轴对称问题也可按应力求解或按位移求解。

1　按应力求解

当按应力求解时，可以与平面问题类似，采用应力函数解法。英国力学家拉甫(Love) 指出，对于轴对称问题，只要引入一个应力函数 φ，并使应力分量与 φ 满足的关系为：

$$
\left.\begin{aligned}
\sigma_r &= \frac{\partial}{\partial z}\left(\mu\nabla^2\varphi - \frac{\partial^2\varphi}{\partial r^2}\right)\\
\sigma_\theta &= \frac{\partial}{\partial z}\left(\mu\nabla^2\varphi - \frac{1}{r}\frac{\partial\varphi}{\partial r}\right)\\
\sigma_z &= \frac{\partial}{\partial z}\left[(2-\mu)\nabla^2\varphi - \frac{\partial^2\varphi}{\partial z^2}\right]\\
\tau_{zr} &= \frac{\partial}{\partial r}\left[(1-\mu)\nabla^2\varphi - \frac{\partial^2\varphi}{\partial z^2}\right]
\end{aligned}\right\} \tag{8-6}
$$

则在体积力 $F_r = F_z = 0$ 时，平衡方程式(8-2)必能得到满足。只要把式(8-6)中的各应力分量代回式(8-2)即可以得到证实。函数 φ 也称拉甫函数。与平面问题一样，拉甫应力函数也应满足双调和方程：

$$
\left(\frac{\partial^2}{\partial r^2} + \frac{1}{r}\frac{\partial}{\partial r} + \frac{\partial^2}{\partial z^2}\right)\left(\frac{\partial^2\varphi}{\partial r^2} + \frac{1}{r}\frac{\partial\varphi}{\partial r} + \frac{\partial^2\varphi}{\partial z^2}\right) = \nabla^2\nabla^2\varphi = 0 \tag{8-7}
$$

并且进一步应该满足边界条件。

经推导可知，式(8-7)可化为勒让德(Legendre)方程。由勒让德函数就可求得满足双调和方程(8-7)的应力函数 φ。具体结果可表示为以下多项式(8-8)或式(8-9)，具体应力函数 φ 的应用，将在下节例题的求解中说明。于是有：

$$
\left.\begin{aligned}
\varphi_0 &= A_0\\
\varphi_1 &= A_1 z\\
\varphi_2 &= A_2\left[z^2 - \frac{1}{3}(r^2 + z^2)\right]\\
\varphi_3 &= A_3\left[z^3 - \frac{3}{5}z(r^2 + z^2)\right]\\
\varphi_4 &= A_4\left[z^4 - \frac{6}{7}z^2(r^2 + z^2) + \frac{3}{35}(r^2 + z^2)^2\right]\\
&\cdots\cdots
\end{aligned}\right\} \tag{8-8}
$$

或为：

$$
\left.\begin{aligned}
\varphi_2 &= B_2(r^2 + z^2)\\
\varphi_3 &= B_3 z(r^2 + z^2)\\
\varphi_4 &= B_4(2z^2 - r^2)(r^2 + z^2)\\
&\cdots\cdots
\end{aligned}\right\} \tag{8-9}
$$

当已求得满足双调和方程(8-7)及边界条件的应力函数后，则可由式(8-6)得到应力分量，再由式(8-4)求应变分量及位移。例如，由式(8-4)的第一式及式(8-1)知：

$$
\varepsilon_0 = \frac{u}{r} = \frac{1}{E}[\sigma_\theta - \mu(\sigma_r + \sigma_z)] \tag{b}
$$

将式(8-6)的应力分量代入上式，得：

$$
u = -\frac{1+\mu}{E}\frac{\partial^2\varphi}{\partial r\partial z} \tag{c}
$$

即为在已知应力函数 φ 后求位移 u 的公式。再由式(8-4)的第三式及式(8-1)中 ε_z 的表达式得：

$$
\varepsilon_z = \frac{\partial w}{\partial z} = \frac{1}{E}[\sigma_z - \mu(\sigma_r + \sigma_\theta)] \tag{d}
$$

将式(8-6)的应力分量代入，得：

$$E\frac{\partial w}{\partial z}=\frac{\partial}{\partial z}\left[2(1-\mu^2)\nabla^2\varphi-(1+\mu)\frac{\partial^2\varphi}{\partial z^2}\right] \tag{e}$$

因此

$$Ew=(1+\mu)\left[2(1-\mu)\nabla^2\varphi-\frac{\partial^2\varphi}{\partial z^2}\right]+f(r) \tag{f}$$

式中 $f(r)$ 是 r 的任意函数。为确定 $f(r)$，可将式(8-1)的第四式代入式(8-5)的第五式，得：

$$\tau_{zr}=G\gamma_{zr}=G\left(\frac{\partial w}{\partial r}+\frac{\partial u}{\partial z}\right) \tag{g}$$

或
$$G\frac{\partial w}{\partial r}=\tau_{zr}-G\frac{\partial u}{\partial z} \tag{h}$$

将式(8-6)的 τ_{rz} 及式(c)的 u 代入，得：

$$G\frac{\partial w}{\partial r}=\frac{\partial}{\partial r}\left[(1-\mu)\nabla^2\varphi-\frac{1}{2}\frac{\partial^2\varphi}{\partial z^2}\right] \tag{i}$$

由此，注意 $G=\dfrac{E}{2(1+\mu)}$，得：

$$Ew=(1+\mu)\left[2(1-\mu)\nabla^2\varphi-\frac{\partial^2\varphi}{\partial z^2}\right]+g(z) \tag{j}$$

式中 $g(z)$ 是 z 的任意函数。比较式(f)、式(j)。可看出，函数 $f(r)$ 和 $g(z)$ 在弹性体所占域内的任意点都应相等。这说明：

$$f(r)=g(z)=\text{常数} \tag{k}$$

也即 $f(r)$ 或 $g(z)$ 代表整个弹性体沿 z 向的刚体运动。因此在考察应力和变形时可以略去。这样，由式(c)、式(f)，得位移与应力函数(拉甫函数)的关系为：

$$\left.\begin{aligned}2Gu&=-\frac{\partial^2\varphi}{\partial r\partial z}\\ 2Gw&=2(1-\mu)\nabla^2\varphi-\frac{\partial^2\varphi}{\partial z^2}\end{aligned}\right\} \tag{8-10}$$

式(8-10)即为已知应力函数 φ 后求位移的公式。

2　按位移求解

当按位移求解时，正如前面已说过的，关键问题在于由位移函数求出的应力分量要满足平衡方程。据此，我们可将式(8-1)代入式(8-5)得：

$$\left.\begin{aligned}\sigma_r&=\lambda\theta+2G\frac{\partial u}{\partial r}=2G\left(\frac{\partial u}{\partial r}+\frac{\mu}{1-2\mu}\theta\right)\\ \sigma_\theta&=\lambda\theta+2G\frac{u}{r}=2G\left(\frac{u}{r}+\frac{\mu}{1-2\mu}\theta\right)\\ \sigma_z&=\lambda\theta+2G\frac{\partial w}{\partial z}=2G\left(\frac{\partial w}{\partial z}+\frac{\mu}{1-2\mu}\theta\right)\\ \tau_{zr}&=G\left(\frac{\partial w}{\partial r}+\frac{\partial u}{\partial z}\right)\end{aligned}\right\} \tag{8-11}$$

式中 $\theta=\dfrac{\partial u}{\partial r}+\dfrac{\partial w}{\partial z}+\dfrac{u}{r}$ 是体积应变。将式(8-11)的应力分量代入平衡方程式(8-2)，不计体积力 F_r 和 F_z，可得：

$$\left.\begin{aligned}&\frac{\partial^2 u}{\partial r^2}+\frac{\partial}{\partial r}\left(\frac{u}{r}\right)+\frac{1-2\mu}{2(1-\mu)}\frac{\partial^2 u}{\partial z^2}+\frac{1}{2(1-\mu)}\frac{\partial^2 w}{\partial r\partial z}=0\\ &\frac{\partial^2 w}{\partial z^2}+\frac{1-2\mu}{2(1-\mu)}\left(\frac{\partial^2 w}{\partial r^2}+\frac{1}{r}\frac{\partial w}{\partial r}\right)+\frac{1}{2(1-\mu)}\left(\frac{\partial^2 u}{\partial z\partial r}+\frac{1}{r}\frac{\partial u}{\partial z}\right)=0\end{aligned}\right\} \tag{8-12}$$

显然，为使由 u、w 算出的应力分量满足平衡方程，u 和 w 必须满足式(8-12)。因此，式(8

-12）就是按位移求解轴对称问题时的基本方程。当由式(8-12）解得满足边界条件的位移函数后，代回式(8-11)，即可求得应力分量。

下面我们将举例说明轴对称问题的求解方法。

§8-3 按应力求解空间轴对称问题举例

我们已经给出了能满足双调和方程(8-7)的两组多项式应力函数式(8-8）和式(8-9)。于是，按应力解空间轴对称问题，就归结为如何组合这些应力函数，并使之满足具体问题的边界条件。为此，我们取一如图8-3所示圆板来考察一下，当取不同的多项式时，圆板所承受的轴对称载荷有何区别。换言之，就是考察圆板在不同轴对称载荷作用下，可选择什么形式的多项式做为应力函数来求解。

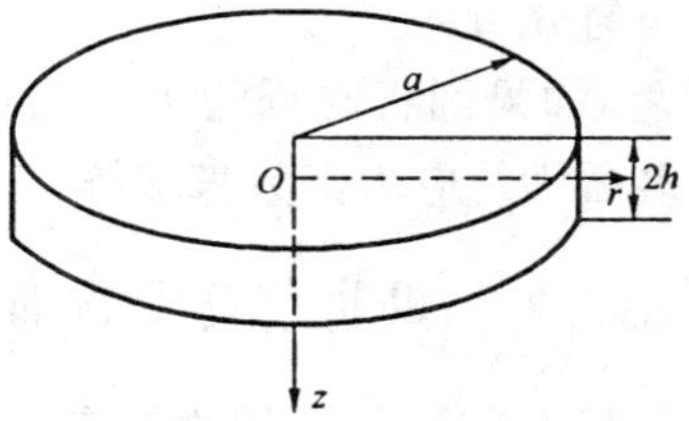

图 8-3

8-3-1 考察三次和四次多项式的应力函数应用

为弄清楚对于具体问题应当怎样组合应力函数，我们先反过来考察式(8-8）和式(8-9)中的某些应力函数所代表的受力情况。

首先，将式(8-8)、式(8-9）中的三次多项式组成应力函数，即

$$\varphi = a_3(2z^3 - 3r^2z) + b_3(r^2z + z^3) \tag{a}$$

式中a_3、b_3是任意常数。那么，这个应力函数相当于何种受力情况呢？为弄清这一点，可将式(a)的φ代入应力分量公式(8-6)，结果得：

$$\left.\begin{aligned}\sigma_r &= 6a_3 + (10\mu - 2)b_3\\ \sigma_\theta &= 6a_3 + (10\mu - 2)b_3\\ \sigma_z &= -12a_3 + (14 - 10\mu)b_3\\ \tau_{zr} &= 0\end{aligned}\right\} \tag{8-13}$$

由于a_3、b_3、μ都是常数，因此式(8-13）说明，三次多项式的应力函数，相当于整个板内任何一点的应力都相同的情况。结合边界条件来说，则相当于圆板的上、下面同样受到均布载荷$q_z = \sigma_z$，在周边各处受到均布载荷$q_r = \sigma_r$。换言之，如果板在上、下面受均布载荷q_z，周边受均布载荷q_r，则应当用三次应力函数来求解。

再看四次应力函数所对应的情况。同上面一样，根据式(8-8）和式(8-9)，取：

$$\varphi = a_4(8z^4 - 24r^2z^2 + 3r^4) + b_4(2z^4 + r^2z^2 - r^4) \tag{b}$$

式中a_4、b_4是任意常数。等号右边的两项分别由式(8-8）和式(8-9）的φ_4整理而得。将式(b）的φ代入式(8-6)，得：

$$\left.\begin{aligned}\sigma_r &= 96a_4z + 4b_4(14\mu - 1)z\\ \sigma_\theta &= 96a_4z + 4b_4(14\mu - 1)z\\ \sigma_z &= -192a_4z + 4b_4(16 - 14\mu)z\\ \tau_{zr} &= 96a_4r - 2b_4(16 - 14\mu)r\end{aligned}\right\} \tag{8-14}$$

如果在选择任意常数时，令

$$96a_4 - 2b_4(16 - 14\mu) = 0 \tag{c}$$

则由式(8－14)可得：

$$\sigma_z = \tau_{zr} = 0; \qquad \sigma_r = \sigma_\theta = 28(1+\mu)b_4 z \tag{8-15}$$

从式(8－15)可以看出，当我们把坐标原点放在板厚一半的地方，则这种应力情况，相当于圆板的上、下面不受力，而周边受到均布力偶的纯弯曲。我们之所以看出周边上有力偶，是因为式(8－15)的 σ_r 与 z 成正比，而且在周边上均匀分布。

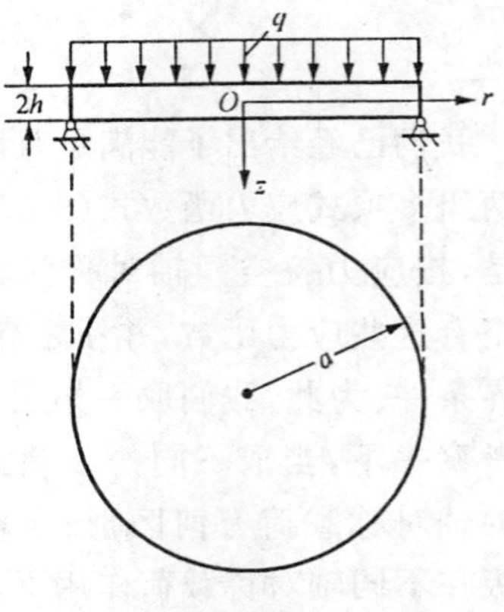

图 8－4

总之，如果圆板在周边上受均布力偶弯曲，则应采用四次多项式的应力函数来求解。

8－3－2　周边铰支受均布载荷的圆板

现设圆板半径为 a，周边铰支，上表面受有均布载荷 q 的作用，如图 8－4 所示。现欲求其应力计算式。

我们先在式(8-8)和式(8-9)中，取其六次多项式，即

$$\varphi = \frac{1}{3}a_6(16z^6 - 120z^4r^2 + 90z^2r^4 - 5r^6) + b_6(8z^6 - 16z^4r^2 - 21z^2r^4 + 3r^6) \tag{d}$$

代入式(8－6)，求得：

$$\left.\begin{aligned}
\sigma_r &= a_6(320z^3 - 720r^2z) + b_6[64(2+11\mu)z^3 + 24(21-44\mu)r^2z] \\
\sigma_z &= a_6(-640z^3 + 960r^2z) + b_6\{64[-15+11(2-\mu)]z^3 \\
&\quad + 96[4 - 11(2-\mu)]r^2z\} \\
\tau_{zr} &= a_6(960rz^2 - 240r^3) + b_6[80(-7+11\mu)z^2r + 24(18-11\mu)r^3]
\end{aligned}\right\} \tag{e}$$

这些应力分量中只有两个任意常数。为满足 $z=\pm h$ 面上的四个边界条件，在上述应力分量中加入：

$$\sigma_r = 96a_4z; \qquad \sigma_z = -192a_4z; \qquad \tau_{zr} = 96a_4r \tag{f}$$

以及均布应力：　$\sigma_z = b$ 　(g)

式(f)来自四次多项式的应力式(8－14)，并令 $b_4=0$；式(g)来自均布应力式(8－13)。将式(f)、式(g)代入式(e)后，就有四个任意常数。根据圆板上、下面的边界条件：

$$当\ z = h\ 时，\quad \sigma_z = 0; \quad \tau_{rz} = 0 \tag{h}$$

$$当\ z = -h\ 时，\quad \sigma_z = -q; \quad \tau_{rz} = 0 \tag{i}$$

即可确定这四个常数。$2h$ 是板厚，q 是上表面的均布荷载(表面力)。把 a_6、b_6、a_4、b 求出(读者可自己练习)后，代回到式(e)＋式(f)＋式(g)得：

$$\left.\begin{aligned}
\sigma_r &= q\left[\frac{2+\mu}{8}\frac{z^3}{h^3} - \frac{3(3+\mu)}{32}\frac{r^2z}{h^3} - \frac{3}{8}\frac{z}{h}\right] \\
\sigma_z &= q\left(-\frac{z^3}{4h^3} + \frac{3}{4}\frac{z}{h} - \frac{1}{2}\right) \\
\tau_{zr} &= -\frac{3qr}{8h^3}(h^2 - z^2)
\end{aligned}\right\} \tag{j}$$

但是，这样得到的应力分量还不完全正确。因为 σ_r 是 z 的奇函数，这种 σ_r 相当于在板的圆周边上有力偶作用，而实际上铰支的周边上没有这个力偶。为了能符合铰支的周边条件，我们

可在式(j)的应力上再叠加一个式(8－15)的纯弯曲应力，并按周边铰支的条件(力矩为零)：

$$\int_{-h}^{h}(\sigma_r)_{r=a}z\mathrm{d}z = 0 \tag{k}$$

来决定式(8－15)中的 b_4，将求得的 b_4 代回到式(j)，再加到式(8－2)的 σ_r 中，经这样调整后，全部边界条件皆已满足，式(j)中的 σ_z、τ_{zr} 未变，而 σ_r 的计算式变为：

$$\sigma_r = q\left[\frac{2+\mu}{8}\frac{z^3}{h^3} - \frac{3(3+\mu)}{32}\frac{r^2z}{h^3} - \frac{3}{8}\frac{(2+\mu)}{5}\frac{z}{h} + \frac{3(3+\mu)}{32}\frac{a^2z}{h^3}\right] \tag{8-16}$$

在圆板的中心处有最大的应力：

$$(\sigma_r)_{r=0} = q\left[\frac{(2+\mu)}{8}\frac{z^3}{h^3} - \frac{3}{8}\frac{(2+\mu)}{5}\frac{z}{h} + \frac{3(3+\mu)}{32}\frac{a^2z}{h^3}\right] \tag{8-17}$$

此式即为中心处应力的精确公式。它比在某些假定基础上得到的应力公式更准确。在式中代入 $z=\pm h$，即得中心处上、下表面的应力。

最后应当指出，运用六次以上的多项式，还可求解非均匀载荷问题。另外，也可用多项式的函数求解具有中孔的圆板弯曲问题。

§8－4 空间半无限体边界上受法向集中力作用——Boussinesq 问题

当空间半无限弹性体上边界面受到一垂直集中力作用时，其体内各点的应力分布与变形问题，是一个在许多科学技术领域(如弹性接触研究及岩石在钻具作用下的破碎理论中)，常会遇到的问题，通常称之为 **Boussinesq** 问题，这是一个空间轴对称问题。与所有弹性力学问题一样，该问题也可以采用位移解法与应力解法。现在我们只简单介绍该问题求解的位移法。并以此作为按位移求解空间轴对称问题的一个实例。

8－4－1 Boussinesq 问题的位移和应力解答

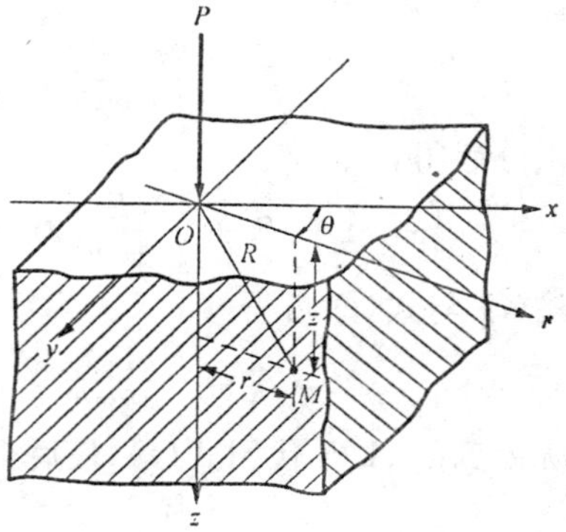

图 8－5

设半无限体表面受法向集中力 P 作用，坐标选取如图 8－5 所示，当用位移法求解时，其方法就是如何求出方程(8－12)的解，并使之满足边界条件。1885 年，法国力学家布西涅斯克(Boussinesq)找到了满足式(8－12)的两组特解，也即满足上述平衡方程的两组位移函数，分别为：

$$u = A\frac{rz}{R^3};\qquad w = A\left[\frac{z^2}{R^3} + (3-4\mu)\frac{1}{R}\right] \tag{a}$$

$$u = B\frac{r}{R(R+z)};\qquad w = B\frac{1}{R} \tag{b}$$

式中 r、z 是被考察点 M 的两个坐标，$R=\sqrt{r^2+z^2}$ 是点 M 到坐标原点的距离。A、B 是两个任意常数。据此，上述两线性无关的特解可以相加，得到该二阶偏微分方程式(8－12)的通解：

$$u = A\frac{rz}{R^3} + B\frac{r}{R(R+z)};\qquad w = A\left[\frac{z^2}{R^3} + (3-4\mu)\frac{1}{R}\right] + B\frac{1}{R} \tag{c}$$

以下利用边界条件来确定常数 A、B。将式(c)代入(8－5)并注意到

$$\theta = \varepsilon_r + \varepsilon_\theta + \varepsilon_z = \frac{\partial u}{\partial r} + \frac{u}{r} + \frac{\partial w}{\partial z} \tag{d}$$

则可得到以下四个应力分量函数为：

$$\left.\begin{aligned}
\sigma_r &= \frac{E}{1+\mu}\left\{A\left[(1-2\mu)\frac{z}{R^3} - \frac{3zr^2}{R^5}\right] + \frac{B}{R^2(R+z)^2}\left(z^2 - r^2 + \frac{z^3}{R}\right)\right\} \\
\sigma_\theta &= \frac{E}{1+\mu}\left[A(1-2\mu)\frac{z}{R^3} + \frac{B}{R(R+z)}\right] \\
\sigma_z &= -\frac{E}{1+\mu}\left\{A\left[\frac{3z^3}{R^5} + (1-2\mu)\frac{z}{R^3}\right] + B\frac{z}{R^3}\right\} \\
\tau_{rz} &= -\frac{E}{1+\mu}\left\{A\left[\frac{3rz^2}{R^5} + (1-2\mu)\frac{r}{R^3}\right] + B\frac{r}{R^3}\right\}
\end{aligned}\right\} \tag{e}$$

为求得任意常数 A、B，先由边界上无剪应力的条件，即当 $z=0, r\neq 0$ 时，$\tau_{rz}=0$（如 $z=0, r=0$ 时 $\sigma_z=0$，自然满足），可由式(e) 最后一式得出

$$(1-2\mu)A + B = 0 \tag{f}$$

又可设想过 M 点作一个与边界平行的截面，将空间半无限体的上部分切下。根据被切下部分的 z 向平衡条件 $\sum F_z = 0$，即：

$$\int_F \sigma_z \mathrm{d}F + P = 0 \tag{g}$$

积分应当遍及整个切割面。现取环状的微面积，即 $\mathrm{d}F = 2\pi r\mathrm{d}r$，注意到在切割面上 z 是常数，将式(e) 的 σ_z 代入下式

$$\int_0^\infty \sigma_z(2\pi r\mathrm{d}r) + P = 0 \tag{h}$$

得：

$$P - \frac{2\pi AE}{1+\mu}\left[3z^3\int_0^\infty \frac{r}{R^5}\mathrm{d}r + (1-2\mu)z\int_0^\infty \frac{r}{R^3}\mathrm{d}r\right] - 4\pi GBz\int_0^\infty \frac{r}{R^3}\mathrm{d}r = 0 \tag{i}$$

经积分后得：

$$P - \frac{2\pi E}{1+\mu}[2(1-\mu)A + B] = 0 \tag{j}$$

解式(f) 与式(j) 可得

$$A = \frac{P(1+\mu)}{2\pi E}; \qquad B = -(1-2\mu)\frac{(1+\mu)P}{2\pi E} \tag{k}$$

把所得到的 A、B 代回式(c)，最后得位移的计算式为：

$$\left.\begin{aligned}
u &= \frac{(1+\mu)P}{2\pi E}\left[\frac{rz}{R^3} - (1-2\mu)\frac{r}{R(R+z)}\right] \\
w &= \frac{(1+\mu)P}{2\pi E}\left[\frac{2(1-\mu)}{R} + \frac{z^2}{R^3}\right]
\end{aligned}\right\} \tag{8-18}$$

再将 A、B 代回式(e) 可得应力分量的计算式为：

$$\left.\begin{aligned}
\sigma_r &= \frac{P}{2\pi}\left[\frac{1-2\mu}{R(R+z)} - \frac{3zr^2}{R^5}\right] \\
\sigma_\theta &= \frac{P}{2\pi}(1-2\mu)\left[\frac{z}{R^3} - \frac{1}{R(R+z)}\right] \\
\sigma_z &= -\frac{3P}{2\pi}\frac{z^3}{R^5} \\
\tau_{rz} &= -\frac{3P}{2\pi}\frac{rz^2}{R^5}
\end{aligned}\right\} \tag{8-19}$$

上述结果式(8-18)和式(8-19),即为Boussinesq问题的位移和应力解答。

8-4-2 Boussinesq问题结果的讨论

据Boussinesq问题的位移解式(8-18)和应力解式(8-19),我们进一步可得到如下结论:

(1) 随着R的增大,位移分量和应力分量迅速减小。当$R\to\infty$时,也即当$r\to\infty$和$z\to\infty$时,位移和应力分量均趋于零。这说明位移和应力的值在集中力P作用点O附近有很强的局部性。而当$R\to 0$时,位移和应力均趋于无限大,即集中载荷P作用点O附近处的应力将很大。所以可以认为该点附近局部范围内的材料已进入塑性变形状态。据圣文南原理说明,只有在该局部范围之外的地方,上述位移与应力解才是正确的。

(2) 在z轴上($r=0,R=z$),各点的剪应力$\tau_{rz}=0$,而正应力分量取值相对最大,有:

$$\left.\begin{aligned}\sigma_r&=\sigma_\theta=\sigma_1=\sigma_2=\frac{P}{2\pi}\frac{(1-2\mu)}{2z^2}\\ \sigma_z&=\sigma_3=-\frac{P}{2\pi}\frac{3}{z^2}\end{aligned}\right\}\tag{8-20}$$

以绝对值比较,σ_z比径向和周向应力σ_r、σ_θ要大得多。并且,z轴上各点处的最大剪应力为:

$$\tau_{\max}=\frac{1}{2}(\sigma_1-\sigma_3)=\frac{P}{2\pi}\frac{(7-2\mu)}{4z^2}\tag{8-21}$$

(3) 在边界平面上($z=0,R=r$),各点处的剪应力$\tau_{rz}=0$,而正应力σ_r、σ_θ和σ_z取极值为:

$$\left.\begin{aligned}\sigma_r&=\sigma_1=\frac{P}{2\pi}\frac{(1-2\mu)}{R^2}\\ \sigma_z&=\sigma_2=0\\ \sigma_\theta&=\sigma_3=-\frac{P}{2\pi}\frac{(1-2\mu)}{R^2}\end{aligned}\right\}\tag{8-22}$$

这说明,在边界面上各点均处于纯剪切应力状态。

(4) 在边界平面上($z=0,R=r$),任意点处的垂直位移(即表面的沉陷)为:

$$w=\frac{(1-\mu^2)P}{\pi E}\frac{1}{r}=k\frac{P}{r}\tag{8-23}$$

式中

$$k=\frac{1-\mu^2}{\pi E}\tag{8-24}$$

式(8-23)表明,边界面上各点沿z轴方向沉陷的大小,与该点到集中力P作用点O的距离成反比。离开O点越远,沉陷量w越小;而当$R=r\to 0$时,有$w\to\infty$。客观上,沉陷量w不可能无限大,这说明在O点附近各点材料已进入塑性变形,关于这一局部范围内的沉陷量,式(8-23)已不再适用。

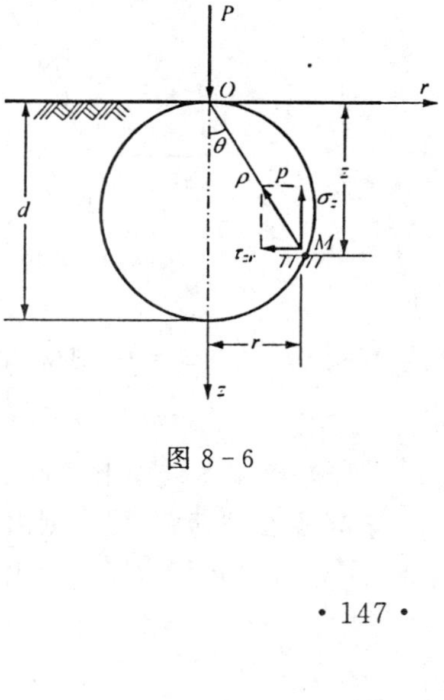

图 8-6

(5) 在弹性体内任一点M,如图8-6所示,由式(8-19)第三、四式可得

$$\frac{\tau_{rz}}{\sigma_z}=\frac{r}{z}=\tan\theta\tag{1}$$

式中θ为M点的矢径与z轴的夹角。于是M点处的水平微截面上的全应力p,应指向集中力P作用点O,而大小则为

$$p = \sqrt{\sigma_z^2 + \tau_{rz}^2} = \frac{3P}{2\pi}\frac{z^2}{R^4} = \frac{3P}{2\pi}\frac{\cos^2\theta}{R^2} \tag{8-25}$$

如果作一和边界面集中力 P 作用点 O 相切，直径为 d 的球面，则关于球面上各点，都有 $R^2 = d^2\cos^2\theta$。于是，在此球面上的所有点，过该点水平微截面上的全应力都是相同的，其值为：

$$p = \frac{3P}{2\pi d^2} \tag{8-26}$$

最后再次指出，Boussinesq 问题的解答，是研究各种接触问题及岩石在钻具作用下的破坏问题等许多工程问题的力学理论基础，因此其重要性不言而喻。

§8-5* 空间半无限体边界上受分布压力

为了讨论弹性接触问题，我们需考察半无限体表面圆形区域内受均匀分布压力作用的情况。其解法可以由上节半无限体表面受法向集中力作用的结果，利用叠加法来求得由法向分布力作用下在半空间体内引起的位移和应力。

设圆形区域的半径为 a，单位面积的压力为 q。先求载荷圆中心下面（z 轴上）任一点的位移表达式。对于圆形区域中心下面任意一点 M，如图 8-7 所示，由于对称性有：

$$\text{径向位移：}\ u = 0;\qquad \text{切向位移：}\ v = 0 \tag{8-27}$$

z 方向的位移分量可从式(8-18)的第二式，对载荷用 $\mathrm{d}P$ 表示，并进行叠加而得到，其中使 $\mathrm{d}P = 2\pi q r\mathrm{d}r$，又有几何关系 $R = \dfrac{z}{\cos\beta}$，$r = R\sin\beta$，$\mathrm{d}r = \dfrac{R\mathrm{d}\beta}{\cos\beta}$，则

$$\begin{aligned} w &= \int_0^a \frac{2\pi r q(1+\mu)\sin\beta}{2\pi E r}[2(1-\mu) + \cos^2\beta]\mathrm{d}r \\ &= \int_0^{\beta_0} \frac{(1+\mu)qz}{E}\left[2(1-\mu)\frac{\sin\beta}{\cos^2\beta} + \sin\beta\right]\mathrm{d}\beta \\ &= \frac{(1+\mu)q}{E}(\sqrt{a^2+z^2} - z)\left[2(1-\mu) + \frac{z}{\sqrt{a^2+z^2}}\right] \end{aligned} \tag{8-28}$$

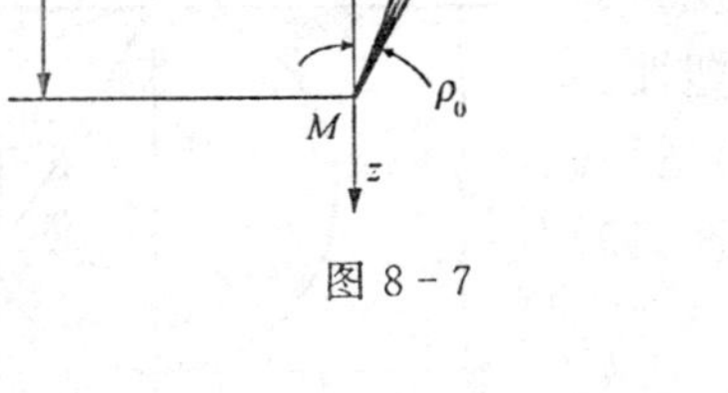

图 8-7

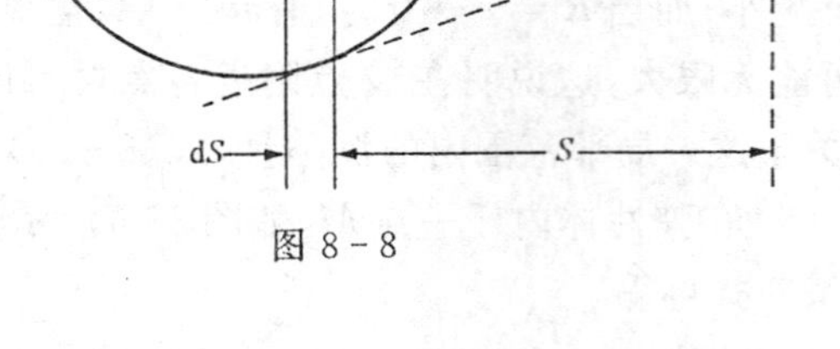

图 8-8

令式(8-28)中的 $z = 0$，则得载荷圆中心一点的沉陷：

$$(w)_{z=0} = \frac{2(1-\mu^2)qa}{E} \tag{8-29}$$

对于半无限体表面上的点 M，要区分它在载荷圆之外，还是在其内，分别讨论如下：

若 M 点在载荷圆之外，则由式(8-23)来求半空间体边界上距圆心为 r 的一点 M 处的沉陷。由图 8-8 可知其阴影部分单元面积 $\mathrm{d}A = S\mathrm{d}\Psi\mathrm{d}S$，单元面积上的载荷 $q\mathrm{d}A = qS\mathrm{d}\Psi\mathrm{d}S$，于

是在 M 点的沉陷为.

$$\frac{(1-\mu^2)q\mathrm{d}A}{\pi ES} = \frac{(1-\mu^2)qS\mathrm{d}\Psi\mathrm{d}S}{\pi ES} = \frac{(1-\mu^2)q}{\pi E}\mathrm{d}\Psi\mathrm{d}S \tag{a}$$

因此 M 点的总沉陷为：

$$w = \frac{(1-\mu^2)q}{\pi E}\iint \mathrm{d}S\mathrm{d}\Psi \tag{b}$$

对 S 进行积分，注意弦 mn 的长度为：$2\sqrt{a^2 - r^2\sin^2\Psi}$，并在对 Ψ 进行积分时，考虑对称性：$\int_{-\Psi_1}^{\Psi_1}\mathrm{d}\Psi = 2\int_0^{\Psi_1}\mathrm{d}\Psi$，得到

$$w = \frac{4(1-\mu^2)q}{\pi E}\int_0^{\Psi_1}\sqrt{a^2 - r^2\sin^2\Psi}\,\mathrm{d}\Psi \tag{c}$$

其中 Ψ_1 是 Ψ 的最大值，即圆的切线和 OM 之间的夹角，对于确定的点 M，这是确定的值。为了便于积分，引进变量 θ，由图可知，它和 Ψ 之间的关系为：

$$a\sin\theta = r\sin\Psi \tag{d}$$

又

$$r\cos\Psi = \sqrt{r^2 - a^2\sin\theta} \tag{e}$$

将式(d) 两端微分则

$$\mathrm{d}\Psi = \frac{a\cos\theta\mathrm{d}\theta}{r\cos\Psi} = \frac{a\cos\theta}{r\sqrt{1-\frac{a^2}{r^2}\sin^2\theta}}\mathrm{d}\theta \tag{f}$$

将式(d) 和式(f) 代入式(b)，则当 Ψ 从 0 变化到 Ψ_1 时，θ 由零变化到 $\frac{\pi}{2}$，于是得到 M 点的竖向位移为

$$\begin{aligned} w &= \frac{4(1-\mu^2)q}{\pi E}\int_0^{\frac{\pi}{2}}\frac{a^2\cos^2\theta}{r\sqrt{1-\frac{a^2}{r^2}\sin^2\theta}}\mathrm{d}\theta \\ &= \frac{4(1-\mu^2)qr}{\pi E}\left[\int_0^{\frac{\pi}{2}}\sqrt{1-\frac{a^2}{r^2}\sin^2\theta}\,\mathrm{d}\theta - \left(1-\frac{a^2}{r^2}\right)\int_0^{\frac{\pi}{2}}\frac{\mathrm{d}\theta}{\sqrt{1-\frac{a^2}{r^2}\sin^2\theta}}\right] \end{aligned} \tag{8-30}$$

式(8－30) 右边的两个积分是椭圆积分，它们的值可按 $\frac{a}{r}$ 的数值，由函数表中查得。如 M 点在载荷面圆周上，即当 $r = a$ 时，式(8－30) 变为

$$\begin{aligned} (w)_{r=a} &= \frac{4(1-\mu^2)qa}{\pi E}\int_0^{\frac{\pi}{2}}\cos\theta\mathrm{d}\theta \\ &= \frac{4(1-\mu^2)qa}{\pi E} \end{aligned} \tag{8-31}$$

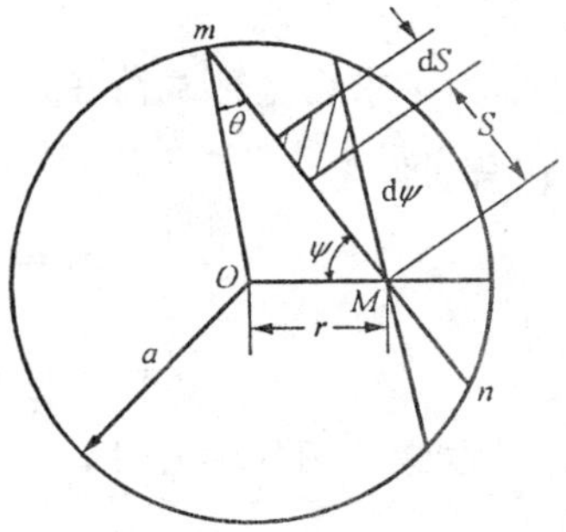

图 8－9

如 M 点在载荷圆之内，做法与上相同，先考虑图 8－9 阴影部分面积 $\mathrm{d}A = S\mathrm{d}\Psi\mathrm{d}S$，则 M 点的沉陷仍为式(b)

$$w = \frac{(1-\mu^2)q}{\pi E}\iint \mathrm{d}\Psi\mathrm{d}S \tag{g}$$

由于弦 mn 的长度为 $2a\cos\theta$，而 Ψ 是由 $-\frac{\pi}{2}$ 变到 $\frac{\pi}{2}$，所以有

$$w = \frac{4(1-\mu^2)q}{\pi E}\int_0^{\frac{\pi}{2}}a\cos\theta\mathrm{d}\Psi \tag{h}$$

利用关系式 $a\sin\theta = r\sin\Psi$，式(h) 变为：

$$w = \frac{4(1-\mu^2)qa}{\pi E}\int_0^{\frac{\pi}{2}}\sqrt{1-\frac{r^2}{a^2}\sin^2\Psi}\mathrm{d}\Psi \tag{8-32}$$

式(8 - 32)等号右边的积分值，可根据$\frac{r}{a}$的值通过查表而得到。最大竖向位移是在圆面的中心 $r=0$ 处，其值为：

$$w = \frac{2(1-\mu^2)qa}{E} \tag{i}$$

式(i)与式(8 - 29)结果相同。将上式(i)与式(8 - 31)进行比较，可见最大沉陷是载荷圆边界沉陷的$\frac{\pi}{2}$倍，由式(i)还可以看到，最大沉陷不仅和载荷集度 q 成正比，而且和载荷圆的半径 a 成正比。

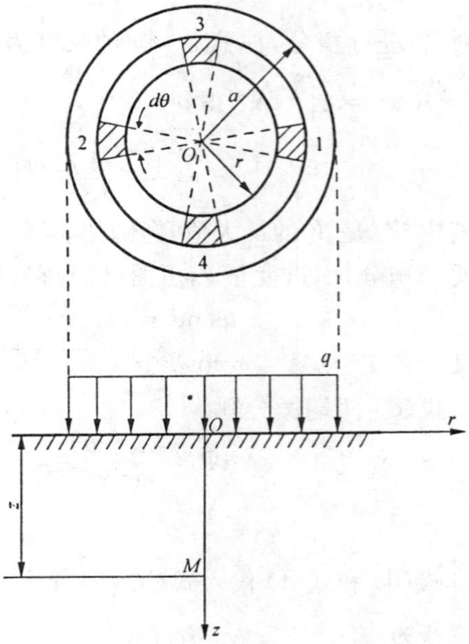

图 8 - 10

应力也可以利用叠加法求得。例如对于载荷圆中心下面(即 z 轴上)的任意一点 M 处的应力分量 σ_z，如图 8 - 10 所示，可把载荷面积分为微分圆环，用圆环上的载荷 $2\pi rq\mathrm{d}r$ 代替式(8 - 19)中第三式里面的 P，对 r 进行积分，得到：

$$\begin{aligned}\sigma_z &= -\frac{3z^3}{2\pi}\int_0^a \frac{2\pi rq\mathrm{d}r}{(r^2+z^2)^{5/2}} \\ &= -q\left[1-\frac{z^3}{(a^2+z^2)^{3/2}}\right]\end{aligned} \tag{8-33}$$

为了求得该点处的应力分量 σ_r 和 σ_θ，在载荷圆中分割出微分面 1、2、3、4。由式(8 - 19)的第一、二式将微分面 1、2 上或微分面 3、4 上两个载荷 $qr\mathrm{d}\theta\mathrm{d}r$ 代入，可得该点产生的应力分量为：

$$(\mathrm{d}\sigma_r)_{1,2} = (\mathrm{d}\sigma_\theta)_{3,4} = 2\frac{qr\mathrm{d}\theta\mathrm{d}r}{2\pi}\left[\frac{1-2\mu}{R(E+z)}-\frac{3zr^2}{R^5}\right] \tag{j}$$

$$(\mathrm{d}\sigma_\theta)_{1,2} = (\mathrm{d}\sigma_r)_{3,4} = 2\frac{(1-2\mu)qr\mathrm{d}\theta\mathrm{d}r}{2\pi}\left[\frac{z}{R^3}-\frac{1}{(R+z)R}\right] \tag{k}$$

将式(j)和式(k)对应地相加，得微分面 1、2、3、4 上的载荷所产生的应力

$$\mathrm{d}\sigma_r = \mathrm{d}\sigma_\theta = \frac{qr\mathrm{d}\theta\mathrm{d}r}{\pi}\left[\frac{(1-2\mu)z}{R^3}-\frac{3r^2z}{R^5}\right] \tag{l}$$

为了求得全部载荷在该点所引起的应力分量，只需将式(l)对 θ 从 0 到$\frac{\pi}{2}$积分，对 r 从 0 到 a 积分，即

$$\begin{aligned}\sigma_r = \sigma_\theta &= \frac{q}{2}\int_0^a\left[\frac{(1-2\mu)z}{(r^2+z^2)^{3/2}}-\frac{3r^2z}{(r^2+z^2)^{5/2}}\right]r\mathrm{d}r \\ &= -\frac{q}{2}\left[(1+2\mu)+\frac{z^3}{(a^2+z^2)^{3/2}}-\frac{2(1+\mu)z}{(a^2+z^2)^{1/2}}\right]\end{aligned} \tag{8-34}$$

在载荷圆的中心(即 $z=0$)处，有

$$\sigma_z = -q;\qquad \sigma_r = \sigma_\theta = -\frac{q(1+2\mu)}{2} \tag{8-35}$$

Oz 轴上任一点的最大剪应力发生在与 z 轴成 45° 的平面上，其值为：

$$\tau_{\max} = \frac{1}{2}(\sigma_\theta-\sigma_z) = \frac{q}{2}\left[\frac{1-2\mu}{2}+\frac{(1+\mu)z}{(a^2+z^2)^{1/2}}-\frac{3}{2}\frac{z^3}{z(a^2+z^2)^{3/2}}\right] \tag{8-36}$$

在

$$z = a\sqrt{\frac{2(1+\mu)}{7-2\mu}} \tag{m}$$

处，最大剪应力达到最大值，即：

$$\left[\frac{1}{2}(\sigma_\theta - \sigma_z)\right]_{\max} = \frac{q}{2}\left[\frac{1-2\mu}{2} + \frac{2}{9}(1+\mu)\sqrt{2(1+\mu)}\right] \qquad (8-37)$$

当 $\mu = 0.3$ 时，式(m) 和式(8-37) 变成 $z = 0.638$，$\tau_{\max} = 0.33q$。

习　　题

8-1　试证明在集中力 P 作用的半无限弹性体内，应力分布有下述特点：作一个直径为 d 并在 O 点与边界面相切的球，如图所示，则在与球面相截的所有水平面上各点的总应力 p 均相等，且(在与球面相截的点) 等于：

$$p = \frac{3P}{2\pi d^2}$$

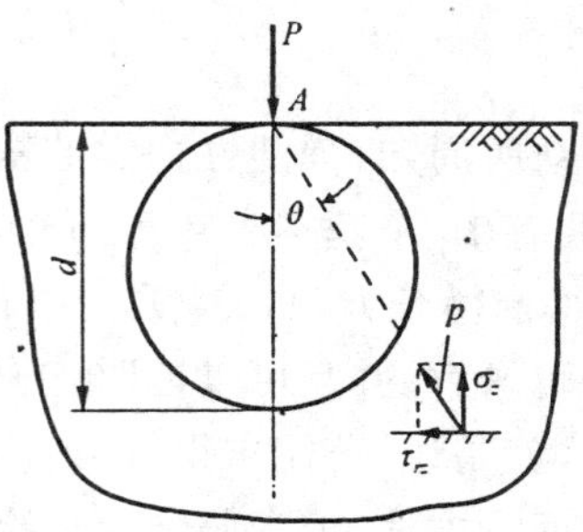

题 8-1 图

8-2　设有半空间体，其容重为 p，在水平边界面上受均匀压力 q 的作用，试用位移法求位移分量和应力分量。并假设在 $z = h$ 处 $w = 0$，见图所示。

8-3　弹性半空间体的边界面上，作用集中力 P，如图所示。若采用柱坐标(r,θ,z)，则该问题的径向位移 u 和轴向位移 w 可写成如下形式：

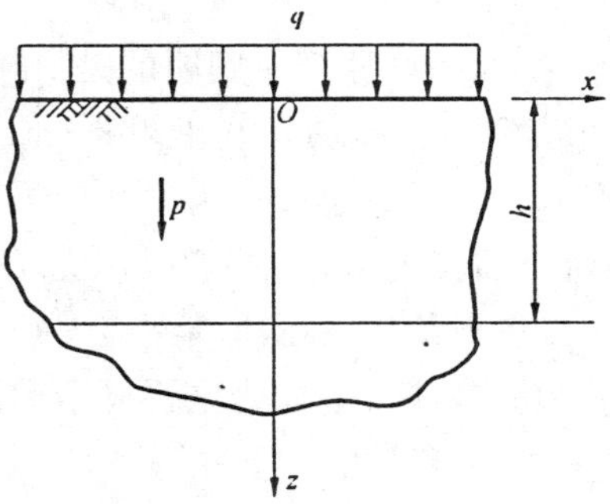

题 8-2 图

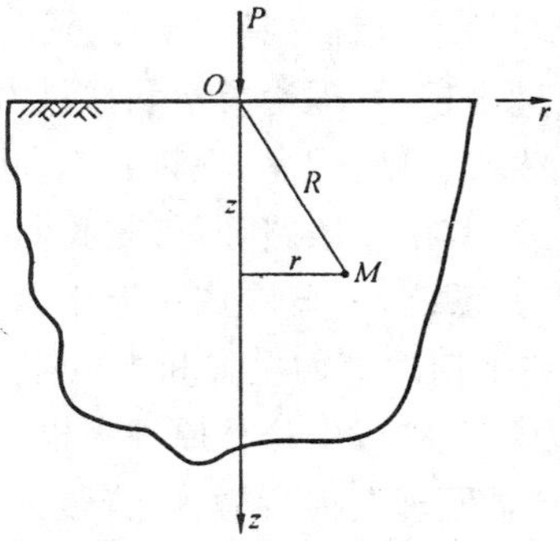

题 8-3 图

$$u = A_1\frac{rz}{R^3} + A_2\frac{r}{R(R+z)}; \qquad w = A_1\left[\frac{z^2}{R^3} + (3-4\mu)\frac{1}{R}\right] + A_2\frac{1}{R};$$

式中：$R = \sqrt{r^2 + z^2}$。试确定常数 A_1 和 A_2，并完成本题解答。

第九章* 能量原理·变分解法

§9-1 概 述

众所周知，弹塑性力学的基本理论早在19世纪初就已建立。关于一般的弹塑性力学的问题，共有15个基本未知量：6个应力分量，6个应变分量和3个位移分量。基本方程也是15个：3个平衡微分方程，6个几何方程和6个本构方程。15个未知量由15个泛定方程再加上边界条件即可求解。并且可以证明(王龙甫，1979)：满足15个基本方程的弹性力学问题的解答是唯一的。这就是说，若能求得解，则该解就是唯一的。具体解题方程基本上分为按位移求解和按应力求解两种方法。前者归结为在给定的边界条件下求解以位移表示的平衡微分方程；后者则归结为在给定的边界条件下求解以应力表示的平衡微分方程以及相容方程。虽然理论已近完善，尤其是弹性理论。但真正能够求得精确的函数解的工程实际问题，仍是少数。由于数学上的困难，很多弹塑性力学的工程问题的精确解答是不容易求得的。为满足生产发展的需要，人们除了大量采用实测方法解决问题外，也提出了许多能够提供足够精度且行之有效的近似解法。无疑，寻求问题的近似解答具有十分重要的意义。

通过物理学、理论力学和材料力学等多门课程的学习知，力学原理所阐明的是机械运动的根本规律或法则。但是，在以什么原理作为根本规律的问题上，经典力学在沿着不同的两条路径发展着。其中一条路径，就是我们所熟知的“矢量力学”，它以牛顿定律作为根本依据。它把任何的机械系统，一概看成由若干个质点所组成。其中每个质点的运动，都遵循矢量方程 $\boldsymbol{F}=m\boldsymbol{a}$，或在平衡时遵循主矢和主矩等于零的原则。另一条路径则是建立在功、能概念为基础上的“能量力学”，它以虚位移原理为根本依据，由此导出的以功、势能及动能为主要概念的原理，称之为“能量原理”。前者做为“矢量力学”，较为直观、易懂，但在有些情况下并不方便；后者做为“能量力学”，由于是从能量角度出发，它提出的一般是一种综合性的原则。所以它不够直观，较为抽象而不易理解。尽管如此，能量原理与矢量力学一样，都是具有普遍意义和同等精确性的理论。

在弹塑性力学的各种近似解法中，基于能量原理的变分解法是弹塑性力学中常用的一种近似解法。弹性力学中的变分法是把弹性力学方程的定解问题用相应的变分原理来代替。与平衡条件相应的有虚位移原理和最小势能原理；与相容条件相应的有虚应力原理和最小余能原理。本章我们仅介绍虚位移原理和最小势能原理，并使用相应的变分方程，讨论问题的近似解法。

§9-2 虚位移原理·最小势能原理

9-2-1 虚位移原理

设有一变形体处于平衡状态,则其平衡条件为:

$$\sigma_{ij,j} + F_i = 0 \tag{9-1}$$

其应力边界条件为:

$$\sigma_{ij}l_j - \overline{F_i} = 0 \qquad (在 S_F 上) \tag{9-2}$$

上两式中,F_i 和$\overline{F_i}$ 分别为物体的体力分量和面力分量,S_F 为给定面力的边界面。

设该变形体存在一组满足相容条件的位移分量 u_i 和应变分量 ε_{ij}。这就是说它们满足几何方程(3-2)和位移边界条件(2-51)。现在考虑这组位移和应变在不破坏相容条件的情况下产生**虚位移** δu_i **和虚应变** $\delta\varepsilon_{ij}$。无疑,虚位移 δu_i 是弹性体几何约束许可的、任意的、微小的位移,由此而产生的实际力系在虚位移 δu_i 上所做的功,叫做**虚功**。

根据实功原理式(4-11):$W_e + W_i = 0$,我们针对上述虚位移,可有下述**虚位移原理**(又称**虚功原理**):**固体处于平衡状态的必要与充分条件是:对于任意的、满足相容条件的虚位移 δu_i,外力所做的总虚功 δW 等于固体的总虚应变能 δU。**

我们知道,外力的总虚功 δW 为实际的体力 F_i 和面力$\overline{F_i}$ 在虚位移 δu_i 上所做的功,即:

$$\delta W = \int_V F_i\delta u_i \mathrm{d}V + \int_{S_F} \overline{F_i}\delta u_i \mathrm{d}S \tag{9-3}$$

参照第四章第三节讨论所得式(4-14)和式(4-15),可知固体在产生虚应变 $\delta\varepsilon_{ij}$ 的过程中,其体内的总虚应变能 δU 为:

$$\delta U = \int_V \sigma_{ij}\delta\varepsilon_{ij}\mathrm{d}V \tag{9-4}$$

于是上述虚功原理的数学表达式为 $\delta W = \delta U$,即:

$$\int_V \sigma_{ij}\delta\varepsilon_{ij}\mathrm{d}V = \int_V F_i\delta u_i \mathrm{d}V + \int_{S_F} \overline{F_i}\delta u_i \mathrm{d}S \tag{9-5}$$

其展开式为:

$$\begin{aligned}&\iiint_V (\sigma_x\delta\varepsilon_x + \sigma_y\delta\varepsilon_y + \sigma_z\delta\varepsilon_z + \tau_{xy}\delta\gamma_{xy} + \tau_{yz}\delta\gamma_{yz} + \tau_{zx}\delta\gamma_{zx})\mathrm{d}V \\ &= \iiint_V (F_x\delta u + F_y\delta v + F_z\delta w)\mathrm{d}V + \iint_{S_F} (\overline{F_x}\delta u + \overline{F_y}\delta v + \overline{F_z}\delta w)\mathrm{d}S\end{aligned} \tag{9-6}$$

式(9-5)或式(9-6)即为虚功原理的位移变分方程。关于虚位移原理的证明请参见有关教材(王龙甫,1979)。

由以上讨论说明:虚位移原理的位移变分方程(9-6)与固体的平衡微分方程和应力边界条件是等价的。就是说,虚位移方程的成立与固体处于平衡状态等价。因此,在应用虚位移方程求解问题时,所选取的解不必预先满足平衡微分方程和应力边界条件,但必须满足几何位移边界条件:

$$u_i = \overline{u_i} \qquad 或 \qquad \delta u_i = 0 \qquad (在 S_u 上) \tag{9-7}$$

及变形连续性条件:

$$\delta\varepsilon_{ij} = \frac{1}{2}(\delta u_{i,j} + \delta u_{j,i}) \tag{9-8}$$

此外需指出，在上述虚位移原理的推导中，始终未涉及材料的本构关系。因此，虚位移原理对弹性体、弹塑性体和理想塑性体等都是适用的。

例 9-1 试用虚位移原理求图 9-1 所示梁的挠度曲线，并求出 $a=\dfrac{l}{2}$ 处的挠度值（忽略剪切变形的影响）。

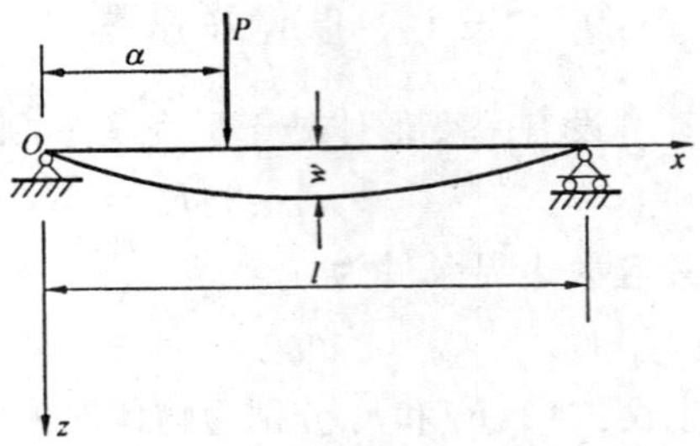

图 9-1

解 设挠度曲线为：

$$w=\sum_{n=1}^{\infty}a_n\sin\frac{n\pi x}{l} \tag{1}$$

应变能为：

$$U=\frac{EI}{2}\int_0^l\left(\frac{\mathrm{d}^2w}{\mathrm{d}x^2}\right)^2\mathrm{d}x=\frac{EI\pi^4}{4l^3}\sum_{n=1}^{\infty}n^4a_n^2 \tag{2}$$

使挠度曲线级数中任一个系数 a_n 有一变分，就可得到一个以真实位移算起的虚位移

$$\delta w=\delta a_n\sin\frac{n\pi x}{l} \tag{3}$$

与之相应的应变能的变化为：

$$\frac{\partial U}{\partial a_n}\delta a_n=\frac{EI\pi^4}{2l^3}n^4a_n\delta a_n \tag{4}$$

外力 P 在虚位移过程中所作的功为：

$$\delta W=P\delta a_n\sin\frac{n\pi a}{l} \tag{5}$$

应用虚位移原理 $\delta W=\delta U$，可得：

$$\frac{EI\pi^4}{2l^3}n^4a_n\delta a_n=P\delta a_n\sin\frac{n\pi a}{l} \tag{6}$$

由此得：

$$a_n=\frac{2Pl^3\sin\dfrac{n\pi a}{l}}{EIn^4\pi^4} \tag{7}$$

挠度曲线为：

$$w=\frac{2Pl^3}{EI\pi^4}\sum_{n=1}^{\infty}\frac{\sin\dfrac{n\pi a}{l}\sin\dfrac{n\pi x}{l}}{n^4} \tag{8}$$

当 P 力作用在梁跨度中间处（即 $a=l/2$）得：

$$(w)_{x=\frac{l}{2}}=\frac{2Pl^3}{EI\pi^4}\left(1+\frac{1}{3^4}+\frac{1}{5^4}+\cdots\right) \tag{9}$$

如只取级数的第一项 a_1，可得：

$$(w)_{x=\frac{l}{2}}=\frac{2Pl^3}{\pi^4EI}=\frac{Pl^3}{48.7EI} \tag{10}$$

9-2-2 最小势能原理

从虚位移原理的表达式，即位移变分方程（9-5）或式（9-6），还可以推导出更便于应用的最小势能原理。

我们注意到，当给出弹性体的虚位移时，外力仍保持不变。因此式（9-5），也即：$\delta U=\delta W$ 中的运算符号 δ 可以提出积分号外，也即：

$$\delta(U - W) = 0 \tag{9-9}$$

而式(9-9)中，

$$W = \iiint_V F_i u_i \mathrm{d}x\mathrm{d}y\mathrm{d}z + \iint_{S_F} \overline{F}_i u_i \mathrm{d}S \tag{9-10}$$

显然，W 所代表的是一定的外力(包括体积力 F_i 和面力 $\overline{F}_i$)在位移 u_i 上所作的功。假定外力是势力场中的力，则 $-W$ 等于外力的势能。若设弹性系统的总势能为 Π，则有下式成立，即：

$$\Pi = U - W \tag{9-11}$$

因此，式(9-9)表明，对于受到一定外力作用而平衡的弹性体，在一切可能的位移组合中，真实位移的特点是：**当弹性系统由此平衡位置稍有偏离时，整个系统势能的一阶变分等于零。**

再进一步指出，由微分学知，等式：$\mathrm{d}f = 0$，说明函数 f 有极值。显然，运算符号 δ 也应有同样的性质。因此，等式：

$$\delta\Pi = \delta(U - W) = 0 \tag{9-12}$$

表明弹性系统在平衡位置时，其势能有极值，也就是其总势能为最小值或最大值。对于稳定的平衡状态来说，物体偏离平衡状态而有虚位移时，其总势能的增量恒为正。由此，经研究可证明，总势能 Π 的二阶变分为正。因此，在稳定的平衡状态，系统的总势能为最小值。于是，我们得出**最小势能原理：在所有满足给定几何边界条件的位移场中，真实的位移场乃是使系统的总势能取最小值，且能够满足平衡条件的位移场。**

显然，在按位移求解时，这是一个方便的判据。

特别应该指出，最小势能原理所表示的平衡条件，包括了边界 S_F 上边界点的平衡条件，也即，包括了用表面力表示的边界条件。原因是最小势能原理是来自弹性体的虚位移原理(即虚功原理)，而后者表示的是弹性体内全部点的平衡，其中也包括了 S_F 上点的平衡条件。因此，当我们用最小势能原理作判据时，已经考虑了 S_F 上的边界条件，而不必另作考虑。

实际上由于变分法(泛函求极值)的应用，使解题方法大为方便，并且扩大了解题的范围，为近似解提供了基础。在近似解法中，最小势能原理是瑞次法的理论基础。

例 9-2 有一两端固定的梁，跨度为 l。抗弯刚度为 EI，在梁中点处受集中力 P 作用，如图 9-2 所示。试用最小势能原理求梁中点的挠度。

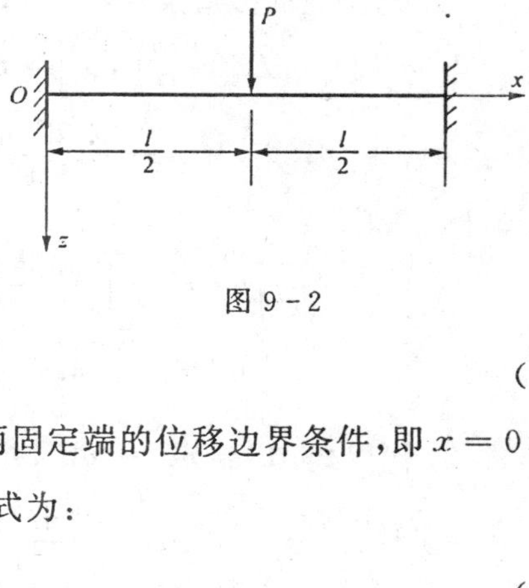

图 9-2

解 设梁仅在 xOz 平面内产生弯曲，且沿 x 轴的位移因微小而忽略不计，即有 $u = v = 0$。沿 z 方向的位移函数设为：

$$w = \frac{A}{2}\left(1 - \cos\frac{2\pi x}{l}\right) \tag{1}$$

其中，A 为待定常数。式(1)表示的梁挠曲线方程满足梁两固定端的位移边界条件，即 $x = 0$ 和 $x = l$ 时，都有 $w = 0$，$\frac{\mathrm{d}w}{\mathrm{d}x} = 0$。现计算梁的应变能，其公式为：

$$U = \frac{EI}{2}\int_0^l \left(\frac{\mathrm{d}^2 w}{\mathrm{d}x^2}\right)^2 \mathrm{d}x \tag{2}$$

由式(1)得：

$$\left(\frac{\mathrm{d}^2 w}{\mathrm{d}x^2}\right)^2 = 4A^2 \frac{\pi^4}{l^4}\cos^2\left(\frac{2\pi x}{l}\right) \tag{3}$$

代入式(2)积分后，得：

$$U = A^2 EI \frac{\pi^4}{l^3} \tag{4}$$

外力只有集中力 P，且作用在 $x = \frac{l}{2}$ 处，故外力势能为：

$$W = P(w)_{x=\frac{l}{2}} = AP \tag{5}$$

按最小势能原理，有：

$$\delta(U - W) = \delta\left(A^2 EI \frac{\pi^4}{l^3} - AP\right) = 0 \tag{6}$$

得到：

$$A = \frac{Pl^3}{2EI\pi^4} \tag{7}$$

将式(7)代入挠曲线方程(1)，当取 $x = \frac{l}{2}$ 时，得到梁中点处的挠度值为：

$$(w)_{x=\frac{l}{2}} = \frac{A}{2}(1 - \cos\pi) = \frac{Pl^3}{2EI\pi^4}$$

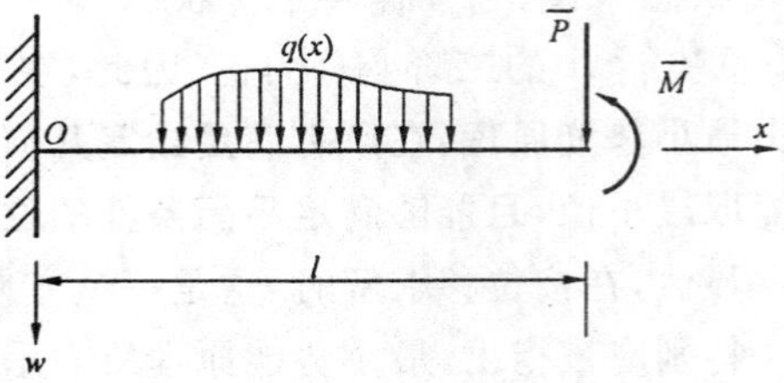

图 9-3

例 9-3 试应用最小势能原理导出图 9-3 所示悬臂梁的平衡方程和力的边界条件。

解 因梁的总势能的极值条件等价于梁的平衡条件，所以可由梁的总势能的极值条件求得梁的平衡方程和自由端处力的边界条件。

按照图 9-3 所示外力的方向，梁的总势能为：

$$\Pi = U - W = \frac{1}{2}\int_0^l EI\left(\frac{d^2 w}{dx^2}\right)^2 dx - \int_0^l q(x)w(x)dx - \overline{P}w(l) - \left[-\overline{M}\left(\frac{dw}{dx}\right)_{x=l}\right] \tag{1}$$

式中最后一项第一个负号是原有的，第二个负号是由于外力偶 M 与杆端转角 $w'(l) = \left(\frac{dw}{dx}\right)_{x=l}$ 反向，故二者乘积取负号。

列出总势能的极值条件： $\delta\Pi = \delta U - \delta W$

$$\delta U = \delta\left[\frac{1}{2}\int_0^l EI\left(\frac{d^2 w}{dx^2}\right)^2 dx\right] = EI\int_0^l \frac{d^2 w}{dx^2}\delta\left(\frac{d^2 w}{dx^2}\right)dx = -\int_0^l M\delta\left(\frac{d^2 w}{dx^2}\right)dx \tag{2}$$

式(2)中，M 为弯矩，$M = -EI\frac{d^2 w}{dx^2}$，$EI$ 为梁的弯曲刚度，负号表明 W 轴指向向下。对式(2)做分部积分，则得：

$$-\int_0^l M\delta\left(\frac{d^2 w}{dx^2}\right)dx = -\int_0^l M\frac{d}{dx}\left[\delta\left(\frac{dw}{dx}\right)\right]dx = -\left[M\delta\left(\frac{dw}{dx}\right)\right]_0^l + \int_0^l \frac{dM}{dx}\delta\left(\frac{dw}{dx}\right)dx$$

$$= -\left[M\delta\left(\frac{dw}{dx}\right)\right]_0^l + \left[\frac{dM}{dx}\delta w\right]_0^l - \int_0^l \frac{d^2 M}{dx^2}\delta w dx \tag{3}$$

将式(3)代回式 $\delta\Pi = \delta U - \delta W$，并注意到在 $x = 0$ 处 $\delta w = \delta\left(\frac{dw}{dx}\right) = 0$，经整理，得：

$$-\int_0^l\left(\frac{d^2 M}{dx^2} + q\right)\delta w dx + \left[\frac{dM(l)}{dx} - \overline{P}\right]\delta w(l) - [M(l) - \overline{M}]\delta w'(l) = 0 \tag{4}$$

由于 δw 的任意性，于是得到：

$$\frac{d^2 M}{dx^2} + q = 0 \quad (0 \leqslant x \leqslant l) \tag{5}$$

$$\left.\begin{aligned} \frac{\mathrm{d}M(l)}{\mathrm{d}x} &= \overline{P} \quad (x = l) \\ M(l) &= \overline{M} \quad (x = l) \end{aligned}\right\} \tag{6}$$

式(5)即为梁的平衡方程，式(6)即为自由端力的边界条件。从数学上看，式(5)即变分法中的欧拉方程，而式(6)即自然边界条件。

例 9-4 已知如图 9-4 所示悬臂梁，其跨度为 l，抗弯刚度为 EI，在自由端受集中载荷 P 的作用，试用最小势能原理求梁的最大挠度值。

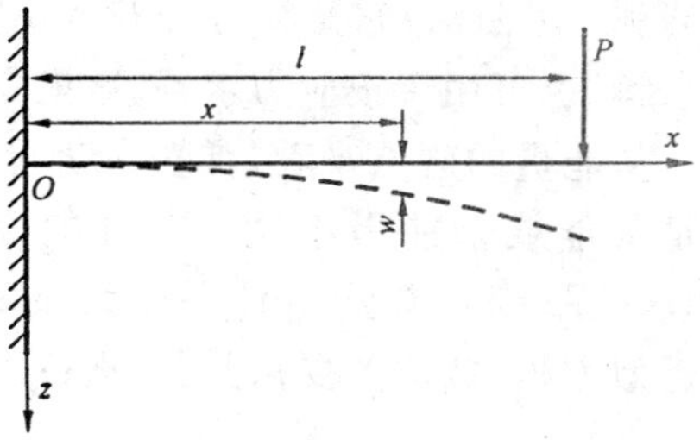

图 9-4

解 设梁的挠度曲线为：

$$w = a_2x^2 + a_3x^3 \tag{1}$$

它满足 $(w)_{x=0} = 0, \left(\frac{\mathrm{d}w}{\mathrm{d}x}\right)_{x=0} = 0$ 的固定端的边界条件。

以下用最小势能原理来确定参数 a_2 和 a_3。

梁的弹性应变能为：

$$U = \frac{EI}{2}\int_0^l \left(\frac{\mathrm{d}^2w}{\mathrm{d}x^2}\right)^2 \mathrm{d}x = \frac{EI}{2}\int_0^l (2a_2 + 6a_3x)^2 \mathrm{d}x \tag{2}$$

外力势能为：

$$W = P(w)_{x=l} = P(a_2l^2 + a_3l^3) \tag{3}$$

则梁的总势能为：

$$\Pi = U - W = \frac{EI}{2}\int_0^l (2a_2 + 6a_3x)^2 \mathrm{d}x - P(a_2l^2 + a_3l^3) \tag{4}$$

应用最小势能原理：$\delta\Pi = \delta(U - W)$，即：

$$\frac{\partial \Pi}{\partial a_2}\delta a_2 + \frac{\partial \Pi}{\partial a_3}\delta a_3 = 0 \tag{5}$$

可得：

$$\left.\begin{aligned} \frac{\partial \Pi}{\partial a_2} &= \frac{EI}{2}\int_0^l 4(2a_2 + 6a_3x)\mathrm{d}x - Pl^2 = 0 \\ \frac{\partial \Pi}{\partial a_3} &= \frac{EI}{2}\int_0^l 12x(2a_2 + 6a_3x)\mathrm{d}x - Pl^3 = 0 \end{aligned}\right\} \tag{6}$$

积分式(6)，可得下列联立方程式：

$$\left.\begin{aligned} 2a_2l + 3a_3l^2 &= \frac{Pl^2}{2EI} \\ a_2l + 2a_3l^2 &= \frac{Pl^2}{6EI} \end{aligned}\right\} \tag{7}$$

解式(7)得：$a_2 = \frac{Pl}{2EI}$；$a_3 = -\frac{P}{6EI}$；将 a_2 和 a_3 代入式(1)得梁挠度曲线和梁的最大挠度分别为：

$$w = \frac{Pl}{6EI}x^2\left(3 - \frac{x}{l}\right); \qquad w_{\max} = (w)_{x=l} = \frac{Pl^3}{3EI}$$

§9-3 瑞利-里兹法及其应用

9-3-1 瑞利-里兹法

介绍了可作为判据的能量原理之后，我们再对基于能量原理的近似解法做一介绍。本节介绍瑞利-里兹法，它是变分问题近似解法的一种。对于弹性力学问题，此法不仅可以用于按位移求解，也可用于按应力求解。这里我们只介绍按位移求解。

从能量的观点来看，弹性力学问题的求解，可归结为主要是寻求既能满足边界条件，又能满足势能或余能最小这一条件的位移函数或应力分量函数（王龙甫，1979）。1909 年，里兹(Ritz) 在瑞利(Rayleigh) 关于无限多自由度振动问题研究的基础上，提出了一个求上述函数的近似方程。此法的要点是：先把待求函数近似地用系数未定的多项式表示，即取：

$$\varphi = a_0\varphi_0 + a_1\varphi_1 + a_2\varphi_2 + \cdots + a_n\varphi_n = \sum_{i=1}^{n} a_i\varphi_i \tag{9-13}$$

式中，多项式的每一个函数 $\varphi_0, \varphi_1, \varphi_2, \cdots, \varphi_n$ 都能满足边界条件。若按位移求解，φ 即为待求的位移分量函数，则每一个 φ_i 函数都使它能满足几何边界条件。而式中的 $a_0, a_1, a_2, \cdots, a_n$ 则是待定系数。再将式(9-13) 所设的待求函数代入势能计算式中，并进行积分。由于 φ_i 都是已知函数，积分后所得的势能泛函 Π，将是待定系数 a_i 的函数。最后，由最小势能原理来确定各个系数。这时极值条件应表示为

$$\frac{\partial \Pi}{\partial a_0} = 0; \quad \frac{\partial \Pi}{\partial a_1} = 0; \quad \frac{\partial \Pi}{\partial a_2} = 0; \cdots; \quad \frac{\partial \Pi}{\partial a_n} = 0 \tag{9-14}$$

式(9-14) 是含有 n 个待定系数的代数方程组。求解时，再将确定的系数 a_i 代回式(9-13)，即得问题的近似解答。

当在式(9-13) 中取有限个项数时，则表明并非是在一切满足位移边界条件的容许位移中来寻求真解（因为这时的位移表达式不可能将所有满足位移边界条件的容许位移都包含进去），而是在缩小了的范围（取有限项）内寻求解答，所以，瑞利-里兹法得到的一般是近似解。通常取的项数愈多，函数 φ_i 选得愈好，则解的精确程度愈高。瑞利-里兹法的误差不易判定，一般可以递次增加所选位移函数的项数来解题并比较其结果，如收敛较快，则所得近似解的精确度就较为可靠。

求得位移分量后，不难由几何方程求得应变分量，再由物理方程求得应力分量。但有时往往出现这样的情况：取不多的项数就可求得较精确的位移，而由此求得的应力解却误差较大。为了求得的应力充分精确，必须取足够多的项数。

9-3-2 瑞利-里兹法的应用举例

例 9-5 有一简支梁，跨度为 l，设坐标原点放在梁的左端，承受均匀分布载荷 q 的作用，试用瑞利-里兹法求此梁的最大挠度与最大弯矩。

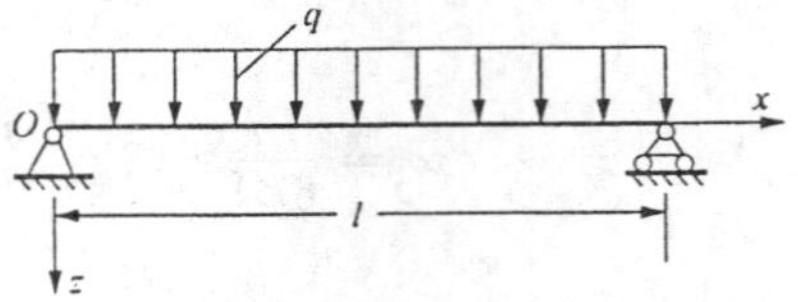

图 9-5

解 （一）若选梁的挠度曲线为

$$w = a_1 \sin\frac{\pi x}{l} \tag{1}$$

它能满足梁的边界条件：

$$\left.\begin{array}{lll} x=0\text{ 处：} & w=0; & \dfrac{\mathrm{d}^2w}{\mathrm{d}x^2}=0 \\ x=l\text{ 处：} & w=0; & \dfrac{\mathrm{d}^2w}{\mathrm{d}x^2}=0 \end{array}\right\} \tag{2}$$

该梁的弹性势能（弹性应变能）U、外力势功（外力功）W 和总势能 Π 分别列出如下：

$$U=\frac{EI}{2}\int_0^l\left(\frac{\mathrm{d}^2w}{\mathrm{d}x^2}\right)^2\mathrm{d}x$$

$$=\frac{EI}{2}\int_0^l\left(\frac{\pi^2a_1}{l}\right)^2\sin^2\frac{\pi x}{l}\mathrm{d}x=\frac{\pi^4EI}{4l^3}a_1^2 \tag{3}$$

$$W=\int_0^l qw\mathrm{d}x=\int_0^l qa_1\sin\frac{\pi x}{l}\mathrm{d}x=2q\frac{l}{\pi}a_1 \tag{4}$$

$$\Pi=U-W=\frac{\pi^4EI}{4l^3}a_1^2-2q\frac{l}{\pi}a_1 \tag{5}$$

应用瑞利－里兹法，由 $\dfrac{\partial\Pi}{\partial a_1}=0$ 得：

$$\frac{\pi^4EIa_1}{2l^3}-2q\frac{l}{\pi}=0 \tag{6}$$

由此得：

$$a_1=\frac{4}{\pi^5}\frac{ql^4}{EI}=0.013\,07\frac{ql^4}{EI}=w_{\max} \tag{7}$$

$w_{\max}$ 与精确解比较，其误差仅为 0.4%，可算是足够精确的。再利用

$$M(x)=-EI\frac{\mathrm{d}^2w}{\mathrm{d}x^2}=\frac{4}{\pi^3}ql^2\sin\frac{\pi x}{l} \tag{8}$$

可得：

$$M_{\max}=(M)_{x=\frac{l}{2}}=\frac{4}{\pi^3}ql^2=0.129ql^2 \tag{9}$$

与精确解：$M_{\max}=ql^2/8=0.125ql^2$ 相比，误差为 3.2%，这是由于对近似挠曲线的二阶导数所致。

（二）若再选梁的挠度曲线为：

$$w=a_1\sin\frac{\pi x}{l}+a_3\sin\frac{3\pi x}{l} \tag{10}$$

式(9)亦能满足前述的边界条件式(2)。列出 U、W 和 Π 为：

$$U=\frac{EI}{2}\int_0^l\left(\frac{\mathrm{d}^2w}{\mathrm{d}x^2}\right)^2\mathrm{d}x$$

$$=\frac{EI}{2}\int_0^l\left[\frac{\pi^4}{l^4}a_1^2\sin^2\left(\frac{\pi x}{l}\right)+\frac{18\pi^4}{l^4}a_1a_3\sin\frac{\pi x}{l}\sin\frac{3\pi x}{l}+\frac{81\pi^4}{l^4}a_3^2\sin^2\left(\frac{3\pi x}{l}\right)\right]\mathrm{d}x$$

$$=\frac{EI}{2}\left(\frac{\pi^4a_1^2}{l^4}\frac{l}{2}+\frac{81\pi^4a_3^2}{l^4}\frac{l}{2}\right)=\frac{\pi^4EI}{4l^3}(a_1^2+81a_3^2) \tag{11}$$

$$W=\int_0^l qw\mathrm{d}x=\int_0^l q\left(a_1\sin\frac{\pi x}{l}+a_3\sin\frac{3\pi x}{l}\right)\mathrm{d}x=\frac{2ql}{\pi}\left(a_1+\frac{a_3}{3}\right) \tag{12}$$

$$\Pi=U-W=\frac{\pi^4EI}{4l^3}(a_1^2+81a_3^2)-\frac{2ql}{\pi}\left(a_1+\frac{a_3}{3}\right) \tag{13}$$

应用瑞利－里兹法可得：

$$\left.\begin{array}{l} \dfrac{\partial\Pi}{\partial a_1}=\dfrac{\pi^4EI}{2l^3}a_1-\dfrac{2ql}{\pi}=0 \\ \dfrac{\partial\Pi}{\partial a_3}=\dfrac{81\pi^4EI}{2l^3}a_3-\dfrac{2ql}{3\pi}=0 \end{array}\right\} \tag{14}$$

解上述联立方程(14)，可得参数 a_1、a_3 分别为：

$$a_1 = \frac{4ql^4}{\pi^5 EI}; \qquad a_3 = \frac{4ql^4}{243\pi^5 EI} \tag{15}$$

故挠曲线方程为：

$$w = \frac{4ql^4}{\pi^5 EI}\left(\sin\frac{\pi x}{l} + \frac{1}{243}\sin\frac{3\pi x}{l}\right) \tag{16}$$

$$w_{\max} = (w)_{x=\frac{l}{2}} = \frac{242}{243}\frac{4ql^4}{\pi^5 EI} = 0.013\ 016\frac{ql^4}{EI} \tag{17}$$

$w_{\max}$ 的值与其精确解

$$w_{\max} = \frac{5ql^4}{384EI} = 0.013\ 021\frac{ql^4}{EI} \tag{18}$$

相比较，误差仅为 -0.04%。而梁的最大弯矩

$$M_{\max} = \frac{26}{27}\frac{4ql^2}{\pi^3} = 0.124\ 2ql^2 \tag{19}$$

与其精确解相比，误差仅为 -0.6%。

习　题

9-1　根据弹性力学中应变能的一般表达式，求出材料力学中在一定假设下的直杆轴向拉伸、直梁平面弯曲和圆轴扭转变形时的应变能公式。

9-2　试推导出以下体积变形应变能 U_V 与形状变形应变能 U_f 公式：

$$U_V = \iiint_V \frac{1-2\mu}{6E}(\sigma_x + \sigma_y + \sigma_z)^2 \mathrm{d}V$$

$$U_f = \iiint_V \frac{1+\mu}{6E}[(\sigma_x - \sigma_y)^2 + (\sigma_y - \sigma_z)^2 + (\sigma_z - \sigma_x)^2 + 6(\tau_{xy}^2 + \tau_{yz}^2 + \tau_{zx}^2)]\mathrm{d}V$$

9-3　已知截面为 A 的等直杆受到轴向力 P 的拉伸作用，试求此杆的体积变形应变能 U_V、形状变形应变能 U_f 与总应变能 U 的比值随泊松比 μ 的变化。

9-4　试用虚位移原理求图示梁的挠度曲线，已知 $EI =$ 常数。设：

$$w = a_1 \sin\frac{\pi x}{l},$$

式中 a_1 为待定系数。

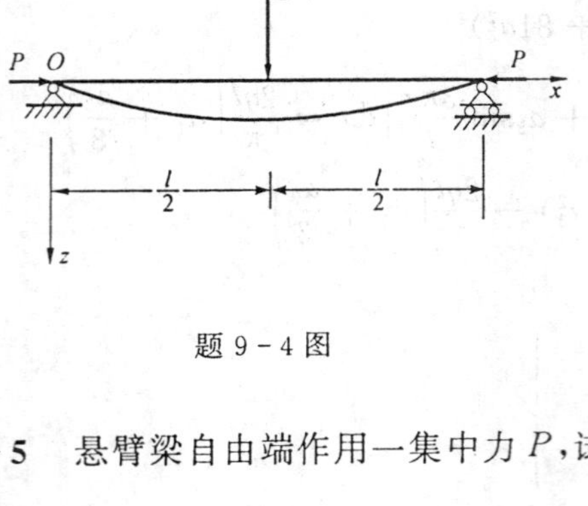

题 9-4 图

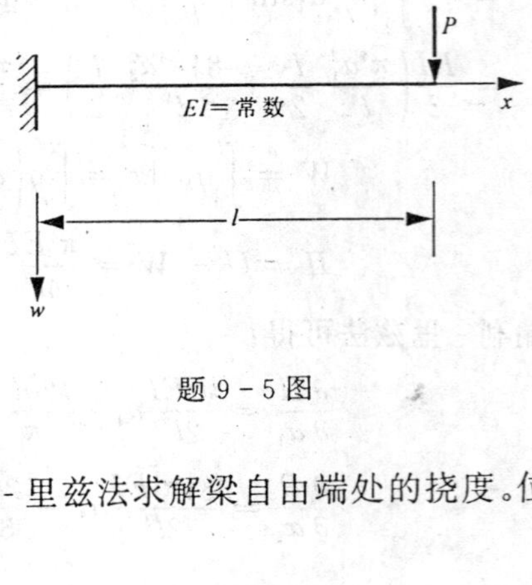

题 9-5 图

9-5　悬臂梁自由端作用一集中力 P，试用瑞利-里兹法求解梁自由端处的挠度。位移函

数选为：　　$w = A_1x^2 + A_2x^3 + A_3x^4 + \cdots$

9-6　试以简支梁的弯曲问题为例，应用虚位移原理或最小势能原理，导出梁的平衡微分方程和力的边界条件。

9-7　已知一悬臂梁，跨度为l，承受均匀分布载荷q的作用，q指向朝下。梁的抗弯刚度EI为常数，梁的左端固定，右端自由。设挠度曲线函数为：

$$w = a_1\left(1 - \cos\frac{\pi x}{2l}\right)$$

试用瑞利－里兹法求梁的最大挠度。

附录 I 张量的概念·下标记号法·求和约定

§ I-1 张量的概念

张量分析是研究固体力学、流体力学及连续介质力学的重要数学工具，并在力学中得到广泛应用。张量分析具有高度概括、形式简洁的特点。通常张量分析是作为高年级学生或研究生的选修课或常规课在一些院校中开设。下面仅就本教程所涉及的一些张量基本概念及表示方法做一简单介绍。

任一物理现象都是按照一定的客观规律进行的，它们是不以人们的意志为转移的。但是在研究、分析这一物理现象时，人们采用的方法和工具则是由人们的意志所决定的。无数事实证明，研究方法和工具的选用与人们当时对客观事物的认识水平有关，而研究方法和工具的好坏则直接关系到求解问题的繁简程度。

在力学研究中，人们总希望以某种方式来表示物理量，并希望在以这种方式表示物理量时与坐标系的选择无关（所谓与坐标系选取无关就是指与坐标变换无关。坐标变换包括三种变换，即坐标平移变换、旋转变换和反射变换。）。我们定义：所有与坐标系选取无关的量，统称为**物理恒量**。例如我们所熟知的物理量：温度、质量、力所做的功、力、位移、速度和加速度，以及应力、应变等都是物理恒量。

在一定单位制下，只需指明其大小即足以被说明的物理量，统称为**标量**。显然，物体的温度、质量、力所做的功等物理量都是标量。并且它们都与坐标变换无关，亦称为**绝对标量**。在一定单位制下，除指明其大小还应指出其方向的物理量，称为**矢量**。显然，物体的速度、加速度等都是矢量。并且它们都与坐标变换无关，亦称为**绝对矢量**。无疑，绝对标量只需一个量就可确定，而绝对矢量则需三个分量来确定。

在讨论力学问题时，仅引进标量和矢量的概念是不够的，有许多物理量已超出标量和矢量的范围，如应力状态、应变状态、惯性矩、弹性模量等物理量。例如应力状态，关于一点的应力状态我们是通过该点微截面上的应力分量来具体描述的。而过一点某微截面上的应力分量的值，既与该截面的外法线方位有关，同时也与该应力分量的指向有关。因此，应力状态是一个具二重取向特性的物理量。由一点应力状态理论（解析理论或几何作图理论）的研究知，在三维空间，这种具二重取向特性的物理量，需用九个分量才能确定和描述，并且不会因坐标系的变换而改变其客观性。

若我们以 r 表示维度，以 n 表示幂次，则关于三维空间，描述一切物理恒量的分量数目可统一地表示成：

$$M = r^n = 3^n \tag{I-1}$$

显然，关于标量只有一个分量，对应于 $n = 0$，则 $M = r^n = 3^0 = 1$；

关于矢量有三个分量，对应于 $n = 1$，则 $M = r^n = 3^1 = 3$；

关于应力状态有九个分量，对应于 $n = 2$，则 $M = r^n = 3^2 = 9$；

关于应力梯度有 27 个分量，对应于 $n = 3$，则 $M = r^n = 3^3 = 27$；

……

为了便于讨论，现令 n 为这些物理量的阶次，并统一称这些物理量为张量。于是，标量可称为**零阶张量**，矢量可称为**一阶张量**，应力、应变和惯性矩等可称为**二阶张量**(二阶张量也常简称为张量)，应力梯度则可称为**三阶张量**，…… 需要指出的是，二阶以上的张量已不可能在三维空间有明显直观的几何意义，但它做为物理恒量，其分量间可由变换关系式来解析定义。

下面介绍与张量分析有关的下标记号法与求和约定。讨论仅限于笛卡尔直角坐标系，且一般指三维空间。

§ I-2　下标记号法

本教程中采用下标记号法。

关于一阶以上的张量，都需用一组分量(标量)才能描述，而这些分量都与坐标系相关。为了书写上的方便，在张量的记法中，都采用下标字母符号，来表示和区别该张量的所有分量。这种表示张量的方法，就称为**下标记号法**。例如：(仅限三维空间讨论)一点的坐标为(x,y,z)，可写成(x_1,x_2,x_3)，并用 $x_i(i = 1,2,3)$ 表示；又如一点的应力状态为 σ_x、σ_y、σ_z、$\tau_{xy} = \tau_{yx}$、$\tau_{yz} = \tau_{zy}$、$\tau_{zx} = \tau_{xz}$，可写成 σ_{xx}、σ_{xy}、σ_{xz}、σ_{yx}、σ_{yy}、σ_{yz}、σ_{zx}、σ_{zy}、σ_{zz}，并用 $\sigma_{ij}(i、j = x,y,z)$ 来表示；……。

若按下标记号法的规则来表示一个张量时，在一个给定项内，一个下标符号可以出现一次或两次。一般情况下，重复的下标符号不能多于两次。不重复出现的下标符号称为**自由标号**，自由标号应理解为在其变程 N(关于三维空间 $N = 3$) 内分别取数 $1,2,3,\cdots,N$，表示可罗列出 N 个分量；而重复出现的下标符号称为**哑标号或假标号**，哑标号应理解为取其变程 N 内所有分量，然后再求和，也即先罗列所有各分量，然后再求和。我们根据给定项内的下标符号中的自由标号的数量来确定该张量的阶数。例如：(下标符号变程取 $N = 3$)

A、λ、b 均为零阶张量；

a_i、$a_{ij}b_j$、F_{ikk}、$\varepsilon_{ijk}u_jv_k$ 均为一阶张量；

D_{ij}、a_{ijip}、$\sigma_{ij}u_kv_k$ 均为二阶张量；

而 C_{ijk} 则为三阶张量；C_{ijkl} 则为四阶张量。

§ I-3　求和约定

当一个下标符号在一项中出现两次时，这个下标符号应理解为取其变程 N 中所有的值，然后求和。这就叫做**求和约定**。例如：

$$a_ib_i = \sum_{i=1}^{3} a_ib_i = a_1b_1 + a_2b_2 + a_3b_3 \qquad (\text{I-2})$$

$$a_{ii} = \sum_{i=1}^{3} a_{ii} = a_{11} + a_{22} + a_{33} \qquad (\text{I-3})$$

$$a_{ij}b_j = \sum_{j=1}^{3} a_{ij}b_j = a_{i1}b_1 + a_{i2}b_2 + a_{i3}b_3 \qquad (\text{I-4})$$

$$a_{ij}b_ic_j = \sum_{i=1}^{3}\sum_{j=1}^{3} a_{ij}b_ic_j$$

$$= a_{11}b_1c_1 + a_{12}b_1c_2 + a_{13}b_1c_3$$
$$+ a_{21}b_2c_1 + a_{22}b_2c_2 + a_{23}b_2c_3$$
$$+ a_{31}b_3c_1 + a_{32}b_3c_2 + a_{33}b_3c_3 \tag{I-5}$$

$$a_{ii}^2 = \sum_{i=1}^{3} a_{ii}^2 = a_{11}^2 + a_{22}^2 + a_{33}^2 \tag{I-6}$$

$$(\sigma_{ii})^2 = \left(\sum_{i=1}^{3}\sigma_{ii}\right)^2 = (\sigma_{11} + \sigma_{22} + \sigma_{33})^2 \tag{I-7}$$

$$\sigma_{ij}\varepsilon_{ij} = \sum_{i=1}^{3}\sum_{j=1}^{3}\sigma_{ij}\varepsilon_{ij}$$
$$= \sigma_{11}\varepsilon_{11} + \sigma_{12}\varepsilon_{12} + \sigma_{13}\varepsilon_{13}$$
$$+ \sigma_{21}\varepsilon_{21} + \sigma_{22}\varepsilon_{22} + \sigma_{23}\varepsilon_{23}$$
$$+ \sigma_{31}\varepsilon_{31} + \sigma_{32}\varepsilon_{32} + \sigma_{33}\varepsilon_{33} \tag{I-8}$$

由于 σ_{ij} 和 ε_{ij} 均为二阶对称张量，则有 $\sigma_{12} = \sigma_{21}, \sigma_{23} = \sigma_{32}, \sigma_{31} = \sigma_{13}, \varepsilon_{12} = \varepsilon_{21}, \varepsilon_{23} = \varepsilon_{32}, \varepsilon_{31} = \varepsilon_{13}$。若引入剪应力符号 τ 和剪应变符号 γ，且令下标不同的应力分量和应变分量用 τ 和 γ 表示，则上式又可表示为：

$$\sigma_{ij}\varepsilon_{ij} = \sigma_{11}\varepsilon_{11} + \sigma_{22}\varepsilon_{22} + \sigma_{33}\varepsilon_{33} + 2(\sigma_{12}\varepsilon_{12} + \sigma_{23}\varepsilon_{23} + \sigma_{31}\varepsilon_{31})$$
$$= \sigma_1\varepsilon_1 + \sigma_2\varepsilon_2 + \sigma_3\varepsilon_3 + 2(\tau_{12}\gamma_{12} + \tau_{23}\gamma_{23} + \tau_{31}\gamma_{31}) \tag{I-9}$$

§ I-4　克罗尼克尔(Kronecker)符号 δ_{ij}

δ_{ij} 是张量分析中一个常见的基本符号。δ_{ij} 定义为：

$$\delta_{ij} = \begin{cases} 0, \text{当 } i \neq j \text{ 时} \\ 1, \text{当 } i = j \text{ 时} \end{cases} \quad (\text{若取变程 } N = 3) \tag{I-10}$$

由于 δ_{ij} 有两个自由下标符号，故为二阶张量，它表示了 9 个分量。如以矩阵表示，由 δ_{ij} 的定义，有：

$$\delta_{ij} = \begin{bmatrix} \delta_{11} & \delta_{12} & \delta_{13} \\ \delta_{21} & \delta_{22} & \delta_{23} \\ \delta_{31} & \delta_{32} & \delta_{33} \end{bmatrix} = \begin{bmatrix} 1 & 0 & 0 \\ 0 & 1 & 0 \\ 0 & 0 & 1 \end{bmatrix} \tag{I-11}$$

故 δ_{ij} 亦称为单位张量。克罗尼克尔符号 δ_{ij} 有下列性质：

① $\delta_{ij} = \delta_{ji}$，即克罗尼克尔符号的下标符号可以交换；

② 由于 $\delta_{11} = 1, \delta_{22} = 1, \delta_{33} = 1$，于是

$$\delta_{ii} = \delta_{11} + \delta_{22} + \delta_{33} = 3 \tag{I-12}$$

③ δ_{ij} 可简化连加式的书写，例如：

$$\left.\begin{aligned} \delta_{1m}a_m &= \delta_{11}a_1 + \delta_{12}a_2 + \delta_{13}a_3 = a_1 \\ \delta_{2m}a_m &= \delta_{21}a_1 + \delta_{22}a_2 + \delta_{23}a_3 = a_2 \\ \delta_{3m}a_m &= \delta_{31}a_1 + \delta_{32}a_2 + \delta_{33}a_3 = a_3 \end{aligned}\right\} \tag{a}$$

或统一写成

$$\delta_{im}a_m = a_i \tag{I-13}$$

④ 除此以外，对于连加式，也可类似地写成

$$\left.\begin{aligned} \delta_{1m}T_{mj} &= \delta_{11}T_{1j} + \delta_{12}T_{2j} + \delta_{13}T_{3j} = T_{1j} \\ \delta_{2m}T_{mj} &= T_{2j} \\ \delta_{3m}T_{mj} &= T_{3j} \end{aligned}\right\} \tag{b}$$

或统一写成：

$$\delta_{im}T_{mj} = T_{ij} \tag{I-14}$$

特别是当 $T_{mj} = \delta_{mj}$ 时，则：

$$\delta_{im}\delta_{mj} = \delta_{ij} \tag{I-15}$$

$$\delta_{ij}\delta_{ij} = \delta_{ii} = 3 \tag{I-16}$$

扩而广之，有

$$\delta_{im}\delta_{mj}\delta_{jn} = \delta_{in} \tag{I-17}$$

$$A_rB_s\delta_{sq} = A_rB_q \tag{I-18}$$

$$A_{ij}B_j\delta_{ik} = A_{jk}B_j \tag{I-19}$$

$$a_{ij}\delta_{ij} = a_{ii} = a_{jj} \tag{I-20}$$

$$a_i\delta_{ij} = a_j \tag{I-21}$$

$$\sigma_{ij}l_j - \lambda l_i = \sigma_{ij}l_j - \lambda\delta_{ij}l_j = (\sigma_{ij} - \lambda\delta_{ij})l_j \tag{I-22}$$

$$B_jC_kA_s\delta_{rk}\delta_{sj} = B_sC_rA_s = B_jC_rA_j \tag{I-23}$$

以上运算表明，δ_{ij} 起着下标符号的缩减作用，这种运算称下标符号缩减运算。因此，引入符号 δ_{ij} 的目的，一是进行缩减运算；二是为了简化书写。

§ I-5 张量的基本运算

1 张量的加减

凡是同阶的两个或两个以上的张量可以相加（减），并得到同阶的一个新张量，法则为：

$$A_{ijk\cdots} \pm B_{ijk\cdots} = C_{ijk} \tag{I-24}$$

值得注意的是，在（I-24）式中的每一项中，下标符号的序列是相同的。

2 张量的乘法

对于任意阶张量，彼此都可实施乘法运算。两任意阶张量的乘法定义为：第一个张量中的每一个分量乘以第二个张量中的每一个分量，从而得到一个新的分量的集合，这一集合为一新的张量，就称为第一个张量与第二个张量的乘积，积张量的阶数等于因子张量的阶数之和。例如：

$$a_{ij}b_{kl} = c_{ijkl} \tag{I-25}$$

上式中，a_{ij}、b_{kl} 均为二阶张量，分别有 9 个分量，因而 c_{ijkl} 为四阶张量，共有 81 个分量。

必须指出，张量的乘法不服从交换律，但服从分配律和结合律。例如：

$$\text{若}\quad \left.\begin{aligned} a_ib_{jk} &= c_{ijk} \\ b_{jk}a_i &= c_{jki} \end{aligned}\right\} \quad \text{一般来说}\ c_{ijk} \neq c_{jki} \tag{I-26}$$

$$(a_{ij} + b_{ij})c_k = a_{ij}c_k + b_{ij}c_k \tag{I-27}$$

$$(a_{ij}b_k)c_m = a_{ij}(b_kc_m) \tag{I-28}$$

3 张量函数的求导

在力学中，广泛应用标量场和矢量场的概念。所谓标量场，就是标量的空间分布；而矢量场则是矢量的空间分布。一般情况下，标量和矢量都是空间点位置矢量和时间 t 的函数。若将场的概念推广到任意阶张量，则张量也应当是空间点位置坐标和时间 t 的函数。

一个张量是坐标函数，则该张量的每个分量都是坐标参数 x_i 的函数。张量导数就是把张量的每个分量都对坐标参数求导数。

在笛卡尔直角坐标系中,一个张量的导数,其结果仍然是一个张量。如果在微商中,下标符号 i 是一个自由下标,则算子 ∂i 作用的结果,将产生一个新的升高一阶的张量;如果在微商中下标符号是哑标号,则结果将产生一个新的降低一阶的张量。求张量分量的导数与普通微分的求导方法相同。这里,也就是在本教材中,我们对张量的坐标参数求导数时,采用在张量下标符号前加"'"的方式来表示。例如:$x_{i'j}$,就表示对一阶张量 x_i 求导,由于 j 为自由下标,故结果为一个新的二阶张量。余类推。关于张量函数的求导举例如下:

$$\varphi_i = \frac{\partial \varphi}{\partial x_i} = \frac{\partial \varphi}{\partial x_1}, \quad \frac{\partial \varphi}{\partial x_2}, \quad \frac{\partial \varphi}{\partial x_3}; \tag{I-29}$$

$$u_{i'i} = \frac{\partial u_i}{\partial x_i} = \frac{\partial u_1}{\partial x_1} + \frac{\partial u_2}{\partial x_2} + \frac{\partial u_3}{\partial x_3}; \tag{I-30}$$

$$u_{i'jk} = \frac{\partial^2 u_i}{\partial x_j \partial x_k} = \frac{\partial^2 u_x}{\partial x_j \partial x_k}, \quad \frac{\partial^2 u_y}{\partial x_j \partial x_k}, \quad \frac{\partial^2 u_z}{\partial x_j \partial x_k} \qquad (i = x, y, z) \tag{I-31}$$

在上式(I-31)中,当 $j = x, y, z$ 和 $k = x, y, z$ 时,一共可罗列出 27 个分量。因此,$u_{i'jk}$ 的结果是一个三阶张量。

$$x_{kk'ij} = \frac{\partial^2 x_{kk}}{\partial x_i \partial x_j} = \delta_{ij} \tag{I-32}$$

习　题

I-1 展开下列笛卡尔张量符号:

(1) A_{ii};　(2) B_{ijj};　(3) R_{ij};　(4) $a_i T_{ij}$;　(5) $a_i b_j S_{ij}$。

I-2 计算下列含有克罗尼克尔符号 δ_{ij} 的表达式,指标变程为3。

(1) δ_{ii};　(2) $\delta_{ij}\delta_{ij}$;　(3) $\delta_{ij}\delta_{ik}\delta_{jk}$;　(4) $\delta_{ij}\delta_{jk}$;　(5) $\delta_{ij}A_{ik}$。

I-3 展开下列笛卡尔张量符号:

(1) $\varepsilon_{ijk}\varepsilon_{kij}$;　(2) $\varepsilon_{ijk}a_j a_k$。

I-4 证明下式成立:

(1) $\delta_{ij}\delta_{jk}\delta_{km} = \delta_{im}$;　(2) $a_{ij}\delta_{jk} = a_{ik}$;　(3) $\delta_{lj}\delta_{mk}\sigma_{kj'm} = \delta_{kl'k}$。

附录 Ⅱ　习题解答提示与参考答案

第二章　应力理论

2-1　$\sigma_n=\sigma_1 l^2+\sigma_2 m^2, \tau_n=[l^2m^2(\sigma_1-\sigma_2)^2+n^2(l^2\sigma_1^2+m^2\sigma_2^2)]^{\frac{1}{2}}$；式中 l、m、n 为斜截面外法线的方向余弦。

2-2　$p=111.5A$；$\sigma_n=26A$；$\tau_n=108,5A$。

2-3　提示：平面 $Ax+By+Cz+D=0$ 的外法线的方向余弦为：(式中 $i=1,2,3$ 或 A,B,C)

$$l_i=\frac{A_i}{\sqrt{A^2+B^2+C^2}}$$

答案：$l_1=\frac{1}{\sqrt{11}}$；$l_2=\frac{3}{\sqrt{11}}$；$l_3=\frac{1}{\sqrt{11}}$；$p_x=\frac{5}{\sqrt{11}}a$；$p_y=\frac{7}{\sqrt{11}}a$；$p_z=\frac{3}{\sqrt{11}}a$；

$\sigma_n=2.637a$；$\tau_n=0.771a$。

2-4　略

2-5　(a) $\sigma_1=738.5$；$\sigma_2=600$；$\sigma_3=-338.5$；$\tau_{\max}=538.5$；　应力单位为 MPa。

(b) $\sigma_1=700$；　$\sigma_2=600$；　$\sigma_3=-600$；$\tau_{\max}=650$；　应力单位为 MPa。

2-6　(1) $\sigma_1=3.732\tau_0$；　$\sigma_2=-0.268\tau_0$；　$\alpha=15°$。

(2) $\sigma=-0.237\tau_0$；　$\tau=0.347\tau_0$。

2-7　$\sigma_{30°}=-6.77$；$\tau_{30°}=-3.60$；（材料力学解）　应力单位为 MPa。

$\sigma_{30°}=-6.77$；$\tau_{30°}=3.60$；（弹塑性力学解）　应力单位为 MPa。

2-8　$\sigma_1=107.3a$；　$\sigma_2=44.1a$；　$\sigma_3=-91.4a$；

σ_1 主方向：(± 0.314，∓ 0.900，∓ 0.305)；

σ_2 主方向：(± 0.948，± 0.282，± 0.146)；

σ_3 主方向：(∓ 0.048，± 0.337，∓ 0.940)。

2-9　$\sigma_1=\sqrt{\tau_{yz}^2+\tau_{zx}^2}$；　$\sigma_2=0$；　$\sigma_3=-\sigma_1$。

2-10、2-11　略

2-12　(1) 略；(2) $\sigma_8=\sigma_m=5.333$ MPa；　$\tau_8=8.654$ MPa。

2-13　$p_8=59.5$；　$\sigma_8=25.0a$；　$\tau_8=54.1a$。

2-14　$\sigma_x=\frac{My}{I_z}=\frac{6q}{h^3}(l-x^2)y$；　$\sigma_y=0$；

$$\tau_{xy}=\frac{QS}{I_zb}=\frac{6Q}{bh^3}\left(\frac{h^2}{4}-y^2\right)(-qx)=-\frac{6q}{h^3}\left(\frac{h^2}{4}-y^2\right)x；$$

上式中 S 为静矩。材料力学解不满足平衡微分方程和边界条件。

2-15 $\tau_{xy}=\frac{6Q}{h^3}\left(\frac{h^2}{4}-y^2\right)$，$Q$ 为梁横截面上的剪力。提示：利用平衡微分方程求解。

2-16 $\sigma_1=17.083\times10^3$ Pa；　$\sigma_2=4.917\times10^3$ Pa；　$\sigma_3=0$，$\partial=40°16'$。

2-17 略

2-18 $\tau^2=l_1^2l_2^2(\sigma_1-\sigma_2)^2+l_2^2l_3^2(\sigma_2-\sigma_3)^2+l_3^2l_1^2(\sigma_3-\sigma_1)^2$。

2-19 提示：将三个主方向的三组方向余弦分别两两一组代入式(2-12)证之。

2-20 $\sigma_x=\frac{a}{l_1}$；　$\sigma_y=\tau_{yz}=0$。

2-21 在 AA' 上：$\sigma_x=-\gamma y$，$\tau_{xy}=0$；　在 AB 上：$\tau_{xy}=0$，$\sigma_y=-\gamma h$；　在 BB' 上：$l_1=\cos\alpha$，$l_2=-\sin\alpha$，$l_3=0$；　则应力分量满足关系式：

$$\left.\begin{aligned}\sigma_xl_1+\tau_{xy}l_2&=-\gamma y\sin\alpha\\ \tau_{yx}l_1+\sigma_yl_2&=\gamma y\cos\alpha\end{aligned}\right\}$$

2-22 $C_1=\frac{Q}{6}$；　$C_2=-\frac{Q}{3}$；　$C_3=\frac{Q}{2}$。

2-23 $\sigma_x=-\frac{2q}{lh^3}x^3y$；$\tau_{xy}=\frac{3q}{4lh^3}x^2(4y^2-h^2)$；$\sigma_y=-\frac{qx}{2lh^3}(4y^3-3h^2y+h^3)$。

2-24 $\tau_{zx}=-\sigma_z\tan\alpha$；　$\sigma_x=\sigma_z\tan^2\alpha$。

2-25 在 $x=-y\tan\alpha$ 处，
$$\left.\begin{aligned}-\sigma_x\cos\alpha-\tau_{xy}\sin\alpha&=\rho gy\cos\alpha\\ -\tau_{yx}\cos\alpha-\sigma_y\sin\alpha&=\rho gy\sin\alpha\end{aligned}\right\}$$
在 $x=y\tan\beta$ 处：
$$\left.\begin{aligned}\sigma_x\cos\beta-\tau_{xy}\sin\beta&=0\\ \tau_{yx}\cos\beta-\sigma_y\sin\beta&=0\end{aligned}\right\}$$

2-26 $A=0$；　$B=-\rho_1g$；　$C=\rho g\cot\beta-2\rho_1g\cot^3\beta$；　$D=\frac{\rho_1g}{\tan^2\beta}$。

2-27 (1) $\sigma_1=99.6A$；　$\sigma_2=58.6A$；　$\sigma_3=-138.2A$；　$\tau_{\max}=118.9A$。

(2) $\sigma_1=2A$；　$\sigma_2=0$；　$\sigma_3=-A$；　$\tau_{\max}=1.5A$。

(3) $\sigma_1=300.0A$；　$\sigma_2=220.7A$；　$\sigma_3=79.3A$；　$\tau_{\max}=110.4A$。

2-28 $C=\frac{q}{2}$。

2-29 (1) 这组应力分量函数是可能存在的。

(2) 在 $x=h$ 处：$\sigma_x=0$，$\tau_{xy}=q$；　在 $x=0$ 处：$\sigma_x=0$，$\tau_{xy}=0$；

在 $y=0$ 处：$\overline{F}_x=-\frac{qx}{h}\left(\frac{3x}{h}-2\right)$，$\overline{F}_y=0$；

$\sum F_x=0$；　$\int_0^h\overline{F}_x\mathrm{d}x=\left[-\frac{q}{h^2}x^3+\frac{q}{h}x^2\right]_0^h=0$；

$\sum F_y=0$；　$\int_0^h\overline{F}_y\mathrm{d}y=0$；　$\sum M_0(\overline{F})=0$；　$\int_0^h\overline{F}_yx\mathrm{d}x=0$。

第三章　变形的几何理论

3-1 (1) $\varepsilon_x=2\times10^{-3}$；　$\varepsilon_y=10^{-3}$；　$\varepsilon_z=-1.5\times10^{-3}$；

$\gamma_{xy}=3.67\times10^{-3}$；　$\gamma_{yz}=-2.5\times10^{-3}$；　$\gamma_{zx}=-0.5\times10^{-3}$。

(2) $\varepsilon=-2\times10^{-3}$。

(3) $\gamma=1.19\times10^{-3}$。

3-2 (1) $u=(-2x-3y)10^{-3}$；　$v=(x+3y)10^{-3}$；

$\varepsilon_x = 2 \times 10^{-3}$； $\varepsilon_y = 3 \times 10^{-3}$； $\gamma_{xy} = -2 \times 10^{-3}$。

(2) $\varepsilon_{n_1} = -0.162 \times 10^{-3}$； $\varepsilon_{n_2} = 0.262 \times 10^{-3}$； $\gamma_{n_1 n_2} = 3.33 \times 10^{-3}$。

(3) $\varepsilon_1 = 3.19 \times 10^{-3}$； $\varepsilon_2 = -2.19 \times 10^{-3}$； $\varepsilon_3 = -2.19 \times 10^{-3}$；

ε_1 主应变方向余弦：(± 0.189，∓ 0.982，0)。

3-3 $\tan 2\theta = \dfrac{\varepsilon_y - \varepsilon_x}{\gamma_{xy}} = \dfrac{\dfrac{\partial v}{\partial y} - \dfrac{\partial u}{\partial x}}{\dfrac{\partial v}{\partial x} + \dfrac{\partial u}{\partial y}}$。

3-4 $\varepsilon_x = \varepsilon_{0^\circ}$； $\varepsilon_y = 2\varepsilon_{60^\circ} + 2\varepsilon_{120^\circ} - 3\varepsilon_{0^\circ}$； $\gamma_{xy} = \dfrac{2}{\sqrt{3}}(\varepsilon_{60^\circ} - \varepsilon_{120^\circ})$；

3-5 $$\begin{bmatrix} 0.20 & 0.03 & -0.03 \\ 0.03 & -0.06 & 0 \\ -0.03 & 0 & 0.10 \end{bmatrix} \times 10^{-3} = \begin{bmatrix} 0.08 & 0 & 0 \\ 0 & 0.08 & 0 \\ 0 & 0 & 0.08 \end{bmatrix} \times 10^{-3}$$
$$+ \begin{bmatrix} 0.12 & 0.03 & -0.03 \\ 0.03 & -0.14 & 0 \\ 0 & 0 & 0.02 \end{bmatrix} \times 10^{-3}$$

3-6 $\varepsilon_x = \dfrac{\mu x}{a}$；$\varepsilon_y = \dfrac{\mu x}{a}$；$\varepsilon_z = -\dfrac{x}{a}$；$\gamma_{xy} = \gamma_{yz} = \gamma_{zx} = 0$；满足变形谐调条件。

3-7 (1) 能满足变形谐调方程，该应变状态是可能存在的。

(2) 应变分量不能满足全部变形谐调方程。因此，该应变状态是不可能存在的。

(3) 该应变状态是可能存在的。

3-8 应变分量为：

(1) $\varepsilon_x = a_2$；$\varepsilon_y = a_6$；$\varepsilon_z = 0$；$\gamma_{xy} = a_3 + a_5$；$\gamma_{yz} = 0$；$\gamma_{zx} = 0$。

(2) $\varepsilon_x = b_2 + 2b_4 x + b_5 y$；$\varepsilon_y = b_9 + b_{11} x + 2b_{12} y$；$\varepsilon_z = 0$；

$\gamma_{xy} = (b_3 + b_8) + (b_5 + 2b_{10})x + (2b_6 + b_{11})y$；$\gamma_{yz} = 0$；$\gamma_{zx} = 0$。

所得应变分量为常数或为 x、y 线性函数，显然满足变形谐调条件。

3-9 $\varepsilon_x = \varepsilon_y = \varepsilon_z = \gamma_{xy} = 0$； $\gamma_{zx} = \dfrac{\partial f}{\partial x} - \theta y$； $\gamma_{zy} = \dfrac{\partial f}{\partial y} + \theta x$。

3-10、3-11 略

3-12 (1) $\varepsilon_1 = 0$； $\varepsilon_2 = -2.764 \times 10^{-3}$； $\varepsilon_3 = -7.236 \times 10^{-3}$。

(2) $\varepsilon_1(0, 0, \pm 1)$； $\varepsilon_2(\pm 0.53, \mp 0.86, 0)$； $\varepsilon_3(\pm 0.86, \pm 0.53, 0)$。

(3) $\gamma_8 = 5.96 \times 10^{-3}$。

(4) $I'_1 = -0.01$； $I'_2 = -2 \times 10^{-5}$； $I'_3 = 0$。

3-13 略

3-14 $$\left.\begin{aligned} u &= u_0 + c_1 y + c_2 z \\ v &= v_0 - c_1 x + c_3 z \\ w &= w_0 - c_2 x - c_3 y \end{aligned}\right\} \quad \text{或为} \quad \left.\begin{aligned} u &= u_0 + \omega_y z - \omega_z y \\ v &= v_0 + \omega_z x - \omega_x z \\ w &= w_0 + \omega_x y - \omega_y x \end{aligned}\right\}$$

式中 u_0、v_0、w_0 为物体的刚性平动分量；ω_x、ω_y、ω_z 为刚性转动分量。

3-15 应变分量满足变形谐调条件。位移分量为：

$$u = -\frac{\mu\gamma}{E}xz; \quad v = -\frac{\mu\gamma}{E}yz; \quad w = \frac{\gamma}{2E}[z^2 + \mu(x^2 + y^2) - l^2]。$$

提示：位移边界条件为：(1) 当 $x = y = 0$ 时，有 $u = v = 0$；(2) 当 $x = y = 0$，$z = l$ 时，有 $w = 0$。

第四章　弹性变形·塑性变形·本构方程

4-1、4-2、4-3　略

4-4　$\tau_s = \dfrac{1}{\sqrt{3}}\sigma_s \approx 0.577\sigma_s$。

4-5、4-6　略

4-7　$\dfrac{K_1}{K_2} = 0.0629994 \times 10^5 = 6.3 \times 10^3$。

4-8　$\varepsilon_3 = -9 \times 10^{-5}$。

4-9　$\sigma_1 = 0$；　$\sigma_2 = -19.8$ MPa；　$\sigma_3 = -60$ MPa。

$\varepsilon_1 = 3.76 \times 10^{-4}$；　$\varepsilon_2 = 0$；　$\varepsilon_3 = -7.64 \times 10^{-4}$。

4-10　$\sigma_\theta = 28$ MPa。

4-11　略

4-12　$E = 1.5 \times 10^4$ MPa。

4-13　$\sigma_z = 18$ MPa；　$\varepsilon_x = 1.052 \times 10^{-4}$；　$\varepsilon_y = 4.33 \times 10^{-5}$。

4-14　$\sigma_x = \sigma_y = \sigma_z = \tau_{xy} = 0$；$\tau_{yz} = (1+K)GAx$；$\tau_{xz} = -(1+K)GAy$。可以做弹性力学问题的可能解。

4-15　按 Tresca 条件，材料屈服；按 Mises 条件，材料不产生屈服；无变化。

4-16　$d\varepsilon_1^p : d\varepsilon_2^p : d\varepsilon_3^p = (-1):(1-\mu):\mu$。

4-17　两种情况下，Mises 条件与 Tresca 条件完全一样。

4-18　$\varepsilon_p = (\varepsilon - \varepsilon_s)\left(1 - \dfrac{E'}{E}\right)$。

4-19　(1) $d\varepsilon_1^p : d\varepsilon_2^p : d\varepsilon_3^p = 1:0:(-1)$；　$d\varepsilon_1 : d\varepsilon_2 : d\varepsilon_3 = 1:0:(-1)$；

$\varepsilon_1^p : \varepsilon_2^p : \varepsilon_3^p = 1:0:(-1)$。

(2) $d\varepsilon_1^p : d\varepsilon_2^p : d\varepsilon_3^p = 1:0:(-1)$；　$d\varepsilon_1 : d\varepsilon_2 : d\varepsilon_3 = 1:0:(-1)$；

$\varepsilon_1^p : \varepsilon_2^p : \varepsilon_3^p = 1:0:(-1)$。

4-20　$\tau = \dfrac{\sigma_s}{2}$，$\tau$ 为扭转应力；　$d\varepsilon_\theta^p : d\varepsilon_r^p : d\varepsilon_z^p : d\varepsilon_{\theta r}^p : d\varepsilon_{rz}^p : d\varepsilon_{z\theta}^p = \left(-\dfrac{1}{6}\right):\left(-\dfrac{1}{6}\right):\dfrac{1}{3}:0:0:\dfrac{1}{2}$；

或为：$d\varepsilon_\theta^p : d\varepsilon_r^p : d\varepsilon_z^p : d\gamma_{\theta r}^p : d\gamma_{rz}^p : d\gamma_{z\theta}^p = (-1):(-1):2:0:0:6$。

4-21　若采用 Tresea 条件，则三种情况相同，即 $P = \dfrac{t\sigma_s}{r}$；

若采用 Mises 条件，则第一种情况下，$P = \dfrac{\sigma_s t}{r}$，而第二、三种情况下，$P = \dfrac{2t\sigma_s}{\sqrt{3}\,r}$。

4-22　若采用 Tresca 条件，三者相同，即 $P = \dfrac{2t\tau_s}{\gamma}$；

若采用 Mises 条件，则情况一中 $P = \dfrac{\sqrt{3}\,t\tau_s}{\gamma}$，情况二、三中 $P = \dfrac{2t\tau_s}{\gamma}$；

4-23　(1)　采用 Tresca 条件：$\sigma_s = \dfrac{qr}{t}$；　采用 Mises 条件：$\sigma_s = \dfrac{\sqrt{3}\,qr}{2t}$；

(2)　采用 Tresca 条件：$\sigma_s = \dfrac{1}{bh}\left(P + \dfrac{6M}{h}\right)$；　采用 Mises 条件：$\sigma_s = \dfrac{1}{bh}\left(P + \dfrac{6M}{h}\right)$。

4-24　(1)　按 Prandtl—Reuss 理论：

$$d e_{ij}^p = d\varepsilon_{ij}^p = \frac{3}{2}\frac{dW_P}{\sigma_s^2}S_{ij}; \qquad d\varepsilon_1^p : d\varepsilon_2^p : d\varepsilon_3^p = 1 : (-\frac{1}{2}) : (-\frac{1}{2})。$$

（2） 按依留申理论：

$$\varepsilon_{ij}^p = \frac{3}{2}\frac{\varepsilon}{\sigma_s}S_{ij}; \qquad \varepsilon_1^p : \varepsilon_2^p : \varepsilon_3^p = 1 : (-\frac{1}{2}) : (-\frac{1}{2})。$$

4-25 $\sigma = \frac{1}{\sqrt{2}}\sigma_s = 0.707\sigma_s$； $\tau = \frac{1}{\sqrt{6}}\sigma_s = 0.408\sigma_s$。

4-26 提示：根据纯剪切计算出 $\bar{\sigma}$ 和 $\bar{\varepsilon}$，代换 $\tau = f(\gamma)$ 的函数形式。$\bar{\sigma} = \sqrt{3}f(\sqrt{3}\bar{\varepsilon})$。

第五章 弹性与塑性力学的基本解法

5-1 $\sigma_x = -P$； $\sigma_y = -\mu P$； $\sigma_z = 0$； $\tau_{xy} = \tau_{yz} = \tau_{zx} = 0$；显然，此钢板处于平面应力状态。上述应力分量满足问题的边界条件。

5-2 $w = Cz + D$，C 和 D 为待定常数。

5-3 虽然应力分量满足平衡微分方程，但是不满足以应力分量表示的变形谐调条件，因而它不是弹性力学问题的解。

5-4 提示：由边界条件可知，当端面上面力的分布和任一横截面内剪应力的分布相同时，所给应力分量才是精确解，当仅满足整体合成积分形式的边界条件时，只是圣文南意义的解。

第六章 平面问题直角坐标解答

6-1 满足双调和方程，其应力分量在 $x = l$ 的边界上不完全满足边界条件，在其余边界上满足边界条件。

6-2 能。面力为：

$x = 0$ 时：$\bar{F}_x = \frac{2p}{a^2}y^2$；$\bar{F}_y = 0$； $x = a$ 时：$\bar{F}_x = \frac{p}{a^2}(a^2 - 2y^2)$；$\bar{F}_y = -\frac{2p}{a}y$；

$y = 0$ 时：$\bar{F}_x = 0$；$\bar{F}_y = 0$； $y = a$ 时：$\bar{F}_x = -\frac{2p}{a}x$；$\bar{F}_y = p$。

6-3 能。$\sigma_x = \frac{6\gamma}{h^2}(l^2 - x^2)y + \gamma\left(\frac{4y^2}{h^2} - \frac{3}{5}\right)y$； $\sigma_y = \frac{\gamma y}{2}\left(1 - \frac{4y^2}{h^2}\right)$；

$\tau_{xy} = -\frac{3}{2}\gamma x\left(1 - \frac{4y^2}{h^2}\right)$。

6-4 能。$\sigma_x = \frac{6q}{h^2}x^2y - \frac{4q}{h^3}y^3 + \frac{3q}{5h}y$； $\sigma_y = -\frac{q}{2}\left(1 + \frac{3y}{h} - \frac{4y^3}{h^3}\right)$； $\tau_{xy} = \frac{3qx}{2h^3}(h^2 - 4y^2)$。

6-5 $\sigma_x = -q(x - 2y\cot\alpha)\cot\alpha$； $\sigma_y = qy$； $\tau_{xy} = qy\cot\alpha$。

6-6 (1) 略；(2) 略；(3) $\sigma_x = -\frac{q}{\alpha - \tan\alpha}\left(\alpha - \tan^{-1}\frac{y}{x} - \frac{xy}{x^2 + y^2}\right)$；

$(\sigma_x)_{\substack{x=l \\ \alpha=30°}} = 10q\left(\frac{\pi}{3} - 2\tan^{-1}\frac{y}{l} - \frac{2ly}{l^2 + y^2}\right)$；

$(\sigma_x)_{\substack{\max \\ \min}} = \begin{cases} 10.47q \\ -8.66q \end{cases}$； 材料力学结果： $(\sigma_x)_{\substack{\max \\ \min}} = \pm 9q$。

6-7 $\sigma_x = px\cot\alpha - 2py\cot^2\alpha$； $\sigma_y = -py$； $\tau_{xy} = -py\cot\alpha$。

提示：设该问题有代数多项式解，用量纲分析法确定应力函数的幂次。

6-8 能。$\sigma_x = -12ay^2$； $\sigma_y = 12ax^2$； $\tau_{xy} = 0$。

6-9 AB 边界上：$\varphi = 0$； $\dfrac{\partial\varphi}{\partial x} = 0$； $\dfrac{\partial\varphi}{\partial y} = q(a-x)$；

BO 边界上：$\varphi = -qa(b-y)$； $\dfrac{\partial\varphi}{\partial x} = q(b-y)$； $\dfrac{\partial\varphi}{\partial y} = qa$；

OC 边界上：$\varphi = qb(x-a)$； $\dfrac{\partial\varphi}{\partial x} = qb$； $\dfrac{\partial\varphi}{\partial y} = q(a-x)$；

CA 边界上：$\varphi = 0$； $\dfrac{\partial\varphi}{\partial x} = q(b-y)$； $\dfrac{\partial\varphi}{\partial y} = 0$；

应力函数为：$\varphi = -q(a-x)(b-y)$； 应力分量为：$\sigma_x = 0$；$\sigma_y = 0$；$\tau_{xy} = q$。

6-10 $\sigma_x = -3\gamma h$； $\sigma_y = -\dfrac{P}{h} + \dfrac{60P}{h^2}x$； $\tau_{xy} = \dfrac{3}{2}\dfrac{P}{h} - \dfrac{6P}{h^3}x^2$；

$(u)_{x=0} = -\dfrac{1-\mu^2}{E}\dfrac{2P}{h^3}(y^3 + 6hy^2 - 63h^2y + 108h^3)$。

6-11 $\sigma_y = \tau_{xy} = 0$；$\sigma_x = -q$；$u = -\dfrac{1-\mu^2}{E}qx$；$v = \dfrac{(1+\mu)\mu}{E}qy$。

6-12 $q(x) = -\dfrac{2ql}{\pi c}\sum\limits_{n=1}^{\infty}\dfrac{(-1)^n}{n}\sin\dfrac{n\pi c}{l}\cos\dfrac{n\pi x}{l}$。

6-13 能。$\varphi = \sum\limits_{m=1}^{\infty}(Ae^{\alpha_m y} + Be^{-\alpha_m y} + Cye^{\alpha_m y} + Dye^{-\alpha_m y})\sin\alpha_m x$；

$$\sigma_x = \sum_{m=1}^{\infty}(b_m e^{-\alpha_m y} - 2b_m e^{-\alpha_m y} + b_m\alpha_m y e^{-\alpha_m y})\sin\alpha_m x;$$

$$\sigma_y = -\sum_{m=1}^{\infty}(b_m e^{-\alpha_m y} + b_m\alpha_m y e^{-\alpha_m y})\sin\alpha_m x;$$

$$\tau_{xy} = \sum_{m=1}^{\infty}b_m\alpha_m y e^{-\alpha_m y}\cos\alpha_m x。$$

第七章 平面问题极坐标解答

7-1 略

7-2 $(\sigma_\theta)_{\max} = 4q$； $(\sigma_\theta)_{\min} = -4q$。

7-3 (1) $C = -\dfrac{q}{2(\alpha - \tan\alpha)}$； (2) $\sigma_x = -\dfrac{q}{\alpha - \tan\alpha}\left(\alpha - \tan^{-1}\dfrac{y}{x} + \dfrac{xy}{x^2+y^2}\right)$。

7-4 $u_a = \Delta a = \dfrac{p_a a}{E}(1-\mu^2)\left(\dfrac{b^2+a^2}{b^2-a^2} + \dfrac{\mu}{1-\mu}\right)$；

$u_b = \Delta b = \dfrac{p_a}{E}\dfrac{2a^2b}{(b^2-a^2)}(1-\mu^2)$；

$\Delta t = \Delta a - \Delta b = \dfrac{p_a a}{E}(1-\mu^2)\left(\dfrac{b-a}{b+a} + \dfrac{\mu}{1-\mu}\right)$。

7-5 $\sigma_r = -q\left(\dfrac{\cos2\theta}{\sin\alpha} + \cot\alpha\right)$； $\sigma_\theta = q\left(\dfrac{\cos2\theta}{\sin\alpha} - \cot\alpha\right)$； $\tau_{r\theta} = q\dfrac{\sin2\theta}{\sin\alpha}$。

提示：①取应力函数为$\varphi = r^2 f(\theta)$(逆解法)；②用量纲分析或根据边界条件，设$\tau_{r\theta}$只与θ有关(半逆解法)。

7-6 略

7-7 $C = \dfrac{S}{2\sin2\alpha}$。

7-8 $p_s=\sigma_s$。讨论：略。

7-9 $p_u=p_b\left(\dfrac{2b^2}{a^2+b^2}\right)$，式中 a、b 分别为厚壁筒的内、外半径。

7-10 $\dfrac{p_p}{p_e}=\dfrac{2\ln\dfrac{b}{a}}{1-\dfrac{a^2}{b^2}}$。

7-11 $\sigma_r=\sigma_\theta=0$； $\tau_{r\theta}=\dfrac{b^2\tau_0}{r^2}$； $u_r=0$； $u_\theta=\dfrac{Mr}{4\pi G}\left(\dfrac{1}{a^2}-\dfrac{1}{r^2}\right)$。

7-12 $Pe-M=0$； $\sigma_r=\dfrac{P}{N}\left(-r-\dfrac{a^2b^2}{r^3}+\dfrac{a^2+b^2}{r}\right)\cos\theta$；

$\sigma_\theta=\dfrac{P}{N}\left(-3r+\dfrac{a^2b^2}{r^3}+\dfrac{a^2+b^2}{r}\right)\cos\theta$；

$\tau_{r\theta}=\dfrac{P}{N}\left(-r-\dfrac{a^2b^2}{r^3}+\dfrac{a^2+b^2}{r}\right)\sin\theta$。

7-13 $\sigma_r=-\dfrac{2M\sin2\theta}{(\sin2\alpha-2\alpha\cos2\alpha)r^2}$； $\sigma_\theta=0$； $\tau_{r\theta}=\dfrac{M(\cos2\theta-\cos2\alpha)}{(\sin2\alpha-2\alpha\cos2\alpha)r^2}$。

当 α 很小时，弹性力学结果与材料力学初等解趋于一致。

7-14 $\varphi(r,\theta)=-\dfrac{P}{\pi}r\theta\sin\theta$； $\sigma_r=-\dfrac{2P}{\pi}\dfrac{\cos\theta}{r}$； $\sigma_\theta=\tau_{r\theta}=0$。

第八章　空间轴对称问题

8-1 略

8-2 $\sigma_x=\sigma_y=-\dfrac{\mu}{1-\mu}(q+pz)$； $\sigma_z=-(q+pz)$； $\tau_{yz}=\tau_{zx}=\tau_{xy}=0$；

$w=\dfrac{(1+\mu)(1-2\mu)}{E(1-\mu)}\left[\dfrac{P}{2}(h^2-z^2)+q(h-z)\right]$。

8-3 $A_1=\dfrac{P}{2\pi}$； $A_2=-\dfrac{P}{2\pi}(1-2\mu)$。

第九章　能量理论·变分解法

9-1 $U_{拉伸}=\dfrac{1}{2}\int_0^l\dfrac{N^2(x)}{EA}\mathrm{d}x=\dfrac{1}{2}\int_0^l EA\left(\dfrac{\partial u}{\partial x}\right)^2\mathrm{d}x$；

$U_{弯曲}=\dfrac{1}{2}\int_0^l\dfrac{M^2(x)}{EI}\mathrm{d}x=\dfrac{1}{2}\int_0^l EI\left(\dfrac{\mathrm{d}^2w}{\mathrm{d}x^2}\right)^2\mathrm{d}x$；

$U_{扭转}=\dfrac{1}{2}\int_0^l\dfrac{M_T^2(x)}{GI_P}\mathrm{d}x=\dfrac{1}{2}\int_0^l GI_P\left(\dfrac{\mathrm{d}\varphi}{\mathrm{d}x}\right)^2\mathrm{d}x$。

9-2 略

9-3 令 $\sigma_x=\dfrac{P}{A}$，则得：

$U_V=\iiint\dfrac{(1-2\mu)}{6E}\sigma_x^2\mathrm{d}V=\dfrac{(1-2\mu)}{6E}\sigma_x^2V$；

$U_f=\dfrac{(1+\mu)}{3E}\sigma_x^2V$； $U=U_V+U_f=\dfrac{\sigma_x^2}{2E}V$；

上式中 V 为杆件的体积。令 $K_V=\dfrac{U_V}{U}$，$K_f=\dfrac{U_f}{U}$，则得：

$$K_V = \frac{1}{3}(1-2\mu);\quad K_f = \frac{2}{3}(1+\mu)。$$

9-4 $w = \dfrac{2Ml^2\cos\dfrac{\pi x}{l}}{\pi^3 EI\left(1-\dfrac{Pl^2}{\pi^2 EI}\right)}\sin\dfrac{\pi x}{l}$。

9-5 自由端处的挠度为$\dfrac{Pl^3}{3EI}$。

9-6 略

9-7 $w_{\max} = a_1 = 0.119\dfrac{ql^4}{EI}$。

附录 I 张量的概念·下标记号法·求和约定

I-1 (1) $A_{ii} = A_{11} + A_{22} + A_{33} \quad (i = 1,2,3)$;

(2) $B_{ijj} = B_{i11} + B_{i22} + B_{i33}$,也即:

$$\left.\begin{aligned} B_{1jj} &= B_{111} + B_{122} + B_{133} \\ B_{2jj} &= B_{211} + B_{222} + B_{233} \\ B_{3jj} &= B_{311} + B_{322} + B_{333} \end{aligned}\right\} \quad (i、j = 1,2,3)$$

(3) $R_{ij} = \begin{bmatrix} R_{11} & R_{12} & R_{13} \\ R_{21} & R_{22} & R_{23} \\ R_{31} & R_{32} & R_{33} \end{bmatrix} \quad (i、j = 1,2,3)$

(4) $a_i T_{ij} = a_1 T_{1j} + a_2 T_{2j} + a_3 T_{3j}$,也即:

$$\left.\begin{aligned} a_i T_{i1} &= a_1 T_{11} + a_2 T_{21} + a_3 T_{31} \\ a_i T_{i2} &= a_1 T_{12} + a_2 T_{22} + a_3 T_{32} \\ a_i T_{i3} &= a_1 T_{13} + a_2 T_{23} + a_3 T_{33} \end{aligned}\right\} \quad (i、j = 1,2,3)$$

(5) $a_i b_j S_{ij} = a_1 b_1 S_{11} + a_1 b_2 S_{12} + a_1 b_3 S_{13} + a_2 b_1 S_{21} + a_2 b_2 S_{22} + a_2 b_3 S_{23} + a_3 b_1 S_{31} + a_3 b_2 S_{32} + a_3 b_3 S_{33}$; 式中 $i、j = 1,2,3$。

I-2 (1) 3; (2) 3; (3) 3; (4) δ_{jk}; (5) A_{jk}。

I-3 (1) 6; (2) 0。

主要参考文献

过镇海等，1991，多轴应力下混凝土的强度和破坏准则研究，土木工程学报，第24卷第3期。

刘北辰、陆鸿森，1979，弹性力学，北京：冶金工业出版社。

钱伟长、叶开源，1956，弹性力学，北京：科学出版社。

王龙甫，1979，弹性理论，北京：科学出版社。

吴家龙，1987，弹性力学，上海：同济大学出版社。

王仁、黄克智、朱兆祥，1988，塑性力学进展，北京：中国铁道出版社。

王仁、黄文彬、黄筑平，1992，塑性力学引论(修订版)，北京：北京大学出版社。

王自强、徐秉业、黄筑平，1993，塑性力学和细观力学文集，北京：北京大学出版社。

徐芝纶，1979，弹性力学(上、下册)，北京：人民教育出版社。

徐芝纶、吴永祯译，1964，弹性理论，北京：人民教育出版社。

徐秉业，1993，塑性力学教学研究和学习指导，北京：清华大学出版社。

徐秉业、黄炎、刘信声、孙学伟，1985，弹性力学与塑性力学解题指导及习题集，北京：高等教育出版社。

徐秉业、刘信声，1995，应用弹塑性力学，北京：清华大学出版社。

熊祝华、洪善桃，1984，塑性力学，上海：上海科学技术出版社。

杨桂通，1981，弹塑性力学，北京：人民教育出版社。

俞茂宏等，1988，双剪应力强度理论研究，西安：西安交通大学出版社。

殷绥域，1990，弹塑性力学，武汉：中国地质大学出版社。

杨绪灿、金建三，1987，弹性力学，北京：高等教育出版社。

严宗达，1988，塑性力学，天津：天津大学出版社。

周承倜译，1982，塑性理论基础，北京：高等教育出版社。

Chen W F，1982，Plasticity in reinforced Concrete，New York：Mc Graw-Hill Book Conpany.